TIERE UND PFLANZEN DES MITTELMEERES

ANGELO MOJETTA · ANDREA GHISOTTI

TIERE UND PFLANZEN DES MITTELMEERES

Ein Bestimmungsbuch für Taucher und Schnorchler

NaturBuch
VERLAG

Titel der italienischen Originalausgabe: Flora e Fauna del Mediterraneo

Die Deutsche Bibliothek – CIP-Einheitsaufnahme
Tiere und Pflanzen des Mittelmeeres : ein Bestimmungsbuch für Taucher und Schnorchler / Angelo Mojetta ; Andrea Ghisotti – Augsburg : Naturbuch-Verl., 1997
Einheitssacht.: Flora e Fauna del Mediterraneo <dt.>
ISBN 3-89440-228-8
NE: Mojetta, Angelo; Ghisotti, Andrea; EST

Naturbuch Verlag

Übersetzung: Silvia Adelmann
Wissenschaftliche Beratung: Dr. Andreas Vilcinskas
Redaktion: Dagmar Andreas, Dr. Franz Brümmer
Produktion: Hampp Verlag, Stuttgart
Umschlaggestaltung: Parzhuber & Partner, München
Umschlagfoto(s): Paul Munziger, Freiburg
Satz: pws Print und Werbeservice, Stuttgart
Gesetzt aus der Sabon 8/9 pt.
Druck: Artes Graficas, Toledo
Gedruckt auf 150 g/m² Bilderdruckpapier, mattgestrichen, umweltfreundlich (elementar chlorfrei) gebleicht

Printed in Spain

ISBN: 3-89440-228-8
D.L. TO:1400-1996

INHALT

ERKLÄRUNG DER SYMBOLE

Gruppenzugehörigkeit

 Algen und Pflanzen

 Porifera (Schwämme)

 Cnidaria (Nesseltiere)

 Würmer

 Mollusken

 Crustacea (Krebse)

 Bryozoa (Moostiere)

 Echinodermata (Stachelhäuter)

 Tunicata (Manteltiere)

 Fische

Die Arten von Meeresböden

 Kieselsteine, Steine und allgemein harte Substrate

 Sand, Schlamm oder Detritus

 *Posidonia*-Wiesen, Algen

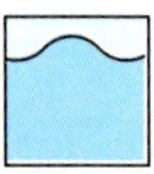 Offenes Meer

 Felsgestein

Bathymetrische Verteilung der Organismen

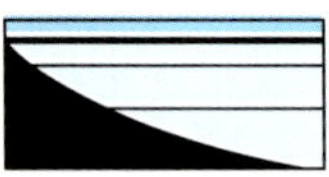 Supralitoral (oberhalb des mittleren Meeresspiegels)

 Mesolitoral (Gezeitenzone zw. der Höchst- bei Flut u. der Niedrigwasserlinie bei Ebbe)

 Infralitoral (unterhalb der Wasserlinie bis in 30 - 35 m Tiefe)

 Circalitoral (ab 30 - 35 m bis in über 50 - 60 m Tiefe)

HINWEIS ZUR BENUTZUNG DER SYMBOLE

Jede Bestimmungstafel für eine oder mehrere Arten enthält verschiedene Symbole, um ihre Zugehörigkeit zu den einzelnen botanischen oder zoologischen Gruppen in zusammenfassender Form darzustellen. Die wesentlichen ökologischen Merkmale werden angegeben (Art der Meeresböden und bathymetrische Zuordnung).

HINWEIS ZUR BENUTZUNG DER BESTIMMUNGSTAFELN

Die Bestimmungstafeln sind in verschiedene Gruppen unterteilt und nach zunehmender Komplexität der Arten von den Algen bis zu den Fischen geordnet. Die Unterteilung sieht zwei wesentliche Hauptgruppen vor: Algen und Pflanzen, Wirbellose und Fische. Die Bestimmungstafeln der Fische, einiger Algen und teilweise auch der Invertebraten werden am Rand durch Zeichnungen ergänzt. Diese Zeichnungen sollen schematisch die wesentlichen Merkmale der Organismen darstellen, die unter dem Stichpunkt »Unterscheidungsmerkmale« herausgearbeitet wurden.

ÜBER DIESES BUCH

Seit einigen Jahren stoßen jene Wissenschaften, die sich mit der Erforschung der Meere befassen, auf ein breites Interesse. Beweis dafür sind die zahlreichen, im Laufe der letzten Jahrzehnte entstandenen Natur- und Umweltschutzverbände, deren Ziel sowohl die Bewahrung und Erforschung der Weltmeere wie auch die Veröffentlichung der Forschungsergebnisse ist.
Insbesondere die Meeresbiologie hat sich innerhalb der Naturwissenschaften zu einem genau abgegrenzten Wissenschaftszweig entwickelt, und ihre Erkenntnisse finden nicht nur bei Fachleuten Interesse, sondern in zunehmendem Maße auch bei vielen Laien. Aus diesem Grund gibt es inzwischen zahlreiche Veröffentlichungen zum Thema Meeresbiologie. Allesamt sind sie auf einem fachlich hervorragenden Niveau, sie richten sich vor allem an Experten sowie an Studenten dieser speziellen Fachrichtung. Weit schwieriger zu schreiben (und daher weniger zahlreich) sind solche Bücher, die sich an ein breites Publikum wenden, das Grundkenntnisse auf diesem Gebiet erwerben möchte. Oder an Personen zum Beispiel aus den Bereichen Wirtschaft und Planung, die umweltgerechte Entscheidungen zu treffen haben und daher fundierte Informationen über die Wechselbeziehungen zwischen Organismen und Umwelt benötigen.
Das vorliegende Handbuch »Tiere und Pflanzen des Mittelmeers« wendet sich eindeutig an diese Lesergruppen, wobei es viele der vorhandenen Lücken deckt. Meines Erachtens erfüllt es sämtliche Intentionen des Autors, da es leicht verständlich ist und sich als einfaches Nachschlagewerk eignet.
Das Buch gliedert sich in zwei Hauptabschnitte: Im ersten Teil beschreibt der Autor in zusammenfassender, aber ausführlicher Form grundlegende Aspekte der Meereswissenschaften. Im zweiten Abschnitt geht er auf die wesentlichen Lebensformen des Mittelsmeers ein. Diese Darstellungen – an die sich entsprechende Anmerkungen zur Taxonomie, Biologie, Umwelt etc. anschließen –, sind außerdem durch hervorragende Abbildungen veranschaulicht, die die besonderen, nützlichen und oftmals entscheidenden Erkennungsmerkmale der einzelnen Gruppen, Gattungen und Arten aufzeigen. Sie vervollständigen das Buch innerhalb seiner Kategorie und regen gleichzeitig zum Lesen an.
In jeder Zeile macht der Autor wissenswerte Angaben zu den Meereswissenschaften und regt die Phantasie des Lesers so weit an, daß er sich vorstellen kann, er befände sich mit seiner Tauchermaske unter Wasser und betrachtete mit eigenen Augen die einzelnen, hier beschriebenen Naturphänomene. Zudem versucht der Autor, den Leser auf interessante wie verständliche Weise in die marinbiologischen Mechanismen einzuführen bzw. sein Wissen darüber zu vertiefen.
Auch Lehrer der Mittelstufe erhalten mit diesem Buch eine ausgezeichnete und ausführliche Zusammenfassung der wesentlichen meeresbiologischen Aspekte. Gleichzeitig finden sie Unterstützung bei der sicherlich nicht einfachen Aufgabe, die Neugierde ihrer Schüler in Bezug auf die Wissenschaften zu wecken und ihnen gleichzeitig naturwissenschaftliche Zusammenhänge zu vermitteln.
Das Buch wendet sich außerdem an Sporttaucher, die neben den leicht verständlichen Informationen auch zahlreiche Anhaltspunkte zur Bestimmung der wesentlichen und am meisten verbreiteten Arten des Mittelmeers finden werden. Außerdem enthält es für diese Leser zahlreiche praktische und technische Informationen zur interessanten wie vielseitigen Unterwasserfotografie.

Professor Angelo Cau
Vorsitzender der Italienischen Gesellschaft für Meeresbiologie

DAS MITTELMEER

ZUR ENTSTEHUNGSGESCHICHTE DES MITTELMEERES

Obgleich das Europäische Mittelmeer nur 0,7% der Gesamtfläche aller Weltmeere bedeckt, besitzen nur wenige geographische Regionen eine so vielseitige Entstehungsgeschichte, die gleichzeitig auf so enge Weise mit der Erdgeschichte und der Entwickung des menschlichen Lebens auf der Erde verbunden ist. Seine Entstehung jedoch beginnt vor der Besiedlung seiner Küsten durch den Menschen. Insgesamt ist es 2,5 Millionen km² groß. Die Entfernung von Westen nach Osten, das heißt von Gibraltar bis zum Bosporus, beträgt 4000 km und in Nord-Süd-Richtung liegen seine Küsten durchschnittlich weniger als 400 km voneinander entfernt.

Die Tethys, so der Name der griechischen Gemahlin des Meeresgottes Okeanos, war das zentrale Mittelmeer, das sich seit dem Ende des Paläozoikums fast ohne Unterbrechung vom heutigen Atlantik bis zum Stillen Ozean erstreckte und die großen Kontinentalblöcke Laurasien im Norden und Gondwanaland im Süden trennte. Heute kann diese Verbindung fast ausschließlich anhand von Fossilien nachgewiesen werden. Von großer Bedeutung für die marine Paläofauna des Mittelmeerraums sind hier beispielsweise die fossilen Funde von Bolca. Auch Fischfunde, die aus dem Gebiet der nordöstlich von Verona gelegenen Lessinischen Berge stammen, zählen allesamt zu den marinen Formen. Sie weisen eine eindeutige Verwandschaft zu den tropischen, im indopazifischen Raum heute noch lebenden Arten oder zu Fossilien der weit entfernten malaiischen Halbinsel auf. Seit dieser Zeit sind etwa 180 Millionen Jahre vergangen und das geologische Erscheinungsbild hat sich tiefgreifend verändert. Das einst ausgedehnte Tethysmeer wurde in genau abgegrenzte, schmale Abschnitte zerteilt.

Die eigentliche Entwicklung des Mittelmeers begann vor etwa 50 - 60 Millionen Jahren, als langsame erdgeschichtliche Prozesse zwischen den Kontinentalblöcken eine Bewegung der afrikanischen Scholle gegen die europäische bewirkten. Ungefähr auf der Höhe des heutigen Gibraltars wurde der Atlantik – mit Ausnahme von einigen kleineren Meerengen in Spanien und Nordafrika – abgetrennt. Nur im Osten blieb eine Verbindung mit dem ursprünglichen Ozean bestehen, der sich später zum Indischen Ozean entwickelte. Aufgrund einer langsamen, aber kontinuierlichen Drehbewegung des afrikanischen Kontinents im entgegengesetzten Uhrzeigersinn wurde im Verlauf der darauffolgenden 15 - 20 Millionen Jahre aber auch diese Verbindung endgültig geschlossen. Gleichzeitig führte der enorme, von der Verschiebung der gigantischen Kontinentalschollen verursachte Druck zur Erhebung der Bergketten, die heute das Mittelmeer umgrenzen: Alpen, Atlas-Gebirge, Sierra Nevada, Taurus etc.

Obgleich das Mittelmeer jetzt eigenständig geworden war, lief seine weitere Entwicklung nicht ganz problemlos ab. Da es sich praktisch zu einem geschlossenen Meer ausgebildet hatte, hing seine Existenz damals genau wie heute allein vom Gleichgewicht zwischen dem Wasserzufluß durch Flüsse und Niederschläge auf der einen Seite und der Verdunstungen auf der anderen Seite ab. Auch die Verbindung zum Atlantik, die über die damals vorhandenen Meerengen zwischen Spanien und Afrika gewährleistet war, prägte das Mittelmeer und prägt es noch immer. Ein Ungleichgewicht zwischen diesen Faktoren bewirkte ein allmähliches Absinken des Meeresspiegels im Mittelmeer. übrig blieb eine Reihe größerer Lagunen mit unterschiedlichem Salzgehalt, die von einer stets geringer werdenden Zahl von Organismen besiedelt waren. Diese Organismen waren jedoch in der Lage, sich den immer extremeren Umweltbedingungen anzupassen. Wie eine internationale Expedition des ozeanographischen Forschungsschiffes »Glomar Challenger« im Jahre 1970 entdeckte, dauerte dieser Entwicklungsprozeß bis vor etwa 6 Millionen Jahren an und endete mit der endgültigen Schließung jeglicher Verbindung zum Atlantik. In Zusammenhang mit der sogenannten »Rückbildung Messinas« kam es damals gleichzeitig zu Verdunstungsphänomenen.

Das Aufschlagen der Wellen auf die Klippen ist wie ein Sinnbild für die sich ständig wandelnde Beziehung zwischen dem Mittelmeer und seinen Küsten.

Das Mittelmeer bot damals ein interessantes Bild; eine Mischung aus Totem Meer, Tal der Toten und Grand Canyon. Unendlich weite und ausgedehnte Ebenen, von der Sonne ausgetrocknet und ohne jede Lebensform, mit Salzschichten bedeckt, die mehrere zehn Meter hoch sein konnten, hier und da von hochkonzentrierten, salzigen Lagunen unterbrochen. Geologen haben anhand von Bohrungen in den marinen Sedimenten entdeckt, daß einst große Flüsse tiefe Täler und Schluchten in das trockene Meeresbecken eingeschnitten haben müssen. Als das Mittelmeer sich wieder mit Wasser füllte, drang das steigende Meerwasser und die in ihm befindlichen Organismen entlang dieser tiefen Schluchten bis weit ins Festland vor. So lassen sich beispielsweise im Nil bis auf der Höhe von Khartoum oder im Rhonetal bis nach Valence marine Sedimente nachweisen.

Die neuzeitliche Geschichte des Mittelmeeres

Vor ungefähr 5,5 Millionen Jahren verursachte wahrscheinlich ein enormes Erdbeben die Wiederentstehung des Mittelmeeres. Die Schwelle von Gibraltar, die die trockene Wüste des damaligen Mittelmeergebietes vom Atlantik trennte, wurde hierbei durchbrochen. Sie senkte sich und riesige Wassermassen, die nach Berechnungen von Wissenschaftlern um ein 1000faches größer waren als die der Niagarafälle, begannen daraufhin in das Becken einzuströmen. Mehrere hunderte Jahre dauerte es insgesamt, bis das Gebiet des heutigen Mittelmeeres gefüllt war – der Wasserspiegel der Weltmeere war dabei um 10 - 20 m gesunken.

Seit dieser Zeit hat sich das Mittelmeer zu einem Raum mit den Charakteristiken eines gemäßigten Meeres entwickelt und gleichzeitig seine Verbindungen zum Atlantik gefestigt, auch wenn der Wasserstand bei weitem nicht immer konstant gewesen ist. In den letzten Millionen Jahren beispielsweise hat er sich häufig verändert und ist allein in den vergangenen 18000 Jahren um etwa 80 - 100 m angestiegen. Von besonderer Bedeutung für das Mittelmeer waren die Eiszeiten des Quartärs. Ihre Auswirkungen waren nicht nur in Hinblick auf die Wassertemperaturen besonders tiefgreifend, sondern vielmehr auch auf die Strömungsrichtungen im Gebiet von Gibraltar: Die Klimawechsel dieser Zeit bewirkten den zeitweisen Zustrom kalter und tiefer Strömungen nördlicher Herkunft, zeitweise aber auch den Zustrom oberflächennaher, wärmerer Wassermassen aus subtropischen Regionen. Jede dieser Wassermassen führte wiederum Warmwasser- oder Kaltwasserarten von Fauna und Flora ein, deren Ausbreitung zum einen durch die Anpassungsfähigkeit der einzelnen Arten bedingt war und zum anderen davon abhing, wie lange die für ihre Ansiedlung günstigen Lebensbedingungen anhalten würden. Aus diesem Wechselspiel zwischen den biotischen und abiotischen Faktoren haben sich die heutigen Bewohner des Mittelmeeres entwickelt. Die im Mittelmeer heute beheimateten Lebensformen besitzen daher jeweils unterschiedliche biogeographische Eigenschaften: arktisch-boreale, atlantisch-(sub)tropische, zircum-(sub)tropische, kosmopolite, indopazifische, atlantisch-mediterrane – und natürlich – endemisch-mediterrane Charakteristika.

Ein einheitliches Meer?

Betrachtet man das Mittelmeer auf der Landkarte, erscheint es – trotz seiner Untergliederung in mehr oder weniger stark ausgebildete Golfe und Becken – insgesamt als eine geographische Einheit. Aus ozeanographischer Sicht läßt es sich jedoch in ein westliches und ein östliches Mittelmeer unterteilen. Diese beiden Becken werden durch einen untermeerischen Tiefseerücken voneinander getrennt, der sich von Tunesien nach Sizilien erstreckt. Unterschiedliche Strömungseinflüsse, die Lage auf verschiedenen Breitengraden (und dementsprechend unterschiedliche Temperaturen) sowie die »biologische« Geschichte unterscheiden die Teilbecken im wesentlichen. Das westliche Becken weist zum Beispiel Temperaturen von 12 °C im Winter bis etwa 23 °C im Sommer auf, der Salzgehalt seiner Gewässer beträgt 36 ‰ (d.h. 36 g Salz pro 1 l Wasser). Das östliche Becken ist dagegen wärmer und salzhaltiger; die durchschnittlichen Wassertemperaturen liegen hier bei 16 °C im Winter und 26 - 29 °C im Sommer, der Salzgehalt bei bis zu 39 ‰. Diese Unterschiede, die im folgenden Abschnitt detaillierter beschrieben werden, sind von grundlegender Bedeutung für das Verständnis der Ökologie des Mittelmeeres und der Vielfältigkeit mediterraner Fauna und Flora.

Die westlichen Becken

Im westlichen Mittelmeer, zwischen Spanien und Marokko, befindet sich das sogenannte Alboràn-Becken. Dieser Teil des Mittelmeeres steht am stärksten unter dem Einfluß des Atlantiks, da sich hier die bei Gibraltar einfließenden Strömungen direkt auswirken. Das westliche Becken dehnt sich auf 54.000 km^2 von der Meerenge von Gibraltar bis zu den Balearen aus und erreicht maximale Tiefen von bis zu 1500 m. Aufgrund der geographischen Lage gibt es hier einen außerordentlichen Reichtum an atlantischen Arten, typisch mediterrane Formen treten hier weniger häufig auf. Ein Taucher wird also in diesen Gewässern nur schwer die Mittelmeer Federsterne *(Antedon mediterranea)* oder die gelben Gorgonien *(Eunicella cavolini)* beobachten.
Das nächste Becken umfaßt bei einer maximalen Tiefe von 3500 m drei Abschnitte und erstreckt sich weiter gen Osten auf einer Fläche von knapp 500.000 km^2. Den ersten Abschnitt bilden das Meer von Catalonien, der Golfe du Lion, das Ligurische Meer und das Hochtyrrhenische Meer. In dieser Zone, wo relativ kalte Winter herrschen, sind zahlreiche atlantisch-boreale Arten anzutreffen. Hier gibt es aber auch sogenannte xerotherme Oasen wie beispielsweise das Vorgebirge von Portofino. In diesem stark eingegrenzten Gebiet treffen verschiedene Strömungen zusammen und bilden, begünstigt durch die Art und Gestalt des Felsgesteins, warme Nischen, in denen typische Organismen südlicherer Zonen wie zum Beispiel die Schwämme *Spongia agaricina* und *Spongia zimocca,* der Schlangenstern *Ophidiaster ophidianus,* die Kaurischnecke *Luria lurida* sowie viele andere thermophile, d.h. wärmeliebende Organismen leben. Die zweite, zentrale Zone gilt als eine der artenreichsten und für Unterwasserexkursionen interessantesten Regionen.

Die Formenvielfalt der Organismen des Mittelmeers ist das Ergebnis seiner Jahrtausende währenden Evolution.

Hierzu gehören die Wassertiefen vor Spanien, die bis ans Ebro-Delta und die Balearischen Inseln reichen, ebenso wie die Tiefen vor Korsika und Sardinien und vor den Küsten Mittel- und Süditaliens einschließlich Siziliens. In dieser Zone sind überwiegend typisch mediterrane oder atlantisch-mediterrane Formen, aber auch tropenverwandte Arten anzutreffen. Ebenso ist es nur in diesem Gebiet möglich, reiche Ansiedlungen der Steinkoralle *Astroides calycularis* zu beobachten, deren orange-rötliche Polypen zu den beliebtesten Motiven von Unterwasserfotographen gehören. Die Küstenregion Nordwestafrikas, von Marokka bis Kap Bon, stellt den dritten, südlichen Abschnitt des westlichen Mittelmeers dar. In diesen Gewässern leben mediterrane Arten sowie Arten atlantischer Herkunft. Letztere finden hier dank des Einflusses der bei Gibraltar eintretenden und sich bis zur nordafrikanischen Küste hinziehenden Oberflächenströmungen vergleichbare Bedingungen wie im Atlantik vor. Erst etwas oberhalb der nordafrikanischen Küste teilen sich diese Strömungen auf, treten in den zyklischen Kreislauf der Balearen ein oder bewegen sich auf das Tyrrhenische oder das Levantinische Meer zu.

Die östlichen Becken

Das östliche Mittelmeer, das sich auf einer Gesamtfläche von über 900.000 km^2 erstreckt und im Ionischen Meer eine maximale Tiefe von 5093 m erreicht, kann in vier Zonen unterteilt werden. Die südlichste und zugleich auch subtropischste Zone, zu der die afrikanischen Küsten Tunesiens und Libyens gehören, wird von Arten warmer Gewässer bewohnt. Daneben sind auch die typischen Arten des tropischen Atlantiks sowie seltene Arten aus dem indopazifischen Raum anzutreffen. Zum östlichen Gebiet gehören die mediterranen Küstenstreifen Ägyptens, Israels, des Libanons und Syriens. Diese Zonen befinden sich aus biologischer Sicht in ständiger Veränderung, weil hier fortlaufend Arten aus dem Roten Meer einwandern. Der Bau des Suezkanals sowie des Assuan-Staubeckens haben im Laufe der letzten hundert Jahre drastische Veränderungen der chemisch-physikalischen Merkmale dieser Küstengewässer bewirkt: Allmählich und mit unterschiedlichem Erfolg wurden die Küstengewässer von zahlreichen fremden Organismen besiedelt. Nach verschiedenen Schätzungen gibt es in dieser Region inzwischen mehr als 500 neue Arten. Es gibt sogar Spekulationen, daß bei anhaltender Erwärmung der mediterranen Gewässer und weiterem Zustrom tropischer Arten innerhalb der nächsten Jahrzehnte in diesen Gewässern eine Vielfalt farbiger Tropenfische herrschen könnte, wie sie im Moment noch typisch für das Rote Meer ist.

Die Küsten der Türkei und des ionischen Griechenlands bilden den zentralen Teil des östlichen Mittelmeeres. Sie weisen gemeinsam drei wichtige Merkmale auf: Zahlreiche Arten des westlichen Mittelmeeres fehlen oder sind zumindest sehr selten; endemische Arten sind zahlreich, ebenso wie viele Organismen, die typisch für warme Meere sind. Die höheren Wassertemperaturen und der im Vergleich zum Durchschnitt entschieden höhere Salzgehalt bilden für Arten aus dem Suezgebiet ideale Lebensbedingungen. Begünstigt von der Strömungsrichtung entlang der Küsten von Westen nach Osten siedeln sie sich bevorzugt in diesen Regionen an, bevor sie dann versuchen, die weiter im Nord-Westen liegenden Gebiete zu kolonisieren.

Das Ägäische Meer setzt sich durch eine nach Norden reichende Einbuchtung etwas vom östlichen Becken ab und ist in Bezug auf seine Organismen vergleichbar mit den Gewässern Italiens. Das benachbarte Ionische Meer stellt den Zugang zur Adria her, einem Teil des Mittelmeers, das eine Gesamtfläche von nur 135.000 km^2 besitzt und als eigenständiges Becken betrachtet werden muß. Die Adria wird nicht nur durch ihre geringe Tiefe (mehr als ein Drittel ihrer Gewässer sind nicht tiefer als 50 - 60 m) geprägt, sondern auch durch ihre lange, schmale Form. Da ihre Gewässer mit die größte Produktivität im Mittelmeer aufweisen, haben sich hier Arten angesiedelt, die eine ausgesprochene Verwandtschaft zu den atlantisch-borealen Formen besitzen; so zum Beispiel die Braunalge *Fucus virsoides*, die fast ausschließlich in der nördlichen Adria zu finden ist. Auch werden in der Adria die ausgeprägtesten Gezeiten im gesamten Mittelmeer erreicht.

Die Wassertemperaturen des Mittelmeeres

Die Meereswissenschaft ist ein vielschichtiges und weit verzweigtes Netz aus unterschiedlichen Disziplinen (Biologie, Physik, Chemie, Geologie). Hier sollen lediglich zwei der vielen Themen behandelt werden, die für das Verständnis der Unterwasserwelt grundlegend sind und mit denen vor allem der Tauchsportler unter Wasser direkt konfrontiert wird: Licht und Temperatur.
Wie schon erwähnt sind die Temperaturen in den einzelnen Mittelmeergebieten zu den verschiedenen Jahreszeiten recht unterschiedlich. So treten beispielsweise im Sommer zwischen den beiden extremen Zonen des Westens und des Ostens Temperaturunterschiede von über 10 °C auf. Weit größer sind die Unterschiede zwischen den im Winter gemessenen Tiefsttemperaturen (4 - 7° C) und den Höchsttemperaturen im Sommer (über 30 °C in den östlichen Teilen). Doch gelten diese Werte jeweils nur für die oberflächennahen Wasserschichten. An der Schwelle von Gibraltar, die etwa 320 m unter der Wasseroberfläche liegt, weist das Tiefenwasser des Mittelmeers eine Temperatur von 13 °C auf – dieselbe Temperatur, die im Atlantik in gleicher Tiefe durchschnittlich gemessen wird. Zur Stabilität dieser Temperaturen zu den jeweiligen Jahreszeiten tragen die begrenzte Wassermasse des Mittelmeeres, denen ein Zufluß von ozeanischen Tiefenwassern fehlt, sowie deren geringe Tiefenbewegung und das Wärmespeichervermögen des Mittelmeeres bei. In diesem Zusammenhang sollte noch erwähnt werden, daß die Oberflächenströmungen bei Gibraltar von atlantischen Wassermassen verursacht werden, die ins Mittelmeer einströmen. Die Tiefenströmungen hingegen werden durch die aus dem Mittelmeer ausströmenden Wassermassen hervorgerufen. Die Wassertemperatur an der Oberfläche sinkt nicht unter einen Schwellenwert von 13 °C ab. Dies erklärt, warum die Küsten des Mittelmeeres mit ihren angenehmen Temperaturen so gastfreundlich sind. Eine Ausnahme bilden hierbei nur die Zonen, die dem Einfluß starker lokaler Winterwinde (zum Beispiel Triest dem Bora oder die Küsten der Provence dem Mistral) ausgesetzt sind.

Die Jahreszeiten des Mittelmeeres

Weisen die Temperaturen der Tiefengewässer also eine gewisse Konstanz auf, so verhält es sich an der Wasseroberfläche anders, denn hier wirken sich jahreszeitliche Veränderungen aus, die wiederum einen wichtigen Einfluß auf das Leben im Wasser haben. Gegen Ende des Winters und bei Frühlingsanfang sind die Wassertemperaturen an der Oberfläche und in der Tiefe gleich. Durch diese Temperaturgleichheit (und damit gleiche Dichte der Wasserkörper) wird das vollständige Umwälzen des Wassers ermöglicht, bei dem kalte Winde für die Abkühlung und Bewegung der oberflächennahen Wassermassen und den Aufstieg von Tiefenwasser sorgen. Die auf diese Weise hervorgerufene Wasserbewegung und Vermischung der Wassermassen führt einerseits zu einem Temperaturausgleich, andererseits werden so aber auch jene Nährstoffe (stickstoff- und phosphorhaltige Verbindungen) an die Oberfläche befördert, die für das Wachstum der Algen unentbehrlich sind. Diese Nährstoffe hatten sich im Laufe des vorangegangenen Sommers in den tieferen Schichten des Meeres abgesetzt. Während des Frühlings führt nun eine Zunahme der Tageslänge und der Lufttemperatur zu einer allmählichen Erwärmung der Gewässer und zur Bildung einer ersten, dünnen Schicht höherer Wassertemperatur an der Oberfläche. Diese Schicht wird im Laufe des Frühjahrs immer mächtiger, bis sie schließlich im Sommer stellenweise eine Tiefe bis zu 20 - 30 m erreicht. Nach unten hin wird sie von einer spürbaren Temperatursprungschicht, der Thermokline begrenzt. Diese Sprungschicht stellt eine Art Schwelle oder Barriere dar, die die warmen Wasserschichten von den kälteren trennt und in deren Nähe sehr starke und schnelle Temperaturschwankungen bestehen können. Mit dem Ende des Sommers, kürzer werdender Sonnenscheindauer und unter dem Einfluß der ersten unbeständigen Herbstwetter nähert sich die Thermokline wieder etwas mehr der Wasseroberfläche, bis schließlich irgendwann der Temperaturausgleich wieder erreicht ist. Die

Das Licht ist nicht nur Lebensgrundlage aller Organismen, sondern beeinflußt auch ihre Verteilung.

Erwärmung und Abkühlung der Wassertemperaturen erfolgt jedoch nicht in zeitlicher Übereinstimmung mit den Lufttemperaturen. Daher sind die Höchstwerte der Wassertemperatur auch nicht im Hochsommer meßbar, sondern später. Die Tiefsttemperaturen können erst im Februar/März und nicht im Dezember/Januar gemessen werden.

Das Licht

Die Sonnenstrahlen dienen nicht allein der Erwärmung des Meeres. Die Funktion des Lichts ist viel umfassender und wird von einem Taucher sicherlich schon bei seinen ersten Tauchgängen wahrgenommen. Licht besteht aus unterschiedlichen Wellenlängen (und folglich unterschiedlichen Farben und unterschiedlicher Energie). Mit steigender Tiefe wird es selektiv absorbiert. Zunächst verschwindet der rote Strahlungsanteil, anschließend der orangefarbene, dann der gelbe, bis schließlich nur noch der grün-blaue Anteil vorhanden ist. Dieser ist in der Lage, bis in die tiefsten Wasserschichten vorzudringen, und er verleiht dem Meer seine charakteristische Farbe. Unter der Wasseroberfläche nimmt die Lichtstärke sehr schnell ab, wobei aber nicht allein die zuvor beschriebenen Erscheinungen eine Rolle spielen, sondern auch die Reflexion an der Wasseroberfläche, die etwa ein Drittel des einfallenden Lichts zurückwirft. Sehr viel hängt auch von der Klarheit der Gewässer ab, die im allgemeinen auf dem offenen Meer größer ist als an den Küsten, wo die Menge an Schwebteilchen und Organismen wesentlich höher ist. Das Mittelmeer gehört zu den klarsten Gewässern der Welt. Bedingt wird diese Klarheit durch eine geringe biologische Produktivität, das heißt eine geringe Quantität an Organismen. Im Durchschnitt kann man davon ausgehen, daß die Lichtstärke bei einer Tiefe von 5 - 7 m nur noch etwa 50 % im Vergleich zur Meeresoberfläche beträgt. Bei einer Tiefe von 40 - 50 m ist sie dann sogar auf etwas mehr als 1 % des Ausgangswertes reduziert. Nur die Anpassungsfähigkeit unserer Augen ermöglicht es uns, in dieser Tiefe, wo alles einen dominierenden blaugrünen Farbton annimmt, noch zu sehen. Um im Detail die faszinierende Farbenvielfalt der hier lebenden Organismen zu entdecken und zu bestaunen, ist der Einsatz einer künstlichen Lichtquelle erforderlich.

Algen und Licht

Licht bedeutet nicht nur Wärme, es bedeutet auch Leben. Die Lichtenergie wird von den pflanzlichen Organismen, den ersten Gliedern jeder Nahrungskette, benutzt, um aus den im Meerwasser gelösten Nährsalzen mit Hilfe der Photosynthese organische Substanzen zu bilden. Da das Licht aber selektiv absorbiert wird und schließlich auf Werte absinkt, die für eine normale Photosynthesereaktion nicht mehr ausreichen, wird die Zone, in der dieser Vorgang auf wirksame Weise vollzogen werden kann, als »euphotische Zone« bezeichnet. Diese Zone ist begrenzt und ihre Mächtigkeit ist aufgrund chemisch-physikalischer und biologischer Faktoren äußerst unterschiedlich. Die Evolution hat somit bei den marinen Pflanzenformen zur Entwicklung einer Reihe von spezifischen Anpassungsformen geführt, die die Lichtenergie optimal auszunutzen verstehen. Dank dieser Anpassungen konnten die fazinierenden und verschiedenförmigen Meeresgärten des Mittelmeers entstehen. Sie sind um so wertvoller, weil aufgrund der steilen Böden nur knapp mehr als 10 % der Gesamtfläche zur Besiedlung und Entwicklung benthischer, d.h. auf dem Meeresboden festsitzender Algen, zur Verfügung stehen.
Nach einer allgemeinen Klassifizierung der Algenformen unterteilt man diese pflanzlichen Organismen in drei große Gruppen: Grünalgen oder Chlorophyten (Chlorophyceae), Rotalgen oder Rodophyten (Rhodophyceae) und Braunalgen oder Phaeophyten (Phaeophyceae). Offensichtlich darf die Unterscheidung nach Farben aber nicht als absolut angesehen werden, da es auch Grünalgen gibt, die braun aussehen, oder Rotalgen, die weiß sind, und wiederum Braunalgen, die eine rote, grüne oder sogar blaue Färbung aufweisen. Die Zuordnung zu diesen drei Hauptgruppen basiert bei allen Algen auf dem Vorhandensein bestimmter Pigmentstoffe in ihren Zellen. Diese mit dem Chlorophyll zusammen vorkommenden Pigmentstoffe erlauben es den Organismen, nur einige genau

festgelegte Wellenlängen auszunutzen. In der Vergangenheit hat diese Entdeckung zur Formulierung der sogenannten »Theorie der komplementären chromatischen Anpassung der Algen« geführt. Gemäß dieser Theorie wären die Grünalgen besonders dazu geeignet, rote Wellenlängen auszunutzen, und könnten daher auch nur im Oberflächenwasser existieren. Anschließend folgten die Braunalgen, die eher auf mittlere Wellenlängen reagieren, und schließlich in größeren Tiefen die Rotalgen, deren Pigmente komplementär zu den grünen und blauen Strahlen sind. Diese Theorie, die über lange Jahre hinweg Gültigkeit besessen hat und in ihren Grundgedanken auch noch immer besitzt, ist inzwischen stellenweise nicht mehr haltbar. Denn jüngste Untersuchungen von Meeresbotanikern haben ergeben, daß es auch Rotalgen gibt, die in oberflächennahen Wasserschichten leben, und andererseits typische Arten von Grünalgen, die tiefe Gewässer bewohnen. Dies hat zur Entwicklung neuerer Forschungsrichtungen geführt, die den Schwerpunkt weniger auf die Qualität als vielmehr auf die Quantität des Lichteinflusses, der für die Algen maßgeblich ist, legen. Auf der Grundlage dieser Anforderungen kann man die pflanzlichen Meeresbewohner grob in photophile (das heißt Licht bevorzugende) und photophobe (den Schatten suchende) Organismen einteilen.

Das Leben im Mittelmeer: Nekton und Plankton

Der marine Lebensraum kann insgesamt betrachtet in zwei große Bereiche unterteilt werden, den pelagischen und den benthischen. Letztgenannter (benthos = Boden) betrifft ausschließlich die Meeresböden und die auf ihnen lebenden und wachsenden Organismen. Der pelagische Bereich dagegen (pelagos = Meer) umfaßt alle Bereiche des freien Wassers.

Die Gesamtheit aller Gewässer, die den Kontinentalshelf bedecken und im Durchschnitt bis in eine Tiefe von 130 - 150 m reichen, gehören zum phytalen oder litoralen System; sie bilden den »neritischen Raum«. Dagegen werden alle Gewässer, die die Meerestiefen bedecken (d.h. beginnend beim Kontinentalsockel bis in die tiefsten

Die meisten Fische sowie die Wale und Delphine, wie dieser blau-weiße Delphin (Stenella spec.), gehören dank ihrer Fähigkeit, sich selbstständig im Meer bewegen zu können, zum Nekton.

Tiefseegräben) dem »pelagischen Raum« zugeordnet. Die in diesen Räumen lebenden Organismen können in zwei Gruppen unterteilt werden: Nekton und Plankton. Zum Nekton gehören ausschließlich Tiere. So wird ein Großteil der Fische (z.B. Thunfische, Haifische, Schwertfische, Makrelen etc.) zu dieser Gruppe gezählt, außerdem Wale und Delphine. Es handelt sich hierbei um Organismen, die sich aktiv im Wasser bewegen können. Je nach Notwendigkeit sind sie außerdem zu weiten Wanderungen oder vertikalen Positionswechseln imstande und können ohne große Probleme den Meeresströmungen widerstehen. Dies trifft für die dem Plankton zugehörigen Organismen nicht zu; sie können sich zwar frei im Wasser bewegen, sind aber den Strömungen ausgeliefert. Jeder Taucher weiß von ihrer Existenz im Makroplankton, das die größeren Organismen umfaßt: Medusen, Salpen, Portugiesische Galeeren, Segelquallen und andere. Die übrigen Organismen sind mit bloßem Auge nicht zu erkennen: Sie bestehen aus vielen tausend verschiedenen Arten, die kleiner als ein Millimeter sind.

Im Gegensatz zum Nekton gehören zum Plankton auch pflanzliche Organismen. Daher unterscheidet man üblicherweise zwischen Zooplankton und Phytoplankton. Innerhalb dieser beiden Gruppen gibt es wiederum Organismen, die stets zum Plankton gehören (Holoplankton) und Organismen, die nur während bestimmter Phasen ihres Lebenszyklus' dazu gerechnet werden können (Meroplankton). Zum Phytoplankton zählen Diatomeen, Dinoflagellaten und andere Gruppen, die von herausragender Bedeutung für die verschiedenen Lebensformen im Wasser sind. Denn sie bilden die unterste Stufe jener Nahrungspyramide, an deren Spitze schließlich der Mensch steht. Als primären Produzenten kommt ihnen dieselbe Bedeutung zu wie den grünen, braunen und roten Makroalgen; sie übertreffen diese sogar bei der lebenswichtigen Aufgabe, aus Sonnenenergie organische Substanzen herzustellen, indem sie Kohlenwasserstoff absorbieren und in Form von Sauerstoff wieder abgeben. Um ihre Bedeutung aufzuzeigen, soll hier erwähnt werden, daß die Meereszonen je nach der Konzentration des Phytoplanktons in Bereiche mit mehr oder mit weniger Primärproduktion eingestuft werden.

Unter diesem Gesichtspunkt gilt das klare Mittelmeer als ein »armes«, da wenig produktives Meer – mit Ausnahme einiger Gebiete in der Nähe großer Flußmündungen (Po, Rhone, Nil), wo beträchtliche Mengen salzhaltiger Nährstoffe ins Meer geschwemmt werden, oder Zonen mit geringen Wassertiefen (z. B. die Adria). Hier nämlich dringt das Licht bis auf den Meeresboden vor, und die Photosynthese kann in der gesammten Wassersäule stattfinden. Leider ist das Überhandnehmen des Planktons viel zu oft aber auch Zeugnis der Umweltverschmutzung, hervorgerufen durch Unmengen organischer Substanzen, die der Mensch ins Meer abläßt.

Zum Zooplankton zählen – neben den Quallen und den anderen zuvor genannten Arten – Organismen fast aller im Meer lebender zoologischer Gruppen. Unter den Ringel- und Gliederwürmer (Anneliden), Krebstieren, Schnecken und Manteltieren (Tunikaten) gibt es Arten, die sich auf perfekte Weise dem planktischen Leben angepaßt haben. Unendlich viele andere Formen verbringen hingegen nur den ersten Abschnitt ihres Daseins als freie Organismen im Wasser. Ein natürlicher Teil des marinen Planktons sind so auch die Larven zahlreicher Fische oder die Larven von Seeigeln und Seesternen; letztere leben im Erwachsenenstadium auf dem Meeresboden. Diese komplexe Gruppe von Organismen stellt somit ein Verbindungsglied zwischen den verschiedenen marinen Lebensräumen dar. Außerdem tragen sie zur Verbreitung von Lebensformen bei, die sich sonst nicht von der Stelle rühren könnten.

Am einfachsten läßt sich das Plankton bei einem nächtlichen Tauchgang erkennen, bei dem man abwechselnd die Tauchlampe an- und ausschaltet. Nach einigen Minuten strahlen plötzlich winzige »Lichtchen« auf: Viele planktische Lebewesen sind biolumineszent und leuchten daher wie Glühwürmchen.

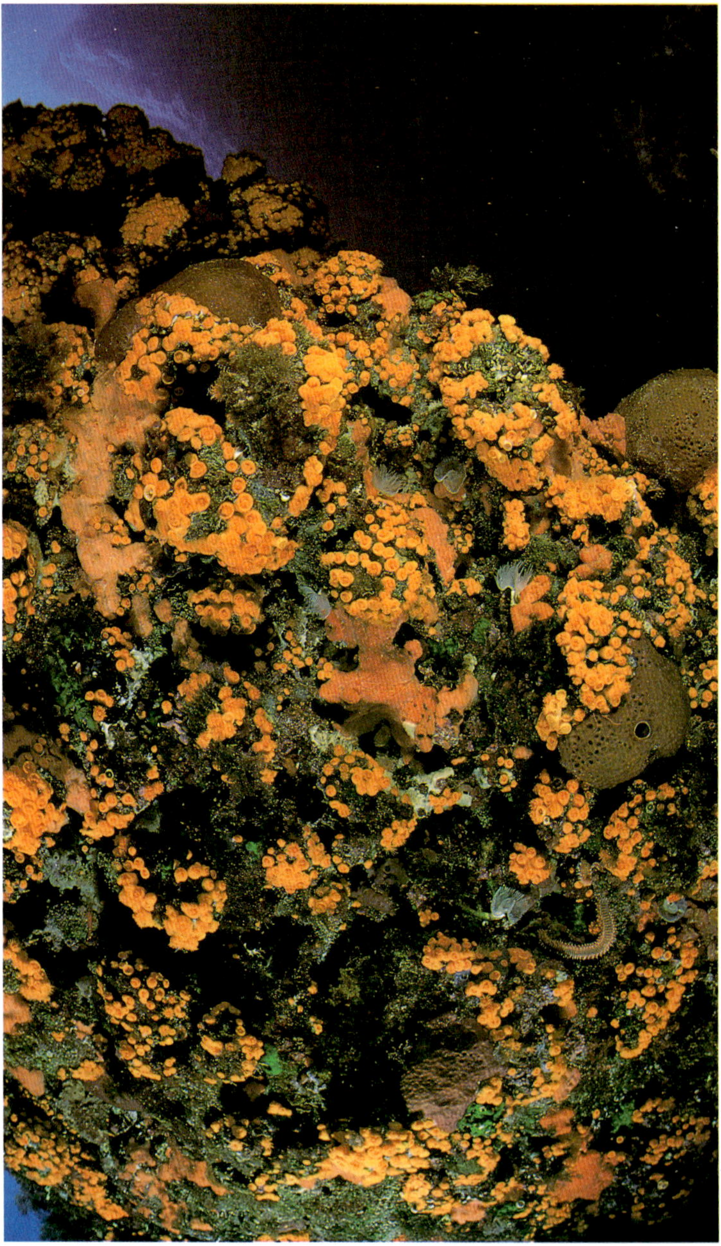

DER MEERESBODEN UND DAS BENTHOS

Betrachtet man die Wassermassen im Verhältnis zur Gesamtoberfläche der Meeresböden, so stellen letztere den weitaus kleineren Lebensraum dar. Dennoch wird ein Taucher beispielsweise Felswände als wesentlich vielseitiger und reicher an Leben empfinden als das offene Meer. Bei der Erkundung der litoralen Region trifft man abwechselnd auf sehr unterschiedliche Lebensräume: auf ausgedehnte Sand- und/oder Schlammflächen, auf Unterwasser-Grünflächen, auf Klippen, deren steile Felsen sich auch unter Wasser fortsetzen oder auf steinige Böden, die wiederum von Felsmassen oder Klippen unterbrochen werden. Je nach Meeresboden sind hier ganz unterschiedliche Formen der Flora und Fauna heimisch. Gleichzeitig tritt hier aber auch die dritte große Gruppe mariner Organismen auf: die benthischen Lebewesen, die den gleichnamigen Bereich bewohnen. Analog zur pelagischen Region läßt sich dieser marine Lebensbereich in deutlich voneinander abgegrenzte Zonen unterteilen. Wie Forschungen von Biologen und Meereswissenschaftlern ergeben haben, ist dabei der benthische Bereich weit weniger ausgedehnt als der pelagische. Mit Hilfe moderner Technik konnten sie übrigens beachtliche Erfolge bei der Unterwasserforschung erzielen und haben damit einen bedeutenden Beitrag zum Verständnis vieler Naturphänomene geleistet. Hauptaspekt bei der Untergliederung des Benthos in verschiedene Regionen ist die Präsenz oder Abwesenheit von Pflanzen. Auf dieser Grundlage lassen sich die verschiedenen Tiefenzonen sämtlicher Weltmeere in zwei große Systeme aufteilen: die »euphotische Zone«, in der Pflanzen zahlreich vertreten sind, und die »aphotische Zone«, in der keine Pflanzen leben, weil hier das Licht unzureichend oder überhaupt nicht vorhanden ist. Der »aphotischen Zone«, die auch als Tiefenzone bezeichnet wird, gehören die folgenden Stufen an: Die bathyale, die abyssale und die hadale Stufe. Das Bathyal reicht vom äußersten Rand des Kontinentalsockels (150 - 200 m) bis in eine Tiefe von 2500 - 3000 m. Hier schließt sich das Abyssal an, dessen unterer Grenzbereich auf einer Tiefe unterhalb von 6000 - 7000 m liegt. Unter dieser Stufe befindet sich schließlich die hadale Tiefenstufe, die dem Reich der ausgedehnten Ozeangräben entspricht. Sie kommt jedoch im Mittelmeer nicht vor, da hier eine maximale Tiefe von etwas mehr als 5000 m gemessen wird. Weitaus komplexer ist dagegen die Untergliederung der euphotischen Zone. Zu ihr gehören auch die beiden extremen Grenzen, die von den Zwischenregionen Luft-Wasser und Wasser-Boden gebildet werden. In diesem System variieren die Umweltfaktoren in vertikaler Richtung beachtlich; und das sowohl in quantitativer Hinsicht (wie beispielsweise die schrittweise Temperaturabnahme von der Wasseroberfläche bis zum Meeresboden) als auch in qualitativer Hinsicht (zum Beispiel die selektive Absorption der Lichtstrahlen oder die Veränderung der Korngröße innerhalb der Sedimente). Das, was ein Taucher unter Wasser sieht, ist somit das Ergebnis eines dynamischen Gleichgewichts und eines Wechselspiels zwischen lebenden Organismen und den verschiedenen Umweltfaktoren. Innerhalb des phytalen Systems können so vier verschiedene, aufeinanderfolgende Stufen unterschieden werden, die sich von einigen Metern über dem Meeresspiegel bis in eine Tiefe von mehr als 130 - 150 m ausdehnen. Diese Stufen werden Supralitoral, Mesolitoral, Infralitoral und Circalitoral genannt. Auf jeder der vier Stufen leben verschiedene, zeitlich wie räumlich stabile Lebensgemeinschaften (Biozönosen) auf beweglichen (Schlamm, Sand, Kiesel und Detritus) oder harten Substraten (Felsgestein). Auf den folgenden Seiten erfolgt eine detaillierte Beschreibung dieser Lebensformen. Hauptsächlich wird dabei auf die felsigen Substrate eingegangen, was aber keinesfalls bedeuten soll, daß Weichböden etwa weniger interessant oder unwichtig seien (denn eigentlich stellen sie den Großteil der Meeresböden dar). Da sich das vorliegende Buch aber vor allem an Taucher richtet, die ihrem Hobby meist in Felsregionen nachgehen, werden diese Substrate ein wenig ausführlicher behandelt.

Foto links: Ein farbenprächtiges und faszinierendes Beispiel einer Unterwasserlandschaft im südlichen Mittelmeer.

Das Supralitoral

Das Supralitoral ist die typische Übergangszone vom Wasser zum Uferbereich oberhalb der mittleren Hochwasserlinie (Spritzzone). Für den Taucher hat dieser Bereich relativ geringe Bedeutung, auch wenn das Ufer meist der Ausgangs- und Endpunkt seines Tauchganges ist. Dieser Lebensraum weist einen ziemlich hohen Feuchtigkeitsgrad auf, der fast ausschließlich von der Gischt verursacht wird. Nur selten sind daran auch die Ebbetümpel beteiligt, die bei den einzelnen, in regelmäßigen Zeitabständen ankommenden Flutwellen in den Klippen zurückbleiben. Manchmal können sich auch richtiggehende kleine Schwimmbecken oder natürliche Aquarien bilden, auf die ein interessierter Naturliebhaber ein Auge werfen sollte. Die hier lebenden Pflanzen und Tiere haben sich dem permanenten Zustand, über dem Wasser zu liegen, angepaßt; sie werden also vom Meer über Sprühwasser und Wellen nur indirekt beeinflußt. Die vertikale Ausdehnung des supralitoralen Bereichs hängt in besonderem Maße von seiner Wellenexposition ab und reicht von 30 - 50 cm in geschützten Zonen bis zu über 3 m in Bereichen, die dem Meer stärker ausgesetzt sind.

Zu den häufigsten Bewohnern des Supralitorals gehören die Strandschnecken *(Littorina neritoides)*; das sind kleinere Schnecken mit dunkler Schale, die in großer Zahl auf den Klippen und dort hauptsächlich in Furchen versammelt leben. Ebenfalls hier gibt es die Klippenassel *(Ligia italica)*, kleine Krustentiere, die vornehmlich im Schatten wohnen und oft vom Mikroklima, das in feuchten, zum Trocknen auf den Felsen ausgelegten Taucheranzügen herrscht, profitieren. Sie kommen aus ihren Unterschlüpfen hervor und verteilen sich unter den Anzügen; sobald die Anzüge bewegt werden, flüchten sie blitzschnell. Obwohl diese übrigens völlig harmlosen Tiere von den Tauchern meist nicht beachtet werden, gibt ihre Präsenz in der Regel einen wichtigen Hinweis: Je größer ihre Anzahl zur Wasserlinie hin ist, desto ruhiger ist das Meer an dieser Stelle – ist das Gegenteil der Fall, dann ist das Wasser mit Sicherheit so bewegt, daß man sich besser ein ruhigeres Gebiet zum Tauchen suchen sollte.

Die von Sprühwasser und Gischt befeuchteten Felsen sind ein anspruchsvoller Lebensraum für die marinen Lebewesen.

Lythophyllum lichenoides gehört zu den typischen Algen des mesolitoralen Bereichs.

Das Mesolitoral

Der mesolitorale Bereich liegt zwischen der unteren und oberen Grenze von Ebbe und Flut. Im Mittelmeer ist diese Stufe aufgrund des geringen Tidenhubs nur wenig ausgeprägt. Eine Ausnahme bilden hier der Küstenstreifen der oberen Adria (Venedig, Triest) und im besonderen der Golf von Gabés (Tunesien), wo Wasserstände von bis zu 2 m Differenz auftreten können. Solche Unterschiede sind an den Mittelmeerküsten allerdings ein Rekord, denn hier benötigt man zum genauen Erkennen des mesolitoralen Bereiches ein geschultes Auge. Die mediterrane Tide kann also im Gegensatz zu der des Atlantiks oder Pazifiks vernachlässigt werden, denn dort kann man bei Ebbe auf Böden spazierengehen, die sich bei Flut im Durchschnitt 5 - 10 m unter der Wasseroberfläche befinden.

Trotz der Konzentration ihres Lebensraums auf nur wenige Dutzend Zentimeter ist die Zahl der im Mesolitoral lebenden Pflanzen und Tiere durchaus nicht gering. Der Gezeitenwechsel erfordert eine entsprechende Anpassung dieser Lebewesen, die aber nicht so extrem ist wie bei den Organismen der darüberliegenden Stufe. Insbesondere die Lebewesen, die den oberen Bereich des Mesolitorals bewohnen, müssen in der Lage sein, durch eine Art umgekehrten Atemstillstands eine Wasserreserve für jene Phasen anzulegen, die zwischen den Gezeiten liegen. Dies trifft zum Beispiel bei den Napfschnecken zu *(Patella spec.)*, die bei Ebbe wie Saugnäpfe am Felsgestein haften und zwischen ihrer Schale und dem Substrat ein geringes, aber bis zur nächsten Flut ausreichendes Wasserreservoir angelegt haben. Erst bei Flut können sie sich dann wieder frei bewegen und Algen vom Gestein abweiden. Gleiches gilt für die Seepocken *(Chthalamus spec.)*, die ty-

pisch weißen Bewohner an der Oberfläche der Felsen, die den Beginn des mesolitoralen Bereichs anzeigen.
Hinsichtlich der Algen sollte noch erwähnt werden, daß einige ihren biologischen Zyklus so verändert haben, daß ihr Wachstum nunmehr hauptsächlich während der Wintermonate stattfindet, wenn die Temperatur geringer und die durchschnittliche Wellenhöhe durch die Meeresstürme größer ist. Andere Arten wie die Felsenkrabbe *(Pachygrapsus marmoratus)* haben eine innere Wasserreserve, die einen Landgang nach Belieben erlaubt; sobald sich das Krebstier aber bedroht fühlt oder die Wasserreserve knapp wird, taucht es schnell wieder ins Wasser ein. Typisch für diese Zone ist auch die Pferdeaktinie *(Actinia equina)*, die aber aufgrund der fortschreitenden Verschmutzung der Oberflächengewässer immer seltener wird. Sie besitzt eine hochentwickelte biologische Uhr, durch die sie sich im Takt der Gezeiten öffnen oder wieder schließen kann. Auch noch lange nach einer Umsiedlung in andere Gewässer erinnern sich die Pferdeaktinien an diesen Gezeitenrhythmus.
Obgleich die vertikale Ausdehnung dieser Zone relativ gering ist, gibt es nach den Erkenntnissen von Experten drei verschiedene Bereiche, deren unterster der interessanteste ist. Hauptsächlich im Mittelmeer wird diese Zone unter günstigen Bedingungen von den kleinen, rosigen Kissen der Rotalge *Lythophyllum lichenoides* beherrscht. Ihre verkrusteten Kissen sind so fest miteinander verbunden, daß sie eine Art Barriere bilden, die in Richtung des offenen Meeres weiterwächst. Ihre Formationen ähneln beinahe einem Bürgersteig (daher die Fachbezeichnung »Trottoir«), der stellenweise sogar so breit und tief sein kann, daß eine Person darauf gehen könnte. Wie bei den Korallenriffen besteht auch hier nur die der Sonne zugewandte Außenseite aus lebenden Algen, während sich die Innenseite aus kalkhaltigen Überresten ihrer Bewohner gebildet hat. Die Oberfläche wird ständig erodiert. Die kleinen Löcher und Furchen, die hier entstanden sind, werden auf unterschiedliche Weise von der Sonne beschienen und bieten eine Myriade von Mikro-Lebensräumen. Zahlreiche Organismen finden hier Unterschlupf, so zum Beispiel filtrierende (Schwämme, Muscheln, Moostierchen) oder auch verkrustende Lebewesen (Korallenalgen, festsitzende Borstenwürmer, Moostierchen), aber auch Krebse, Käferschnecken oder kleinere Fische, vor allem die Schleimfische. Eine große Anzahl dieser Organismen hält sich übrigens im oberflächennahen, direkt den Wellen ausgesetzten Bereich auf.

Das Infralitoral

Die sich dem Mesolitoral anschließende Stufe ist das Infralitoral. Es reicht vom ständig untergetauchten Teil der Küste bis zu einer Tiefe, in der lichtliebende *(photophile)* Algen sowie das Seegras *(Posidonia oceanica)* nicht mehr leben können. Seegräser sind höhere marine Blütenpflanzen, die ausgedehnte Unterwasserwiesen bilden. Im infralitoralen Bereich dominieren die Algen-Gesellschaften, die auch die verschiedenen Erscheinungsformen der übrigen benthischen Bewohner beeinflussen. So sind der Aufbau der Felsen, die Eigenschaften des Substrats, die Wellenexposition, die geographische Lage, die Beleuchtung und die Neigung des Bodens Faktoren, die entweder eine Ansiedelung der unterschiedlichen Algen begünstigen oder verhindern. Zu den am häufigsten auftretenden Arten zählen die sehr komplexen und verschiedenartigen Algen der Gattung *Cystoseira*, einer Braunalge, die dichte Pflanzengürtel nahe der Wasseroberfläche formen kann. Ihren Lebensraum stellen vor allem gering geneigte oder horizontal ausgerichtete Böden in lichtreichen Regionen. Die bis zu 30 - 40 cm hohen Cystoseiren bilden im wahrsten Sinne einen Unterwasserwald, in dem man verschieden erhellte Zonen erkennen kann. Jede dieser Zonen wird von einer unterschiedlichen Tierart dominiert, wobei deren Vielfalt aber mit dem Artenreichtum der hier lebenden Pflanzen nicht vergleichbar ist.
Wo die Cystoseiren fehlen, aber dennoch intensive Lichtverhältnisse herrschen, treten andere Algenarten wie etwa die Braunalge *Padina pavonica* auf, unter die sich die fei-

nen Schirmchen der Schirmchenalge *Acetabularia acetabulum* mischen können. Ebenso trifft man hier die harten Kissen der Kalk-Rotalgen der Gattung *Lithophyllum* an oder die verzweigten Thalli des derben oder des feinen Korallenmooses *(Jania rubens)*. In tieferen Bereichen mit geringerem Lichteinfall überwiegen die schattenliebenden Arten. Hierzu zählen Arten wie *Codium spec., Halimeda tuna, Udotea petiolata* und die Peyssonnelien. Im Sommer werden die Cystoseiren dort, wo die Küsten geschützter sind und eine Vermischung mit Süßwasser eintritt, von den sogenannten Meersalaten *(Ulva rigida, Enteromorpha spec. und Cladophora spec.)* ersetzt. Sie wiederum ziehen zahlreiche Pflanzenfresser wie beispielsweise Seeigel an, deren Weidetätigkeit an einigen Stellen so intensiv ist, daß sie Auswirkungen auf den gesamten Pflanzenbewuchs hat. Lediglich verkrustete Kalkalgen, die bei den Seeigeln im übrigen ebenso beliebt sind, können sich hier niederlassen.
Dieser obere Litoralbereich bietet ausgezeichnete Möglichkeiten zum Schnorcheln. Taucht man knapp über dem Meeresboden inmitten der hier lebenden Algen, kann man die Cirren der Seepocken flattern sehen oder die langsamen Bewegungen der Seeigel beobachten. Man kann auch versuchen, sich den Schwarzgrundeln, den Spitzkopf-Schleimfischen *(Trypterigion tripteronotus)* oder den Gestreiften Schleimfischen *(Blennius gattorugine)* oder den Parablennius rouxi zu nähern, die dann im letzten Augenblick fortschnellen, um in ihren kleinen Unterschlüpfen Schutz zu suchen. Fast sofort aber sind sie wieder bereit, hervorzukommen und die Bewegungen des Tauchers zu verfolgen. Etwas tiefer können wir die gläserne Transparenz der *Clavelina lepadiformis* bewundern oder die rosigen Flabellinen beim Verzehr der durchscheinenden Polypen eines Hydroiden oder auch die wogenden Tentakel einer auf dem Boden verankerten Seeanemone *(Anemonia sulcata)*. Und an der Unterseite eines Felsblocks könnten sich – gut getarnt – einige Saugfische *(Lepadogaster spec.)* aufhalten. Bei Ihren Ausflügen unter Wasser können

Das von Algen dominierte Infralitoral ist eine der Küstenzonen des Mittelmeeres, die den Tauchsportlern am leichtesten zugänglich ist. Es bietet eine Möglichkeit für abwechslungsreiche Schnorcheltauchgänge.

Ihnen auch verschiedene Arten von Lippfischen, Meeräschen, sowie vereinzelte Goldstriemen-Schwärme *(Sarpa salpa)* begegnen, die gerade Algen abweiden.
Taucht man mit angehaltenem Atem in einige Meter Tiefe und inspiziert den Meeresboden aus nächster Nähe, kann man inmitten der Algen oder unter den Steinen Schlangensterne, Gemeine Seeohren, Polstersterne und kleine Dornensterne (*Coscinasteria tenuispina)* gemeinsam mit dem größten Seestern, dem Eisstern *(Marthasterias glacialis)*, finden. Schwämme, festsitzende Vielborster (Polychaeten), Hydroide, Krustentiere, unter denen Einsiedlerkrebse sehr häufig auftreten, vervollständigen schließlich das Spektrum der in diesem Lebensbereich wohnenden Arten.
In größeren Tiefen, also dort, wo Preßluftflaschen erforderlich sind, nimmt die Formen- und Farbenvielfalt der Organismen zu. Die Lichteinwirkung ist in dieser Tiefe so gering, daß hier der Einsatz einer Tauchlampe erforderlich wird. Nur so kann man die rotfarbenen Schwämme wie *Crambe crambe* sehen, die die Schalen der Stachelaustern bedecken, oder die Kolonien der Großen Meerhand *(Alcyonium palmatum)* mit ihren weißen Polypen oder auch Seesterne, die uns – vor allem in den südlichen Regionen des Mittelmeers – ab den ersten Metern auf unseren Tauchgänge begegnen. Hierzu gesellen sich auch die langen, gelben Polypen der Krustenanemone *Parazoanthus axinellae,* deren Präsenz oft auf Grotteneingänge oder Strömungen hindeutet. Die Richtung der Strömungen verdeutlichen die weißen Gorgonien *(Eunicella singularis)*, die gruppenweise die hellsten Felsabschnitte besiedeln, während an abschüssigen Schattenseiten stellenweise auch schon gelbe Gorgonien *(Eunicella cavolinii)* auftreten.
Zahlreich sind auch die Bryozoen (Moostierchen) vertreten, unter denen man die rot gefärbte Falsche Koralle *(Myriapora truncata)* leicht erkennen kann, die vor allem in Felsspalten und an schattigen Stellen regelmäßig verzweigte Stöcke bildet. Auch die feinen, gewundenen Spitzen der *Sertella septentrionalis* oder die veränderlichen Kolonien des Rotbraunen Krustenmoostierchens *Schizobrachiella sanguinea* leben hier. Überraschungen können auch die Felsspalten bieten, in denen sich vereinzelt Meeraale oder Muränen verstecken, aber auch kleine Sägebarsche und Schriftbarsche oder kleine Gruppen von Brassen, die ein ruhiges Plätzchen suchen. Trifft man jedoch auf eine Reihe ordentlicher Steinhäufchen oder auf regelmäßig nebeneinanderliegende Muscheln, so sollte man sich diesen ganz behutsam nähern, denn oftmals zeigen sie den Eingang zum Unterschlupf eines Kraken an. Wesentlich seltener dagegen wird man den Drachenköpfen begegnen, die farblich perfekt an Algen und überkrustete Schwämme angepaßt sind. Ihre Anwesenheit registriert man oft erst in dem Moment, in dem sie sich mit kräftigen Schwanzschlägen verärgert um einige Meter entfernen.
Häufig anzutreffen sind die scheuen Meerjunker *(Coris julis)* und auch die Meerpfauen *(Thalassoma pavo)* sowie die zahlreichen anderen Lippfische *(Symphodus spec.)*, die im späten Frühling und im Sommer bei ihren Paarungsritualen und dem anschließenden Nestbau beobachtet werden können.

Das Circalitoral und die Corallinenböden

An die von Seegraswiesen gebildete Grenze schließt sich der circalitorale Bereich an. Er bildet die tiefste Stufe des phytalen Systems und erstreckt sich bis zu der Zone, in der die Algen aufgrund mangelnden Lichts nicht mehr existieren können. Obwohl in diesem halbdunklen Bereich eine azurblaue Färbung vorherrscht, weisen die hier lebenden Organismen die breiteste Palette aller nur erdenklichen Farben auf, die allerdings nur unter Beleuchtung mittels Tauchlampe (hier übrigens ein absolutes Muß) oder Blitz des Fotoapparats zur Geltung kommen. Die Temperatur ist zwar konstanter, doch wesentlich kühler als in den darüberliegenden Stufen, da wir uns hier unterhalb der Thermokline befinden, die wir im Infralitoral zurückgelassen haben. Die Pflanzen bilden jetzt nicht mehr die Hauptkomponente dieses Lebensraums, obgleich sie, wie wir später noch sehen werden, eine bedeutende Rolle auf den Corallinenböden spielen. Zu den wichtigsten Variablen, die die Verteilung der Organismen hier steuern, zählen die

Die gelben Gorgonien (Eunicella cavolinii) zeigen dem Taucher die Grenze zwischen dem Reich der Makroalgen und dem der Wirbellosen des Circalitorals bzw. der Corallinenböden an.

Exposition zum Licht, die Beschaffenheit des Substrats, die Körnung der Sedimente sowie Neigung und Ausrichtung der Felsen. Man sollte jedoch wissen, daß man nicht gleich in solche Tiefen tauchen muß, um die typischen Organismen des Circalitorals beobachten zu können. Bei Vorhandensein geeigneter Lebensbedingungen (zum Beispiel auf gering erhellten, oberflächlichen Felsbändern, auf nach Norden ausgerichteten Klippen oder in Gewässern geringer Transparenz) lassen sich viele hierfür typische Lebewesen auch schon wenige Meter unter der Wasseroberfläche finden.

Typisch für die Corallinenböden ist der dichte Belag biologischen Ursprungs. Jeder Quadratzentimeter des Felsgesteins ist mit Organismen bedeckt, die sich oftmals auch gegenseitig überwachsen und so die eigentliche Natur des Substrats nicht mehr erkennen lassen. Die Basis dieser Konkretion, die für die Existenz der Corallinenböden von grundlegender Bedeutung ist, bilden die Rotalgen; theoretisch sind sie die einzigen Algen, die dank hochspezialisierter photosynthetischer Pigmente in der Lage sind, die in diese Tiefe nur noch spärlich eindringende Lichtenergie auszunutzen. Zu den Rotalgen zählen sowohl verkrustete (Corallinaceen) als auch nicht verkalkte Formen (wie viele Peyssonnelien) oder bäumchenförmige Arten. Trotzdem sind das aber nicht die einzigen in diesen Tiefen lebenden Algen, wie die Grünalgen *Halimeda tuna* oder *Udotea petiolata* beweisen. Ebenso treten hier verschiedene Braunalgen wie *Cystoseira spec.* und *Sargassum spec.* auf. In einigen Zonen mit fast atlantischem Charakter kommen weitere Braunalgenarten vor, die genauso interessant sind: die Laminarien. Sie sind sehr selten im Mittelmeer und lassen sich nur im Albòran-Becken und in der Meerenge von Messina finden.

Zwischen den Thalli der Algen häuft sich organischer wie anorganischer Detritus verschiedenster Natur an und wird dort von anderen verkrustenden Organismen wie Moostierchen, Steinkorallen, Schwämmen und festsitzenden Borstenwürmern (Polychaeten) verdichtet und verzementiert. Man kann sich vorstellen, daß eine solche Ansammlung von Organismen kleinen kriechenden, schlängelnden oder schwimmenden Lebewesen in den sich hier bildenden kleinen Rissen und Hohlräumen nahezu unbegrenzt Raum zum Schutz bietet. Aber auch das natürliche Felsgestein bietet vielen Arten einen idealen Lebensraum, zum Beispiel Langusten *(Palinurus elephas)* und Hummern sowie Fischarten wie den Mönchsfischen *(Chromis chromis)*, mit ihren außergewöhnlich azurblauen Jungfischen; sie sind übrigens des öfteren vor Höhleneingängen zu finden. Weitere Fischarten, denen man im Circalitoral leicht begegnen kann, sind Lippfische, Mönchsfische, Brassen, Zahnbrassen und Streifenbrassen *(Spondyliosoma cantharus)*. Auf Weichböden findet man auch Katzen- und Tigerhaie *(Scyliorhinus canicula* und *S. stellaris)*, zwei kleinere Haiarten, die jedoch für einen Taucher völlig ungefährlich sind. Statt der erwachsenen Tiere selbst wird man aber möglicherweise eher ihre Eier entdecken können, die in der Gestalt kleiner, fast rechteckiger Säckchen mittels spiralig gewundener Fäden vor allem an den Zweigen der roten Gorgonien *(Paramuricea clavata)* haften. Diese Art zählt übrigens zu den schönsten Gorgonien des Mittelmeers, und besonders die größeren Exemplare können durchaus einen Vergleich mit der gefächerten tropischen Hornkoralle aufnehmen. Dort, wo die Gorgonien schon seltener werden, hat man vielleicht sogar das Glück, auf einige Kolonien der fälschlicherweise als Schwarze Korallen bezeichneten *Gerardia savaglia* zu treffen. Dieses Korallentier, dessen Existenz in der Vergangenheit bedroht war, unterscheidet sich aber deutlich von den sehr viel wertvolleren Schwarzen Korallen des Indopazifischen Ozeans.

Der wahre Hauptdarsteller ist in diesen Tiefen aber die vielgesuchte Rote Koralle *(Corallium rubrum)*. Ihr verdanken die Corallinenböden – wenn auch fälschlicherweise – ihren Namen. Diese Octokoralle, die man an ihrer verzweigten Form und ihren weißen Polypen erkennen kann, ist Teil der Biozönosen, die halbdunkle Höhlen bewohnen, und kommt überall dort vor, wo sie ausreichende Lichtintensität und sauberes Wasser findet. Wenige Meter unter der Wasseroberfläche, in Höhlen oder in gering erhellten

Meeresgrotten gehören zu den faszinierendsten und geheimnisvollsten Bereichen unter Wasser. Ihre Erkundung sollte aber erfahrenen Tauchern vorbehalten bleiben.

Felseinschnitten können sich auch kleine Kolonien entwickeln. Die großen Kolonien leben dagegen ausschließlich in tiefen Regionen, also weit über den Grenzen des Tauchsports. Ist man aber einmal bis in diese Stufe vorgedrungen, kann man viele der Lebewesen entdecken, die auf den nachfolgenden Bestimmungskarten aufgeführt sind. Unter den Schwämmen lassen sich leicht *Phorbas tenacior*, *Cliona celata*, *Clathrina clathrus* mit ihren gelben Schwammkörpern erkennen oder die rote Spezies *Spirastrella cunctatrix* und die hohen, verzweigten *Axinella-Arten spec.*, die manchmal eher Hohltier-Kolonien als Schwämmen ähneln. Auch die Nesseltiere (Cnidaria) bleiben sicherlich nicht unbeachtet. Über die bereits an anderer Stelle erwähnten Arten hinaus möchten wir hier auf die Rasenkoralle *Cladocora cespitosa* hinweisen, die in Formen ungewöhnlicher Verzweigung erscheinen kann, sowie an die gelbe Steinkoralle *Leptopsammia pruvoti*, die stark der Krustenanemone *Parazoanthus axinellae* ähnelt, oder an die Schmuckanemone *Corynactis viridis*, die Schiffswracks oder ähnliche submerse Objekte in wahre Wunderhöhlen verwandeln. Hinzu kommen die prächtigen Gorgonien mit ihren roten, gelben *(Eunicella cavolinii)* oder weißen Fächern *(Eunicella stricta)*, wobei sich bei jeder eine unterschiedliche Erscheinungsform ausgebildet hat. Auf den Gorgonien läßt sich häufig eine mediterrane Verwandte der Weichkoralle nieder, von der sie völlig bedeckt wird: die parasitäre Lederkoralle *Parerythropodium coralloides* (Falsche Edelkoralle). Ein weiterer Parasit der Gorgonien ist die Schnecke *Neosimnia spelta*, die die Polypen der Gorgonien abfrißt. Sie ähnelt den kleinen Kaurischnecken und ist so unauffällig, daß man sie im allgemeinen übersieht.

Zu den koloniebildenden, baumähnlichen Lebewesen gehören auch zahlreiche Moostierchen, deren Verkrustungen sich oft mit denen vieler Borstenwürmer *(Serpula vermicularis, Protula tubularia, Filograna spec., Bispira volutacornis)* vermischen. Sobald man sich ihnen nähert oder Luftblasen aus dem Schnorchel austreten läßt, ziehen sie ihre farbenprächtigen Tentakel ein. Auch Schnecken, Muscheln und Nacktschnecken finden allesamt auf den Corallinenböden geeignete Bedingungen, um ihre spezifischen Ernährungsbedürfnisse zu befriedigen. Wenn man also um ihre Gewohnheiten weiß,

Die Posidonia-Wiesen scheinen zwar monoton zu sein, tatsächlich stellen sie aber einen der interessantesten Lebensräume für Unterwasserfotografen und Naturfreunde dar. Hier kann man so manch überraschende Begegung erleben.

kann man diese Organismen mit Sicherheit aufspüren. So zum Beispiel die Sternschnecken *Peltodoris atromaculata, Hypselodoris valenciennesi* oder *H. tricolor*, die als wahre Feinschmecker von Schwämmen gelten und in deren Nähe zu finden sind. Oder die ebenfalls in diesen Tiefen vorkommende *Flabellina affinis* sowie *Dondice banyuliensis,* die auf der Suche nach Hydroiden auf dem Meeresboden kriechen. Natürlich leben hier auch Krebstiere wie Hummer, Langusten und Furchenkrebse. Die Stachelhäuter sind sowohl durch Seesterne *(Ophidiaster ophidianus, Echinaster sepositus, Hacelia attenuata)* als auch durch Schlangensterne *(Ophiotrix fragilis, Astrospartus mediterraneus)*, Seeigel *(Echinus melo, Sphaerechinus granularis, Centrostephanus longispinus)* und Seegurken *(H. tubulosa und H. forskali)* vertreten. Unter den Manteltieren *(Tunicata)* sollte man keinesfalls die Seescheiden vergessen: zum einen die Rote Seescheide *(Halocinthya papillosa)* und die stets mit Aufwuchsorganismen bewachsene Mikrokosmos-Seescheide *(Microcosmus spec.)*.

Ein besonderer Lebensraum: die *Posidonia*-Wiese

Posidonia oceanica, wie wir sie heute kennen, bildet den Höhepunkt eines lange währenden Evolutionsprozesses, der zunächst die Eroberung des Landes und schließlich die Rückkehr ins Meer mit sich brachte. Die Art besitzt Wurzeln, Blätter, Blüten und Früchte und zählt somit nicht zu den Algen, sondern zu den höheren Blütenpflanzen. Daß das Mittelmeer und der weit entfernte Pazifik vor vielen Millionen Jahren einmal eins waren, davon zeugt heute lediglich eine in australischen Gewässern vorkommende enge Verwandte der im Mittelmeer endemischen Spezies *Posidonia oceanica*. Dieses Seegras wächst von der Wasseroberfläche bis in Tiefen, die noch ausreichend Licht für ihr Wachstum bieten, in der Regel also bis in durchschnittlich etwa 30 - 40 m Tiefe (untere Grenze des Infralitorals), obgleich sie im östlichen Mittelmeer auch in über 100 m Tiefe gemeldet wurde. Innerhalb dieses Grenzbereichs bilden die Posidonien dort, wo günstige Lebensbedingungen herrschen, ausgedehnte Wiesen. Dabei können sie sich sowohl auf den feinsten Sandböden großer Tiefen oder Buchten niederlassen als auch in Felseinschnitten – vorausgesetzt, es hat sich dort ausreichend Sediment abgelagert. Wachstum und Ausbreitung verlaufen über die Wurzeln und Rhizome der Seegraspflanzen, die sich sowohl horizontal als auch vertikal entwickeln. Die Verbreitung der Art erfolgt aber über ihre Früchte. Das horizontale Wachstum erlaubt der Pflanze, das sie umgebende Territorium zu besiedeln und ihre Grasfläche auszudehnen. Durch das vertikale Wachstum wirkt sie der von ihr selbst verursachten Ablagerung von Sedimenten entgegen, die – ist sie zu stark – sogar zu ihrem eigenen Absterben führen kann. In vielen Fällen entstehen durch das vertikale Wachstum, das jährlich bis zu 1 cm beträgt, besondere Strukturen, »Matten« genannt, die wie riesige Inseln die *Posidonia*-Wiesen tragen. Aufgrund der Strömungen können sich zwischen diesen »Inseln« regelmäßig verlaufende, einem Feldweg ähnliche Lichtungen oder vertikale Schächte bilden, die mit den riesigen Gletschertöpfen verschiedener Alpenregionen vergleichbar sind. Die *Posidonia*-Wiesen wirken als potentes Bremssystem den Wellen entgegen und stellen so einen effektiven Schutz für die Küstenstreifen dar. Vielerorts sind die inzwischen häufig an den Mittelmeerküsten auftretenden erosiven Vorgänge auf das Verschwinden dieser Unterwasser-Wiesen zurückzuführen.

Die Oasen des Mittelmeeres

Die *Posidonia*-Wiesen stellen wahre Oasen im sonst öden Mittelmeer dar. Zwar bedecken sie nur knapp 0,2 % der Meeresböden, für das Leben in diesem Bereich aber sind sie von großer Bedeutung. Auf jedem einzelnen Quadratmeter dieser Wiesen stehen etwa tausend, aus je 5 - 6 Blättern bestehende Pflanzenbüschel, die aneinandergereiht eine Gesamtfläche von mehr als 40 m² einnehmen. Ihre Blätter und Rhizome bieten die ideale Oberfläche für eine Besiedlung durch sessile Organismen tierischen und pflanzlichen Ursprungs, die wiederum eine unglaubliche Vielfalt anderer Arten anziehen. Diese komplexe Struktur einer von Posidonien gebildeten Seegraswiese, in der man unzählige

Mikrohabitate unter biozönosenähnlichen Bedingungen finden kann, erklärt auch, wie ein Hektar dieser Seegraswiese eine tierische Biomasse von etwa 15 Tonnen beherbergen kann – 15 Tonnen bestehend aus 350 verschiedenen Arten aller Organismen-Gruppen, angefangen bei den Schwämmen bis hin zu den Fischen (Algen und Mikroorganismen nicht miteingerechnet). So ist allein ein Quadratmeter dieser Seegraswiese in der Lage, täglich 14 l Sauerstoff durch Photosynthese zu bilden. Betrachtet man allein die sich 16 km^2 rund um die Insel Ischia ausdehnende *Posidonia*-Wiese – übrigens die am besten erforschte im gesamten Mittelmeer – kann man sich leicht vorstellen, welche Bedeutung diese Wiesen für das Küstenmeer haben.

Der Lebenszyklus der Posidonien

Da die Posidonien höhere Pflanzen sind, soll ihr Lebenszyklus an dieser Stelle kurz beschrieben werden. Die Wachstumsphase nimmt einen relativ langen Zeitraum ein, sie erstreckt sich von Herbst bis Sommer. Dabei fallen die älteren Blätter nach und nach ab und machen neuen Trieben Platz. Die jungen Blätter unterscheiden sich von den älteren nicht nur durch die geringere Größe, sondern auch durch ihre hellere grüne Färbung und ihre glatte, gänzlich unverkrustete Oberfläche. Obwohl das Seegras Substanzen herstellen kann, die das Wachstum fremder Organismen verlangsamen, bildet sich auf ihm nach kurzer Zeit eine Bakterien-Schicht. Diese Schicht fördert die Entwicklung einer komplexen epiphytischen Flora und Fauna, zu der Foraminiferen, Hydrozoen, Kalkröhrenwürmer (Serpuliden) und Moostierchen (Bryozoen) zählen, darunter auch die auf jedem *Posidonia*-Blatt präsente Art *Electra posidoniae*, die man leicht an ihrem Aussehen erkennen kann. Das Wachstum der epiphytischen Organismen erreicht seinen Höhepunkt im Sommer, wenn die Blätter ihre grüne Farbe vollständig verlieren und schwarz-braun werden. Von diesem Zeitpunkt an können die alten Blätter von den Wellen der Herbststürme abgerissen und in teils meterhohen Haufen an der Küste angetürmt werden. Teilweise verfilzen sie auch zu den hellbraunen Seebällen, die man häufig an den Stränden findet.

Im Herbst (Oktober) wachsen die Blüten heran; zunächst bei den Wiesen nahe der Wasseroberfläche, dann allmählich bei den tiefergelegenen. Da die in der Mitte der Blattbüschel sitzenden Blüten sehr unauffällig sind, braucht man Glück und Beobachtungsgabe, um sie ausfindig zu machen; außerdem blüht *Posidonia* nicht jedes Jahr. Nur in den südlichen Mittelmeerregionen verläuft die Blüte etwas regelmäßiger und dort kann man im Frühjahr auch die reifen Posidonia-Früchte am Strand finden, die wegen ihrer braunen Farbe und runden Form auch »Meeroliven« genannt werden.

Wir hoffen, daß diese Beschreibung der Posidonien mit dazu beiträgt, daß Taucher sie fortan mit anderen Augen betrachten, zumal aufmerksames Tauchen inmitten der Wiese zu Begegnungen mit sonst seltenen Fischen wie der Seenadel oder den Seepferdchen führen kann. Die *Posidonia*-Wiesen werden aber nicht nur von kleinen Fischen bewohnt. Sie ziehen auch zahlreiche andere Arten an (mehr als 50 verschiedene wurden gezählt), da sie zum einen jeder Kategorie von Tieren (Pflanzen-, Detritus-, Fleisch- oder Planktonfresser) ein reiches Nahrungsangebot stellen und zum anderen in der Fortpflanzungsperiode sowohl Eiern als auch Jungtieren Schutz bieten.

Große Lippfische wie *Labrus merula* und *Labrus viridis* können sich zwischen ihren Blättern tarnen; über der Wiese schwimmen Ringelbrassen, Goldstriemen, Streifenbrassen sowie Goldbrassen, und an ihren Ausläufern oder auf sandigen Lichtungen bewegen sich Marmorbrassen, Meerbarben, Sandtaucher und andere Arten. Auch Kraken und Sepien sind in diesem Bereich keineswegs selten. Ebenso versteckt sich inmitten der *Posidonia*-Blätter die Steckmuschel *(Pinna nobilis)*, die zu den größten Weichtieren des Mittelmeers gehört. Schwämme, bewegliche wie festsitzende Borstenwürmer, Igelwürmer, Seesterne *(Echinaster sepositus, Asterina gibbosa)*, Seeigel *(Sphaerechinus granularis)*, Schlangensterne *(Ophioderma longicaudum)*, Seegurken, Mollusken, Krebstiere *(Maja squinado, Pagurus prideaux)* und Seescheiden vervollständigen das Spektrum der Fauna, das der Taucher in den Wiesen von *Posidonia oceanica* erleben kann.

VOM SONNENLICHT ZUM MENSCHEN

Dank der Energie des Sonnenlichts sind alle »Pflanzen«, von den Algen bis zu den kleinsten Teilchen des Phytoplanktons, in der Lage, die im Meerwasser gelösten Nährsalze und das Kohlendioxid aufzunehmen und für die Herstellung organischer Substanzen, für ihr Wachstum und ihre Fortpflanzung zu nutzen. So entsteht die Grundlage einer Vielzahl von Nahrungsketten, bei denen jedes Glied dazu bestimmt ist, Nahrung des nächsten Gliedes zu werden. Bei dieser schrittweisen Abfolge gelangt man von den »Erzeugern« (Produzenten) über die »Verbraucher« (Herbivoren und Carnivoren) bis zu den »Zersetzern« (Destruenten), deren Aufgabe es ist, die organischen Substanzen nach den Gesetzen des Stoffkreislaufs in Nährstoffe umzuwandeln. Ebenso wie bei Algen, die je nach Art verschiedene Wellenlängen des Lichts ausnutzen können, bestehen auch bei den Tieren weit vielfältigere Möglichkeiten der Ernährung als man bei der bloßen Unterscheidung in Herbivoren und Carnivoren annehmen könnte. Daß sowohl unterschiedliche Formen der Nahrungsaufnahme als auch verschiedene Nahrungsquellen überhaupt existieren, erklärt sich aus der Notwendigkeit, jeden Nahrungswettstreit soweit wie möglich zu vermeiden. Und in der Tat: Je mehr es einem Organismus gelingt, eine Nahrungsquelle für sich allein zu nutzen, desto größer sind seine Überlebenschancen – vorausgesetzt natürlich, daß diese Nahrungsquelle nicht verlorengeht.
Die verschiedenen Ernährungstypen lassen sich anhand der Größe der Nahrung, ihrer Beschaffenheit und der Art ihrer Aufnahme unterscheiden.
Hinsichtlich Größe und Beschaffenheit ihrer Nahrung lassen sich die tierischen Organismen in zwei Gruppen einteilen: 1. mikro- oder makrophage Tiere, je nachdem, ob die Nahrung aus kleinen oder großen Partikeln besteht; 2. Carnivore oder Herbivore, je nachdem ob Tierisches oder Pflanzliches gefressen wird. Sehr viel unterschiedlicher hingegen sind die Mechanismen der Nahrungsaufnahme, die meist in direkter Beziehung zur Lebensform des jeweiligen Tieres stehen. Bei den vielen sessilen Organismen, die ihr ganzes Leben festsitzend verbringen, ist eine Nahrungsaufnahme nur

In geschützt liegenden und dem Taucher zugänglichen Zonen kann man oft solche traubenartigen Anhäufungen weißer Tintenfischeier entdecken.

über das Wasser möglich. Sie ernähren sich ausschließlich von dem, was frei im Wasser schwimmt. Glücklicherweise leben diese Tiere gewissermaßen in einer Art Nährlösung, die sowohl reich an Mikroorganismen (Bakterien, Protozoen, Plankton) als auch an organischen Partikeln ist. Daraus erklärt sich auch die Existenz der vielen unterschiedlichen Mechanismen, die Nahrung aus dem Wasser abzufangen. Schwämme, Schnecken, Muscheln und Seescheiden haben hervorragende Filtersysteme entwickelt, die im Grundprinzip aus Zellen bestehen, die mit Geißeln und Wimpern besetzt sind. Letztere erzeugen durch ihre Bewegungen Wasserströmungen und leiten so die Nährstoffe in den Verdauungsapparat oder in ein anderes, ihn ersetzendes Organ. Zu den Filtrierern gehören auch die Sedentarier (Polychaeten), deren auffällige Tentakelkrone über die Atmungsfunktion hinaus eine Art offenen Trichter bildet, an dessen Boden sich der Mund öffnet. Dieses komplexe Filternetz fängt die im Wasser frei beweglichen Teilchen auf, die mit Schleim vermischt und in die Mundöffnung eingeführt werden. Zu den Filtrierern gehören auch einige Schlangensterne, die ihre gefiederten Arme in die Höhe strecken und die im Wasser treibenden organischen Partikel einfangen.
Gorgonien, Korallen, Aktinien und andere Anthozoen, die aus zahlreichen Polypen aufgebaut sind, sind dagegen Carnivoren, obgleich sie wegen ihrer Unbeweglichkeit darauf warten müssen, daß ihre mit nesselnden oder klebenden Zellen besetzten Tentakel von einem vorbeischwimmenden Organismus berührt werden, der dann sogleich eingefangen wird. Diese Tiere sind meist rund, da sich diese Form besser zur Aufnahme der aus allen Richtungen eintreffenden Nahrung eignet. Oder sie wachsen senkrecht gegen die Strömung, so daß die Zweige ihrer Kolonien die Nährsubstanzen im Wasser auf wirksamste Weise abfangen können. Benthische Tiere wie Seegurken oder Sandseeigel, die sich kriechend auf dem Sediment fortbewegen, verschlucken beachtliche Mengen an Sand und Schlamm, den sie, nach Aussonderung der nahrhaften Substanzen, in Form charakteristischer, wurmähnlicher Exkremente ausscheiden.
Andere Wirbellose wie der Kamm-Seestern oder die Schnecken der Gattung *Natica* zählen zu den Makrophagen und aktiven Beutefängern. Sie durchlöchern die Schalen der Muscheln, um an das Fleisch im Innern zu gelangen. Bei den Fischen sind alle Ernährungstypen zu finden, viele sind als aktive Beutefänger carnivor. Der Seeteufel und der Himmelsgucker stellen ihrer Beute gewissermaßen sogar Fallen. Die Goldstriemen zum Beispiel sind herbivor (Pflanzenfresser), Meerbarben detritivor (Detritusfresser) und Meeräschen omnivor (Allesfresser). Dazu gibt es sehr viele Fischarten, die die Reste einer Mahlzeit beispielsweise eines großen Sägebarsches durchaus nicht verachten und sich mit Krebsen und Schnecken darum streiten.
Ein eigenständiges Kapitel bilden die Symbiosen – ein oft falsch gebrauchter Begriff, der nur dann verwendet werden sollte, wenn zwei Arten in einer Vergesellschaftung leben, aus der beide einen Vorteil ziehen. Dies geschieht im Falle der Einsiedlerkrebse und der Aktinien *(Dardanus arrosor* und *Calliactis parasitica; Pagurus prideaux* und *Adamsia carciniopados)*. Manchmal wird fälschlicherweise etwas für eine Symbiose gehalten, was tatsächlich aber rein parasitärer Natur ist; so z. B. die Beziehung zwischen der Schnecke *Neosimmia spelta* und den Gorgonien, von deren Polypen sich die Schnecke ausgiebig ernährt. Oder etwa die »Untermiete« im Fall des Nadelfisches *(Carapus acus)*, der im Körperinnern von Seescheiden zu finden ist. Machmal ist der Übergang von »Untermiete« zu Symbiose jedoch fast fließend, wie bei den Krebsen *Pontonia pinnophylax* und *Pinnotheres spec.*, die zwischen den Schalenklappen der großen Steckmuschel Pinna nobilis leben.

Die Vermehrung der Arten

Die Vermehrung der Organismen basiert auf zwei wesentlichen Formen der Fortpflanzung: der geschlechtlichen und der ungeschlechtlichen. Bei der geschlechtlichen Fortpflanzung trifft eine männliche Geschlechtszelle auf eine weibliche. Die ungeschlechtliche Fortpflanzung beruht auf der »einfachen« Zweiteilung eines Individuums.

Das männliche Exemplar des Meerbarbenkönigs Apogon imberbis zählt zu den wenig bekannten, jedoch interessantesten Beispielen für Brutpflege in der Unterwasserwelt.

Die geschlechtliche Fortpflanzung wie wir »Landbewohner« sie kennen, ist im Wasser etwas komplizierter. Das Grundprinzip, die Verschmelzung einer männlichen mit einer weiblichen Zelle zu einer befruchteten Zelle, ist zwar dasselbe; unterschiedlich aber ist die Art der Befruchtung, die sowohl innerlich als auch äußerlich erfolgen kann. Im letztgenannten Fall, der für die meisten sessilen oder wenig beweglichen Organismen typisch ist, müssen große Mengen von Spermien und Eiern gebildet werden, damit die Möglichkeit einer erfolgreichen Befruchtung in ausreichendem Maße gegeben ist. Das allein genügt aber nicht. Zur Steigerung der Befruchtungswahrscheinlichkeit muß die Ausschüttung der sexuellen Vermehrungszellen (Gameten) synchron verlaufen. Gesteuert wird diese zeitliche Übereinstimmung von Mechanismen, die von chemischen und zeitlichen Faktoren abhängig und noch weitgehend unbekannt sind. Bei Fischen beispielsweise kann die Synchronisierung durch die Abfolge bestimmter Verhaltensmuster erreicht werden, die auf einem genau festgelegten Paarungsritual beruht.

Auch die Unterscheidung der beiden Geschlechter ist nicht immer einfach und schon gar nicht eindeutig. So gibt es Zwitter (Hermaphroditen), die gleichzeitig männliche und weibliche Geschlechtszellen bilden können, oder Organismen, die zwar hermaphroditisch sind, im Laufe ihres Lebens aber ihr Geschlecht wechseln. Dies ist zum Beispiel bei vielen Lippfischen der Fall: Sie sind zunächst weiblich, werden aber nach Erreichen einer festgelegten Größe männlich; dasselbe gilt für den Wrackbarsch. Ein Beweis dafür, wie die Mechanismen von Art zu Art wechseln können, liefern die Goldbrassen, die anfangs männlichen und später weiblichen Geschlechts sind. Das Ablaichen sowie die

Befruchtung der Eier, die häufig von einer schützenden Struktur (Schale, Schleimschicht) umgeben sind, ist aber nur der erste Schritt bei der Vermehrung. Die Wahrscheinlichkeit, daß eine den Wasserströmungen ausgelieferte Larve letztendlich auch das Erwachsenenstadium erreicht, ist extrem gering. Denn leicht wird sie zur Beute anderer Organismen. In einigen Fällen ist die Entwicklung der Larven ein ausgesprochen langwieriger und komplexer Prozeß, der sich über eine Abfolge verschiedener Entwicklungsstadien hinzieht. Zum einen stärkt dies die Widerstandsfähigkeit der Organismen, zum anderen aber nimmt so die Wahrscheinlichkeit zu, daß sie von anderen Lebewesen erbeutet werden. Noch kritischer ist die Phase, in der die endgültige Ansiedlung auf dem Meeresboden erfolgt, da die Larven ihre Metamorphose nicht unbegrenzt fortsetzen können. Befinden sie sich in diesem heiklen Moment auf einem ungeeigneten Substrat, so wird jedes weitere Wachstum blockiert.
Obwohl die geschlechtliche Fortpflanzung eine ständige Vermischung der Gene ermöglicht und aus evolutionsgeschichtlicher Sicht von Vorteil ist, gibt es viele Organismen, die sich auf ungeschlechtlichem Wege durch Zweiteilung (aus einem Individuum entstehen zwei) oder durch Knospung (Ausbildung von Knospen, die jeweils einen neuen Organismus hervorbringen) vermehren. Stark ausgebildet ist die ungeschlechtliche Fortpflanzung bei vielen koloniebildenden Organismen (Schwämme, Gorgonien, Seescheiden), die im Anschluß an die Metamorphose einer ersten, auf geschlechtlichem Wege gezeugten Larve entstanden sind. Aus diesem ersten Individuum heraus bilden sich durch Knospung alle weiteren Einzeltiere der Kolonie, die sich – im Vergleich zu ihrem Stammvater – verändern können, um innerhalb der Kolonie bestimmte Funktionen auszuüben (Nahrungsbeschaffung, Schutz, Fortpflanzung).

Die Funktion der Farben: Anpassung, Signal und Schutz

Anders als bei den Algen, stellen Farben im Tierreich ein aus systematischer Sicht nicht unbedingt zuverlässiges Unterscheidungsmerkmal dar. Wollte man zum Beispiel zur Unterscheidung einer Koralle der Farbe Rot einen Wert zuschreiben, so wäre man bei der Begegnung mit einer der seltenen, aber doch existierenden weißen Kolonien der Roten Koralle *Corallium rubrum* ziemlich verwirrt. Gleichermaßen wäre man gezwungen, die Zahl der Fischarten beträchtlich zu erweitern (wie es in der Vergangenheit übrigens auch geschehen ist), nur weil sich männliche und weibliche Exemplare in ihrer Färbung deutlich voneinander unterscheiden. Deshalb: Auch wenn die Farben bei der Unterscheidung der Fischarten nützlich sind, können sie nach Ansicht der Zoologen kein systematisches Unterscheidungsmerkmal darstellen; zudem variieren sie innerhalb einer Art, von Individuum zu Individuum, von Ort zu Ort und von Jahreszeit zu Jahreszeit in beträchtlicher Weise. Im übrigen läßt sich auch ein Mensch, versteht man ihn als Spezies, nicht allein durch seine Augen-, Haut- oder Haarfarbe bestimmen.
Nach der Funktion der Farben muß demnach in anderen Bereichen gesucht werden. Obwohl es manchmal einfach ist zu erklären, warum ein Tier Farben trägt, überwiegen doch jene Fälle, in denen man es nicht weiß. So gibt es zum Beispiel noch keine plausible Erklärung dafür, warum Tiere gering erhellter Lebensräume eine so grelle Färbung besitzen. Dies ist zum Beispiel im Korallenriff der Fall, wo eine künstliche Lichtquelle erforderlich ist, um die Farben der Algen, Schwämme, Gorgonien und vieler anderer Wirbelloser überhaupt sehen zu können. Die einzig mögliche Erklärung dafür ist derzeit, daß die Farben ein fester, natürlicher Bestandteil der Organismen sind und ihre Wurzeln und Ursprünge bis weit in die jeweilige Evolutionsgeschichte zurückreichen.
Ganz anders liegt der Fall bei den Organsimen, die (vielleicht aufgrund ihrer aktiveren Lebensweise) die Farben nur zu »praktischen« Zwecken oder zur Signalgebung benutzen. Rein praktischen Zweck haben beispielsweise die Tarnfarben von Tieren wie den Kraken, die in Sekundenschnelle zu einem Teil des Meeresbodens werden, indem sie nicht nur dessen Farbe, sondern auch dessen Verkrustungen perfekt imitieren. Nicht

weniger anpassungsfähig sind die Drachenköpfe und viele Plattfische wie zum Beispiel der Steinbutt, die Seezunge u.a. Letztere können ihrem Körper sogar eine schachbrettartige Färbung verleihen, wenn sie sich auf einem schwarz-weiß gemusterten Boden befinden. Auch pelagische Fische besitzen eine gute Tarnung: Ihre auf dem Rücken dunkle und an Flanken und Bauch weißliche oder silbrige Färbung scheint geradezu darauf abgestimmt zu sein, daß sie weder von oben noch von unten sichtbar sind. Wie uns die Werbefachleute lehren, dienen sowohl Farbe als auch Erscheinungsbild dazu, Informationen und Signale zu vermitteln, und diese Theorie ist auch in der Tierwelt wohlbekannt. Die vielen farbenprächtigen Nacktschnecken (Nudibranchia) sind nicht etwa so bunt, um Unterwasserfotografen zu erfreuen. Damit soll möglichen Verfolgern ein Zeichen gegeben werden, daß ihr Fleisch einen scheußlichen Geschmack haben, zäh sein oder auch nesseln kann. Dasselbe gilt auch für den stark nesselnden Feuerwurm *Hermodice carunculata*, den der Taucher sofort an seiner auffälligen Färbung erkennen und so jegliche Berührung vermeiden kann.

Doch diese Kommunikation dient nicht allein der Abwehr oder der Abgabe von Warnsignalen. Bei vielen Fischen treten während der Fortpflanzungszeit Variationen auf, wobei Männchen und Weibchen unterschiedliche Färbungen annehmen. Der Wechsel des Kleides dient dazu, einen möglichen Partner zu erkennen, und begünstigt somit die Fortpflanzung. Auch hier wird wieder einmal deutlich: Sobald man versucht, eine umfassende Erklärung für die Entstehung eines bestimmten Erscheinungsbildes wie der Farbe eines Tieres zu finden, wird der Übergang zwischen einem Erklärungsansatz und einem anderen immer fließender. Ein typisches Beispiel, das die zwischen Tarnung und Kommunikation bestehende Grenze aufzeigt, geben die männlichen Vertreter der Lippfisch-Art *Symphodus (Crenilabrus) roissali*. Sie imitieren die Weibchen und verschaffen sich so ungehindert an den nicht oder nicht ausreichend wachsamen männlichen Nestbewachern vorbei Zugang zu den Nestern, um dann ihrerseits einen Teil der Eier zu befruchten.

Nur bei Großaufnahmen treten alle Einzelheiten dieser zarten Nacktschnecken, die aufgrund ihrer geringen Größe nur schwer zu erkennen sind, deutlich hervor.

DIE MERKMALE DER HAUPTGRUPPEN UND

Algen
Mit Chlorophyll ausgestattete Pflanzen, deren Vegetationskörper (Thallus) sehr unterschiedlich geformt ist. Obwohl die Thalli von ihrer Struktur her sehr komplex erscheinen, weisen sie keinerlei Unterteilung in Wurzeln, Stamm und Blätter auf. Der Fortpflanzungszyklus der Algen ist sehr variabel und kann sowohl auf ungeschlechtlichem als auch geschlechtlichem Wege mit einem Wechsel isomorpher wie heteromorpher Generationen erfolgen. Die Algen werden auf der Basis ihrer Pigmentfarbstoffe, die neben dem Chlorophyll vorkommen, in drei Gruppen unterteilt: Rhodophyceae (Rotalgen), Chlorophyceae (Grünalgen) und Phaeophyceae (Braunalgen).

Phanerogame
Einkeimblättrige (monokotyle) Pflanzen, die früher auf dem Land lebten und später zu Wasserpflanzen wurden. Bei ihnen ist eine komplexe, in Wurzeln, Stamm und Blätter untergliederte Struktur erhalten geblieben. Die Pflanze kann sich auch über Blüten und Früchte vermehren. Im Mittelmeer sind fünf Arten bekannt, die dieser Klasse angehören.

Schwämme (Porifera)
Auf dem Meeresboden sitzende (sessile) Organismen von sehr unterschiedlicher Form (verkrustet, euterförmig, bäumchenartig). Ihre Größe variiert zwischen 1 Millimeter und 1 Meter. Man unterscheidet je nach der Zusammensetzung der Gerüstsubstanz und der Form ihrer Nadeln (Spiculae) Kalk-, Hornfaser- oder Kieselschwämme. Die Oberfläche erscheint aufgrund von Einströmporen (Ostium) und größeren Ausströmöffnungen (Osculum) porös. Ernährung sowie Atmung erfolgen über die Filtrierung beachtlicher Wassermengen. Die Fortpflanzung erfolgt sowohl geschlechtlich als auch ungeschlechtlich. Im Mittelmeer kommen etwa 600 Arten vor, die in vier Klassen gegliedert werden.

Nesseltiere (Cnidaria)
Diese Tiere können grundsätzlich in zwei Formen auftreten: als festsitzender, benthischer Polyp und als freischwimmende, pelagische Meduse. Ihr wichtigstes Merkmal bilden die mit nesselnden Zellen (Cnidocyten) versehenen Tentakel, die zum Teil auch für den Menschen gefährlich sind. Die Nesseltiere treten einzeln oder in Kolonien auf und können verschiedene, von buschähnlich bis überkrustet reichende Formen ausbilden. Viele besitzen ein starres, kalkiges oder horniges Skelett. Die Fortpflanzung verläuft geschlechtlich mit oder ohne Generationswechsel (Polyp und Meduse). Man schätzt, daß im Mittelmeer über 400 Arten, in vier Klassen untergliedert, vorkommen.

Würmer
Diese Bezeichnung ist weder gebräuchlich, noch besitzt sie wissenschaftliche Gültigkeit, aber für praktische Zwecke ist sie ziemlich aussagekräftig. Diese in mindestens fünf Gruppen unterteilten Organismen besitzen in der Regel einen weichen, zusammenziehbaren Körper. Ihre Form ist typisch wurmartig, kann aber auch blatt- oder bandförmig, zylindrisch oder kugelig mit einem langen Rüssel sein. Am weitesten verbreitet sind die vagil oder sessil lebenden »Würmer« vom Stamm der Anneliden (Ringelwürmer), deren länglicher Körper in Segmente untergliedert ist. Die Fortpflanzung ist vorwiegend geschlechtlich. Allein von den Anneliden gibt es im Mittelmeer in drei Klassen etwa 800 Arten.

Weichtiere (Mollusca)
Merkmal dieser Organismen ist der skelettlose Körper, der aber in vielen Fällen von einer harten äußeren Schale geschützt wird: der klassischen, aus einem, zwei oder mehreren

Teilen bestehenden Muschel. Der Körper ist mehr oder weniger deutlich in Kopf, Fuß und Mantel gegliedert. Die Fortpflanzung ist geschlechtlich. Bei den Mollusken sind alle Kategorien der Ernährung vertreten: Herbivoren, Mikrophagen, Detritivoren und Carnivoren. Die Mollusken umfassen im Mittelmeer über 1300 sowohl benthisch als auch nektisch und planktisch lebende Arten, die in fünf Klassen untergliedert werden.

Krebstiere (Crustacea)
Merkmal dieser Organismen ist ein harter, mit mineralischen Salzen durchsetzter Panzer (Carapax) sowie gegliederte Anhänge, die je nach ihrer Position unterschiedliche Funktionen ausüben: Fortbewegung, Ernährung, Vermehrung, Wahrnehmung. Die Geschlechter sind zwar getrennt, doch sind auch viele Arten Zwitter. Krebstiere können sowohl benthisch, planktisch als auch nektisch sein. Hinsichtlich der Ernährung sind alle Kategorien vertreten. Im Mittelmeer gibt es etwa 400 Arten, die in neun Klassen unterteilt werden.

Moostierchen (Bryozoa)
Benthische, in Kolonien lebende Organismen, die verkrustete, aufrechte oder verzweigte Formen bilden. Die Kolonien können beweglich, hart und verkalkt sein. Die Einzeltiere der Kolonie sind mit Tentakeln ausgestattet, die in der typischen Hufeisenform angeordnet sind. Die Bryozoen ernähren sich über Filtration des Wassers. Ihre Fortpflanzung verläuft geschlechtlich und ungeschlechtlich. In der Kolonie gibt es Individuen beider Geschlechter. Im Mittelmeer zählt man über 400 Arten in drei Klassen.

Stachelhäuter (Echinodermata)
Hauptmerkmal dieser Gruppe ist die in der Regel sehr auffällige fünfeckige oder fünfstrahlige Symmetrie. Typisch ist die Präsenz von Stacheln (wie bei den Seeigeln) und eines kalkigen Skeletts. Die Stachelhäuter bewegen sich mittels kleiner Füßchen (Ambulakralfüße), die mit einem Wassergefäßsystem verbunden sind. Fast alle Organismen dieses Stamms leben benthisch. Hinsichtlich der Nahrung lassen sie sich die verschiedenen Arten in Pflanzen-, Schlamm-, Detritus- und Fleischfresser unterscheiden. Die Geschlechter sind getrennt, die Fortpflanzung ist geschlechtlich. Im Mittelmeer kommen ungefähr 150 Arten in den fünf Klassen der Stachelhäuter vor.

Manteltiere (Tunicata)
Diese Organismen kennzeichnet – wenn auch nur im Larvalstadium – ein elastischer Stützstab zwischen Rückenmark und Darm, die sogenannte Chorda dorsalis (Vorläufer unserer Wirbelsäule). Der Körper wird von einem schützenden Mantel (Tunica) bedeckt. Diese Organismen können einzeln oder in Kolonien auftreten, planktisch oder benthisch sein. Ihre Form ist sehr variabel und reicht von verkrustet bis aufrecht. Die am weitesten verbreiteten Manteltiere sind die der Klasse Ascidiacea (Seescheiden), die über zwei Siphonalkanäle verfügen: eine Einfuhr- und eine Ausfuhröffnung. Im Mittelmeer gibt es über 200 Arten, die in drei Klassen aufgeteilt sind.

Fische (Pisces)
Der Körper ist entweder mit Schuppen bedeckt oder völlig schuppenlos. Die Atmung verläuft über Kiemen. Kennzeichnend sind ihre zu Flossen umgewandelten Glieder, die in sehr unterschiedlicher Anzahl und Form vorhanden sind. Es gibt hier alle Kategorien der Ernährung. Je nach ihrer Beziehung zum Meeresboden leben sie typischerweise nektisch oder auch nektisch-benthisch oder benthisch. Die Fortpflanzung ist geschlechtlich. Im Mittelmeer gibt es über 530 Fischarten.

SCHLÜSSEL ZUR SCHNELLEN AUSWAHL DER BESTIMMUNGSTAFELN*

16 - 20

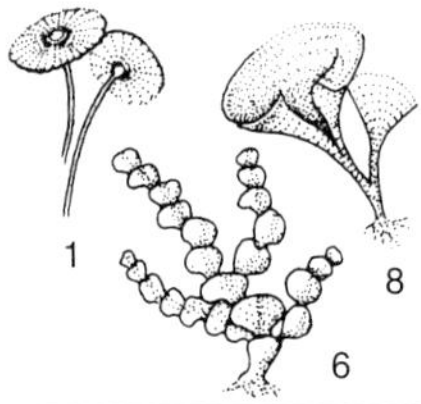
1 8 6

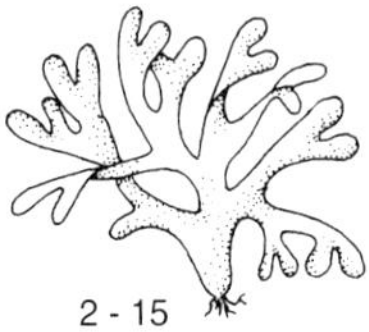
2 - 15

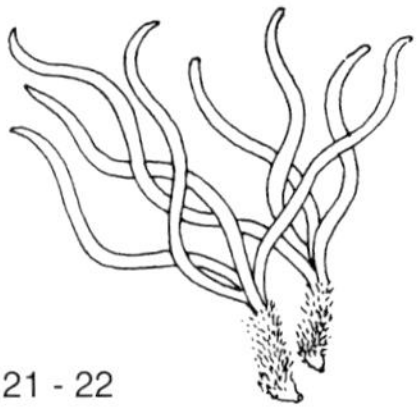
21 - 22

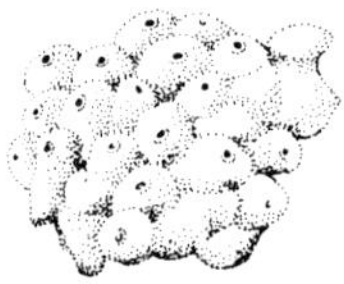
23 - 40

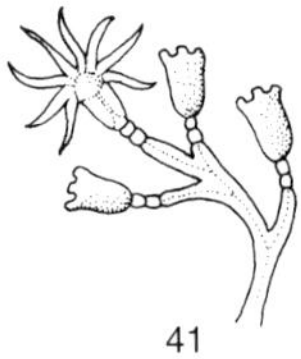
41

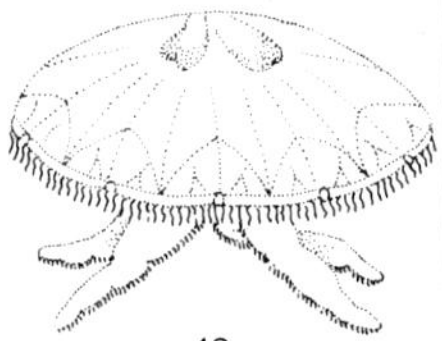
42

44 - 49

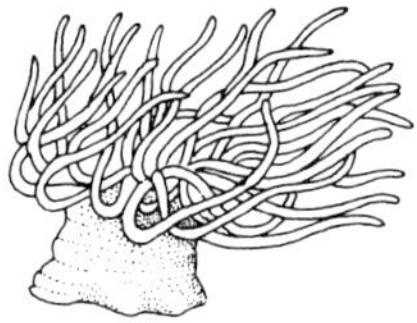
50 - 57 - 65

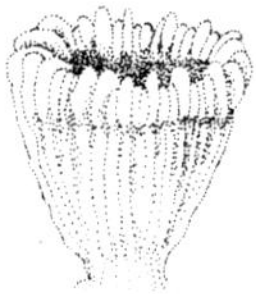
58 - 64

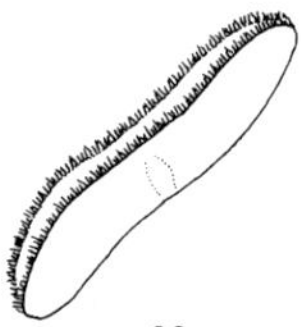
66

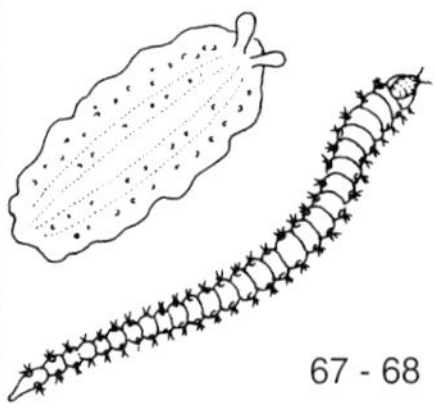
67 - 68

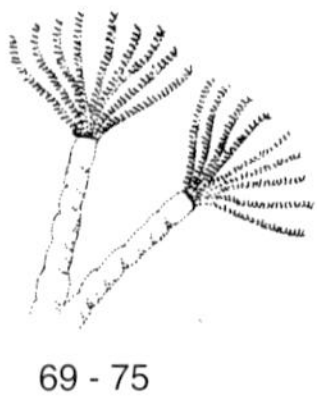
69 - 75

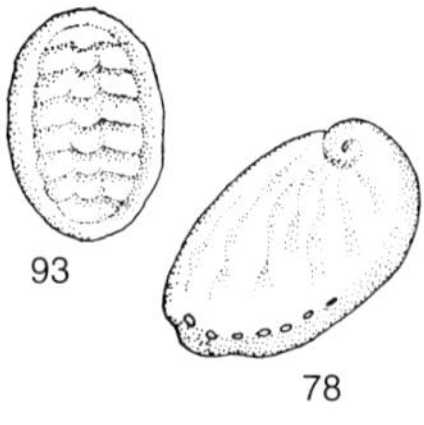
93 78

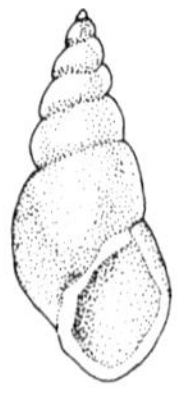
77 -92

* Die Nummern beziehen sich auf die Bestimmungstafeln.

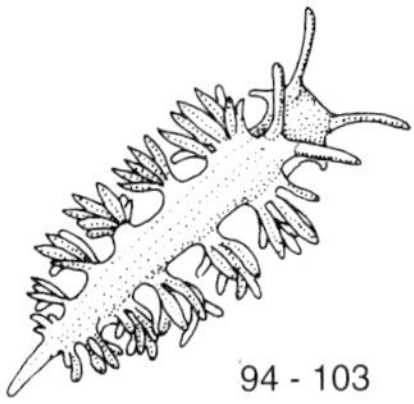
94 - 103

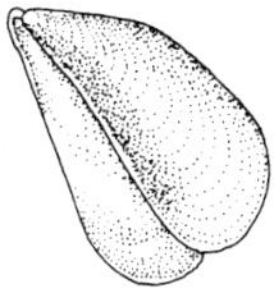
104 - 111

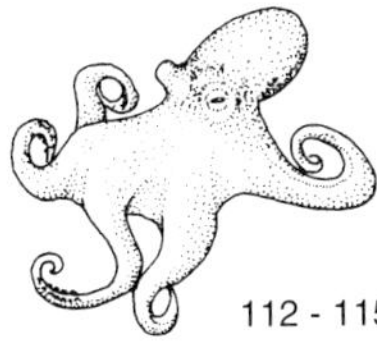
112 - 115

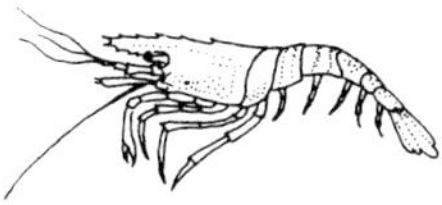
117 - 120

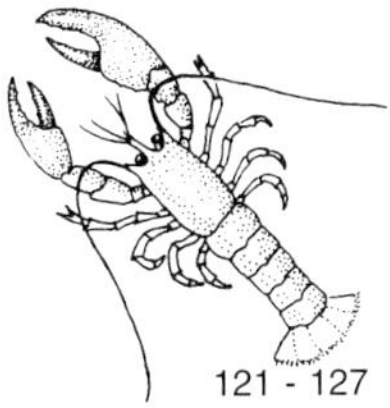
121 - 127

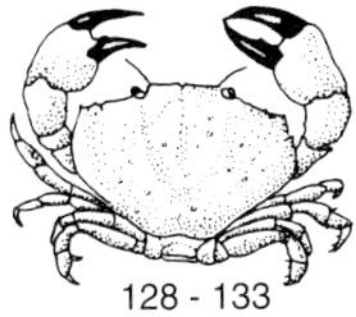
128 - 133

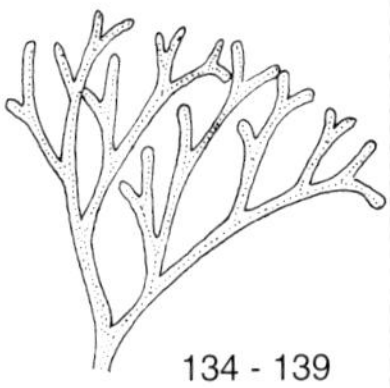
134 - 139

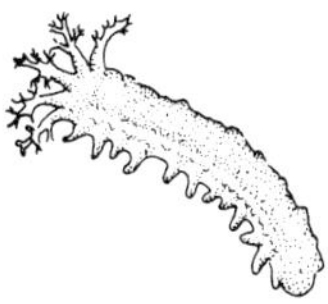
141

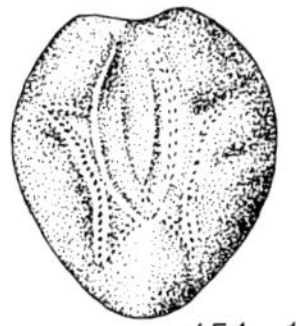
154 - 161

142 - 150

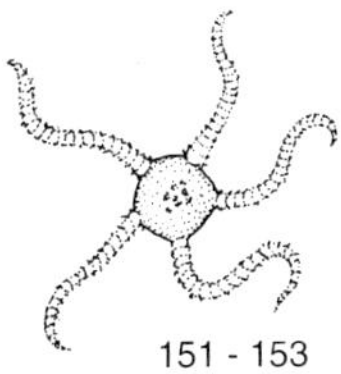
151 - 153

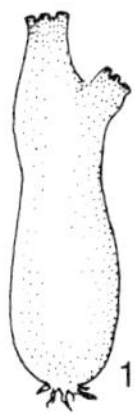
162 - 169

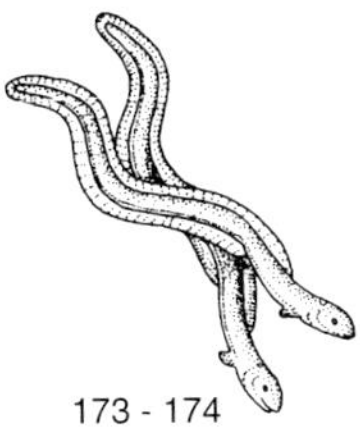
173 - 174

171 - 172

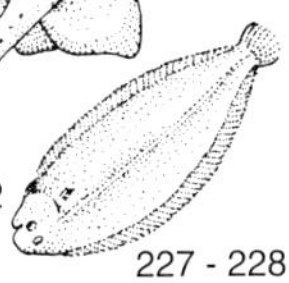
227 - 228

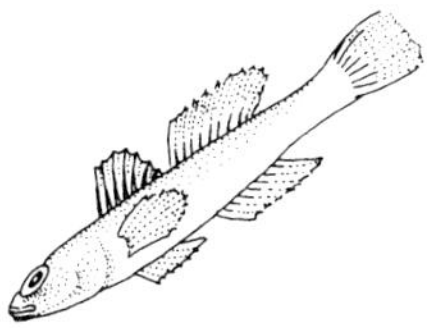
175 - 230

EIN MEER, DAS ES ZU SCHÜTZEN GILT

An den Küstenstreifen des Mittelmeers leben etwa 140 Millionen Menschen, aber während der Sommermonate ist diese Zahl fast doppelt so hoch. Die Gesamtbevölkerung in den Anrainerstaaten liegt dagegen bei ungefähr 400 Millionen Einwohnern. Geht man von aktuellen und zuverlässigen Schätzungen aus, so sind im Jahr 2000 rund 75 % der Mittelmeerküsten urbanisiert und im Jahr 2025 werden dort rund 500 Millionen Menschen leben. Die Auswirkungen auf das gesamte Binnenmeer kann man sich anhand dieser Zahlen leicht ausmalen. Fast keine der 120 größten Küstenstädte besitzt eine Kläranlage, und ihre Abwasserkanäle, die größtenteils auch Industrieabwässer befördern, leiten Reinigungsmittel und Chemikalien aus Industrie und Privathaushalten ungeklärt ins Meer. All diese Schadstoffe beeinträchtigen das Wachstum und die Fortpflanzung der marinen Organismen. Hinzu kommen die festen Abfallstoffe, die man selbst an den abgelegensten Stränden vorfinden kann. Die großen Flüsse leiten außerdem Abermillionen Tonnen von Schwermetallen und Pestiziden ins Mittelmeer, die nicht abgebaut werden können und sich in den Sedimenten ablagern oder sich über die Nahrungskette anreichern. Die ungeklärten Abwässer führen somit zur Anhäufung phosphor- und stickstoffhaltiger Substanzen, die anschließend in jenen Gebieten, wo kaum oder nur ein geringer Wasseraustausch stattfindet, zur Eutrophierung der Gewässer beitragen. Jedes Jahr transportieren große Handelsschiffe Ladungen hochgiftiger Stoffe, und Öltanker leiten jährlich rund 300.000 Tonnen Kohlenwasserstoffe ins Meer ein. Diese Umweltbelastungen sind um so schwerwiegender, wenn man sich einmal vor Augen hält, daß das Mittelmeer praktisch ein geschlossenes Meer ist, für dessen Wasseraustausch ungefähr 80 Jahre erforderlich sind. Das bedeutet, daß ein schmutziger Wassertropfen erst nach dieser langen Zeit durch einen sauberen Tropfen ersetzt wird. Dazu addieren sich schließlich noch die Probleme, die sich aus dem verantwortungslosen Umgang des Menschen mit den Küsten und den Fischbeständen ergeben.
Zu den direkt bedrohten Biozönosen zählen die *Posidonia*-Wiesen, die außerstande sind, die fortschreitende Gewässerbelastung zu kompensieren. Zum einen verändert die Trübung des Wassers ihren normalen photosynthetischen Prozeß, zum anderen ersticken die Pflanzen unter den zunehmenden Ablagerungen. Auch der Fischfang, der vielerorts weit über die Grenzen einer natürlichen Bestandsregulierung hinausgeht, führt durch den Einsatz von Schleppnetzen nicht nur zu einer Zerstörung der Zonen, die der Regeneration der Fischbestände vorbehalten sind. Er wirkt sich auch negativ auf den Fortpflanzungszyklus vieler Meeresbewohner aus, die oftmals gefangen werden, noch bevor sie das Fortpflanzungsalter erreicht haben und somit nicht mehr zur natürlichen Erhaltung ihrer Art beitragen können. In Übereinstimmung mit einer Analyse der Italienischen Gesellschaft für Meeresbiologie lassen sich die wesentlichen Folgen des menschlichen Eingreifens in den marinen Lebensraum wie folgt zusammenfassen:

a) *Zerstörung und/oder Veränderung der marinen Biozönosen durch das Einleiten von Giftstoffen ins Meer;*
b) *Euthrophierung infolge des Einleitens organischer Nährstoffe;*
c) *aus der Verschlechterung der Lichtdurchlässigkeit des Wassers, Sedimentbeschaffenheit des Untergrunds etc. infolge des Einleitens inerter Materialien, resultierende Veränderungen der Biozönosen;*
d) *Rückgang der Wassertiefen (Unterwasserarbeiten, Auffüllungen) und dadurch bedingte Abnahme der Produktivität sowie Störung der angrenzenden Biozönosen;*
e) *unvernünftige Ausbeutung und demzufolge Verarmung der natürlichen Bestände.*

Dieser besorgniserregenden Entwicklung versucht man jetzt mit verschiedenen Initiativen Einhalt zu gebieten. Zum Beispiel mit breit angelegten Aufklärungskampagnen über den Lebensraum Meer in seiner Globalität oder über einzelne Problembereiche

Dieser Strand, auf dem Abfälle und Schrott abgeladen wurden, ist leider kein Einzelfall.

wie beispielsweise die zunehmende Betonierung und Verschmutzung der Küsten. Außerdem werden Themen wie die Wasserqualität an den Badestränden, der Schutz der Meeresböden und vieles mehr angesprochen. Diese Initiativen, an denen sich auch oft Unterwassersportler beteiligen, gehen hauptsächlich von Umweltorganisationen aus (WWF, Greenpeace, den italienischen Umweltverbänden Mare Vivo und Lega Ambiente, Europe Conservation, Lipu). Hinzu kommen zahlreiche Vorschläge, Gesetze und Verordnungen, die von seiten der Vereinten Nationen, also einer der Europäischen Union übergeordneten Organisation, verabschiedet worden sind. So hatte das Umweltbüro UNEP der Vereinten Nationen schon vor mehr als zehn Jahren einen Aktionsplan für das Mittelmeer gefordert, der 1975 in Barcelona auch angenommen und verabschiedet wurde. Es hat sich aber gezeigt, daß die Regierungen der Mittelmeer-Anrainerstaaten eher bei grundsätzlichen Fragen des Plans einer Meinung waren als bei dessen konkreter Umsetzung, da diese von kulturellen, gesetzlichen, wirtschaftlich-finanziellen und sozialen Aspekten behindert wird, die sich nicht nur innerhalb der einzelnen Länder auswirken, sondern vor allem zwischen den Nationen zum Tragen kommen. Dennoch ist der Umgang mit dem Lebensraum Mittelmeer wie auch sein Schutz, der im Landesinneren seinen Anfang nehmen muß, keine reine Theorie mehr. Inzwischen wird zumindest über die Umweltprobleme gesprochen, man diskutiert und handelt – und das auf allen Ebenen.

Die bedrohten Arten

Immer zahlreichere Studien haben inzwischen aufgezeigt, in welchem Ausmaß sich die allgemeine Umweltbelastung der Meere, auf einige sensible Arten auswirkt. Andere Arten dagegen sind infolge der Sammelleidenschaft von Fischern, Tauchern und sogenannten Naturliebhabern immer seltener geworden. Im Jahre 1989 hat sich eine

Gruppe bedeutender Forscher in Carry Le Rouet, Frankreich, getroffen, um das Problem der bedrohten Tierarten des Mittelmeers zu erörtern. Zu den Arten, die ihrer Meinung nach besonders gefährdet sind und dringend eines sorgfältigen Schutzes bedürfen, gehören die Rotalge *Lythophyllum lichenoides,* das Neptungras *Posidonia oceanica,* der Schwamm *Spongia officinalis,* der Taschenkrebs *Eriphia verrucosa,* die Rote Koralle *Corallium rubrum,* die Napfschnecke *Patella ferruginea,* das Tritonshorn *Charonia nodifera,* die Walzenschnecke *Mitra zonata,* die Flügelauster *Pteria hirundo,* die Stachelauster *Spondylus gaederopus,* die Meerdattel *Lithophaga lithophaga,* die Steckmuschel *Pinna nobilis,* der Große Bärenkrebs *Scyllarides latus,* der Seestern *Asterina panceri,* der Langdornige Seeigel *Centrostephanus longispinus,* der Meerrabe *Sciaena umbra* und der Braune Zackenbarsch *Epinephelus guaza.* All diese Arten müßten auf ganz spezifische Weise geschützt werden, mit besonderen Gesetzen, wie es sie beispielsweise schon für die Meeresschildkröten und für die Mönchsrobben gibt. Bei letzterer handelt es sich übrigens um den einzigen Flossenfüßer, der noch an einzelnen Stellen im Ionischen und Ägäischen Meer, vor Nordafrika und Mauretanien in spärlichen Kolonien überlebt hat. Ebenso die Wale, für die das Mittelmeer zu einem wahren Paradies werden könnte, würden sich die Anrainerstaaten endlich auf die Schaffung eines Schutzgebietes zwischen Ligurien, Frankreich und Korsika einigen. Denn gerade dieser Bereich ist von großer biologischer Bedeutung, wie sowohl wissenschaftliche Erhebungen als auch Berichte von Naturfreunden beweisen.

Die geschützten Gebiete

In den letzten Jahren wurden auch unter Wasser Naturschutzgebiete errichtet. Dies geschieht zwar mit einigen Jahren Verspätung, wenn man es mit den Aktivitäten auf dem Festland vergleicht, doch muß es sicherlich als ein wichtiger Schritt in die richtige Richtung bewertet werden. In Italien hat man dies beispielsweise erst 1982 durch verschiedene Gesetze (Beschränkung der Meeresfischerei, Meeresschutzverordnungen) ermöglicht. In diesen Gesetzen ist u. a. auch die Schaffung von marinen Naturschutzparks – insgesamt 45 Stück – entlang der italienischen Küsten vorgesehen. Allerdings gibt es bislang nur zwei der geplanten Reservate: das Schutzgebiet der Insel Ustica und den »Miramare«-Park im Golf von Triest.

Offenbar fällt bei der Einrichtung eines solchen Schutzgebietes die unsichere Umweltpolitik der vergangenen Jahre ebenso ins Gewicht wie die wirtschaftliche Bedeutung der betreffenden Küstenstreifen. Vor allem herrscht jedoch noch eine gewisse Unsicherheit, auch fehlt noch die Einsicht, daß ein gut organisierter und gut verwalteter mariner Park nicht nur von lebenswichtiger Bedeutung ist, sondern sich auch zu einem durchaus positiven Wirtschaftsfaktor entwickeln kann. Ein Beispiel dafür liefert das französische Meeresreservat in Port Cros, eines der ersten Schutzgebiete des Mittelmeers, das bereits vor ungefähr 30 Jahren ins Leben gerufen wurde. Die Schaffung eines Meeresschutzgebiets bedeutet also nicht nur, daß notwendige Bestimmungen oder Beschränkungen bei der Nutzung der natürlichen Ressourcen des zu schützenden Gebiets eingeführt werden. Es bedeutet auch, daß die wesentlichen natürlichen und landschaftlichen Gegebenheiten aufgewertet werden und neue wirtschaftliche Möglichkeiten geschaffen werden. Die Berechnung eines solchen wirtschaftlichen Nutzens mag manchmal ausgeprochen banal erscheinen, daß dem aber keineswegs so ist, soll an der naturwissenschaftlichen Bedeutung und am wirtschaftlichen Wert des Braunen Zackenbarschs aufgezeigt werden: Es gibt Schutzgebiete wie beispielsweise die Insel Lavezzi südöstlich von Korsika, in denen diese Barsche zu den Hauptattraktionen zählen und alljährlich zahlreiche Tauchtouristen anlocken. Jeder einzelne Taucher bezahlt dafür, daß er einen dieser Barsche zu Gesicht bekommt, einen ebenso hohen Preis, wie ihn ein Fischer auf dem Fischmarkt bekäme. Nur mit dem Unterschied, daß der Fischer sie nur einmal in ihrem Leben fängt. Das Beispiel der Zackenbarsche ließe sich um viele Dutzend weiterer ergänzen. Dabei sollte aber betont werden, daß die Effektivität sol-

Beim Tauchen in einem der Meeresschutzgebiete kann man auf Tierarten treffen, die es woanders nur noch selten oder auch gar nicht mehr gibt.

cher Meeresschutzgebiete wesentlich von der Nutzungs- und Zugangsregelung der Gebiete durch deren Verwaltungen abhängt. Gerade dieser Punkt aber zählt zu den umstrittensten, da oft wesentliche Grundlagen für eine Einteilung der einzelnen Schutzzonen fehlen. Die Einteilung in solche Zonen läßt sich folgendermaßen zusammenfassen:

Ein Meeresschutzgebiet umfaßt in der Regel mindestens drei Zonen unterschiedlichen Schutzgrades. Das zentral gelegene Gebiet ist ein sogenanntes Vollreservat. Aus biologischer Sicht ist dies meist die intakteste Zone, die einen umfassenden Schutz benötigt. Der Zugang ist hier nur in begrenztem Umfang und ausschließlich zu wissenschaftlichen Zwecken erlaubt. Die zweite Zone kann man als allgemeines Schutzgebiet bezeichnen, sie ist gut erhalten und zeigt stellenweise Spuren menschlicher Eingriffe. In diesem Gebiet sind keine weiteren Veränderungen zulässig; jeglicher Eingriff darf nur mit dem Ziel erfolgen, daß sich das Gebiet auf natürliche Weise fortentwickelt. Der Zugang ist nur an bestimmten Stellen, auf bestimmten Streckenabschnitten und nach festgesetzten Regeln zulässig. Auch Taucher dürfen sich, unter erfahrener Führung, in diese Zone begeben. Die dritte Zone schließlich ist frei zugänglich; hier dürfen sämtliche umweltverträglichen Aktivitäten ausgeübt sowie natürliche Ressourcen genutzt werden. Wie die Daten verschiedener Gebiete im Mittelmeer und außerhalb Europas belegen, sind diese Beschränkungen für den Menschen keineswegs von Nachteil, da eine korrekte Begrenzung und Verwaltung solcher Zonen erwiesenermaßen zu einer allmählichen natürlichen Wiederbesiedlung (nicht nur im Vollreservat) führen kann, wovon schließlich auch die Fischer profitieren. Und auch für den Taucher ergibt sich ein angenehmer Nebeneffekt: Die Meeresbewohner werden ihm mit weniger Scheu und Zurückhaltung begegnen.

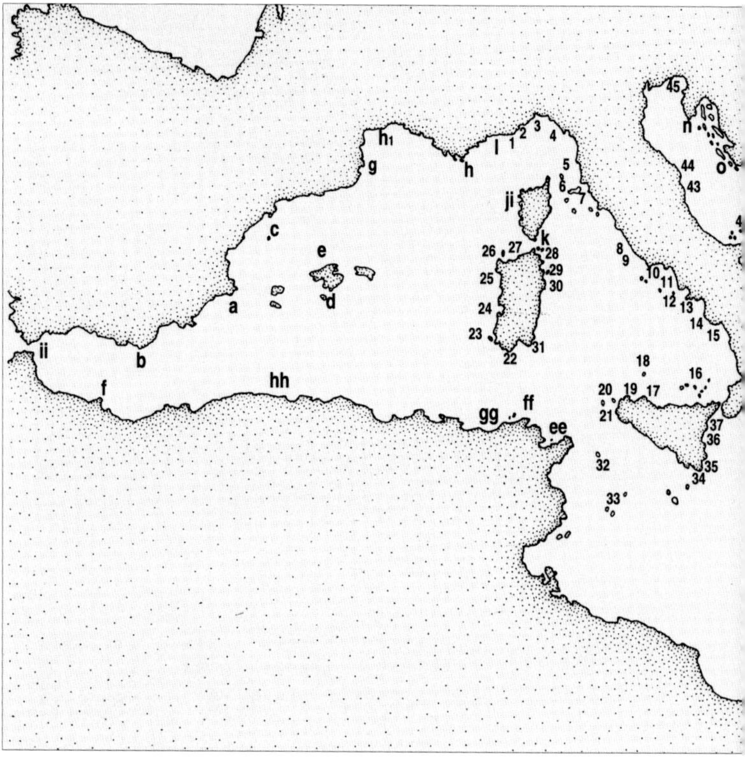

Aufstellung der in Italien geplanten marinen Naturschutzparks

Ligurien: (1) Insel Gallinara; (2) Grotten und Insel von Bergeggi; (3) Golf von Portofino; (4) Cinque Terre.
Toscana: (5) Secche della Meloria; (6) Toskanischer Archipel; (7) Uccellina-Berge, Formiche di Grosseto, Ombrone-Mündung, Talamone.
Latium: (8) Untiefen von Tor Paterno; (9) Scauri-Berge; (10) Pontine-Archipel.
Kampanien: (11) Inseln Procida, Vivara und Ischia; (12) Campanella-Landzunge, Insel Capri; (13) S. Maria di Castellabate; (14) Küste von Infreschi.
Basilicata: (15) Küste von Maratea.
Sizilien: (16) Eolie-Inseln; (17) Kap Gallo; (18) Insel Ustica; (19) Cofano-Berge; (20) Egadi-Inseln; (20) Großer Deich von Marsala; (32) Pantelleria; (33) Archipel von Pelagie; (34) Kap Passero; (35) Sümpfe von Vendicari; (36) Ciclopi-Inseln; (37) Höhlen von Aci Castello.
Sardinien: (22) Kap Teulada, Kap Spartivento; (23) Insel und Kanal von S. Pietro; (24) Sinis-Halbinsel und Insel Mal di Ventre; (25) Kap Caccia, Insel Piana; (26) Insel Asinara; (27) Kap Testa, Falcone-Landzunge; (28) Archipel von La Maddalena; (29) Insel Tavolara und Kap Coda Cavallo; (30) Golf von Orosei, Kap Montesantu; (31) Kap Carbonara.
Kalabrien: (38) Insel Capo Rizzuto.
Apulien: (39) Porto Cesareo; (40) Salento-Höhlen (Zinzulusa und Romanelli); (41) Torre Guaceto; (42) Tremiti-Inseln.
Marken: (43) Park von Piceno; (44) Promontorio des Conero.
Friaul-Julisches Venetien: (45) Golf von Triest, Miramare.

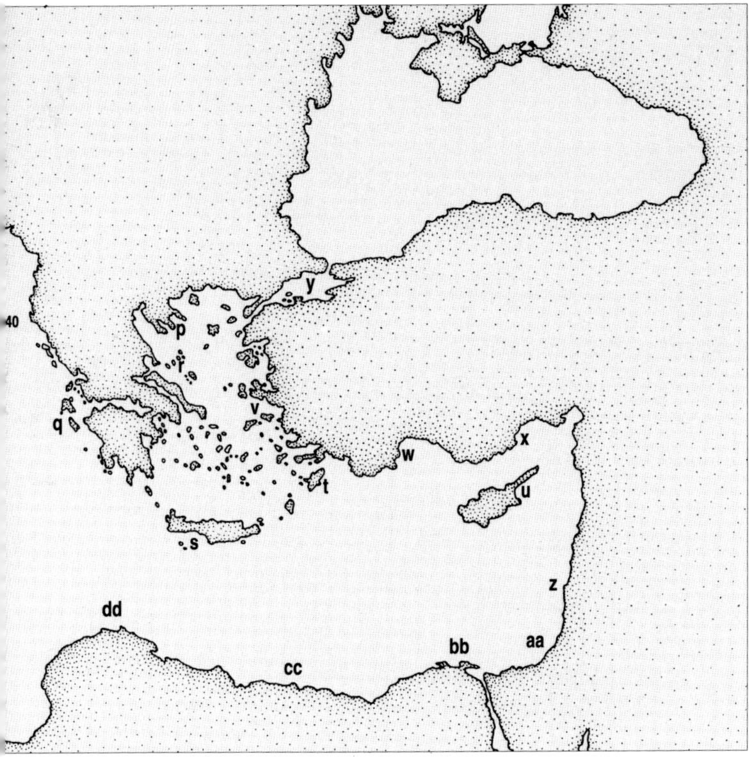

Weiterc marine Naturschutzparks im Mittelmeer

Spanien
a) Tabarca
b) Kap von Gata-Nijar
c) Columbretes-Inseln
d) Cabrera-Archipel
e) Palma de Mallorca
f) Chafarinas-Inseln
g) Medes-Inseln
Frankreich
h1) Cerbère-Banyuls
h) Port Cros
i) Korsischer Regionalpark
j) Scandola
k) Lavezzi
Fürstentum Monaco
l) Larvotto-Meeresreservat
Ex-Jugoslawien
m) Mljet-Inseln
n) Brioni-Inseln
o) Kornati-Inseln
Griechenland
p) Athos-Berg
q) Zakynthos
r) Nördliche Sporaden
s) Schlucht von Samaria (Kreta)
t) Inseln Rhodos und Lindos
u) Zypern
Türkei
v) Dilek Yarimadasi
w) Olympos
y) Kapidag
x) Silifke
Israel
aa) Dor-Habonim
z) Rosh Hanikra
Ägypten
bb) Edku-See
cc) Kas el Ekma
Libyen
dd) El Kouf
Tunesien
ee) Zembra
ff) La Galite
Algerien
gg) El Kala
hh) Tipasa-Chenova
Marokko
ii) Boyokas

DIE UNTERWASSERFOTOGRAFIE

Die Geschichte

Die Ursprünge der Unterwasserfotografie reichen weiter zurück als der moderne Unterwassersport selbst. Sie beginnen vor der Entwicklung der autonomen Preßlufttauchgeräte, vor der Erfindung des Schnorchels und vor der Einführung der übrigen von Sporttauchern genutzten Instrumente und Geräte. Die ersten fotografischen Experimente unter Wasser gehen auf Louis Boutan, einen etwas exzentrischen Universitätsprofessor der Wissenschaftlichen Fakultät der Sorbonne, zurück. Ihm gelang im Jahre 1893 während einer Vorlesung auf dem Sommersitz der Universität in Banyuls-sur-Mer die erste Unterwasseraufnahme. Ausgerüstet war Boutan mit einem wasserdichten Tauchanzug und einer Kamera mit Fotoplatten, die in ein wasserdichtes, von einem Schmied eigens angefertigtes Kupfergehäuse eingebaut war. Dieses Gehäuse war auf einem stabilen Ständer befestigt, der auf dem Meeresboden stand.

Die ersten Farbfotos stammen von dem in Florida ansässigen amerikanischen Ichthyologen (Fischkundler) Longley. Er benutzte 1923 die damals neu entwickelten Autochrom-Farbplatten der Gebrüder Lumière, deren Lichtempfindlichkeit nicht mehr als 1 DIN betrug. Für jede Aufnahme verschoß er ein halbes Kilo Magnesiumpulver, das auf einem kleinen Floß auf dem Wasser trieb, und nur mit der Lichtstärke dieser Explosion war es möglich, das Unterwasserszenario ausreichend zu erhellen.

Dem österreichischen Unterwasserpionier Hans Hass gelang der entscheidende Durchbruch bei der Unterwasserfotografie. Er umgab eine kleine Robot-Kamera mit auswechselbarem Objektiv mit einem wasserdichten Gehäuse und schoß damit noch kurz vor dem Zweiten Weltkrieg wunderschöne Schwarzweißfotos in den karibischen Tiefen. Hass machte die ersten wirklich spektakulären Unterwasseraufnahmen von Haien.

Nach dem Zweiten Weltkrieg entwickelte Hass das erste spezielle Unterwassergehäuse für den breiten Markt, das Rolleimarin, in das die damals weit verbreitete bioptische 6 x 6 Rolleiflex eingebaut werden konnte. 1962 nahm die französische Firma Spirotechnique die erste amphibische Unterwasserkamera in ihren Katalog auf. Dieser Fotoapparat konnte erstmalig ohne Spezialgehäuse unter Wasser eingesetzt werden, da er bereits mit einer besonderen, wasserundurchlässigen Dichtung ausgestattet war. Er trug den Namen »Calypso Phot« und war das Ergebnis der mehr als 15jährigen Forschungs- und

Die Nikonos wurde schon bald nach ihrer Markteinführung zu einem Synonym für Unterwasserkameras. Durch ihre einfache Handhabung und ihre Kompaktheit stellt sie die beste Alternative zu Fotoapparaten in wasserdichten Gehäusen dar. Gegenüberliegende Seite: Eine Fotografie von Gorgonien im Gegenlicht.

Versuchsarbeit des Belgiers Jean de Wouters. Später wurden die Schutzrechte an das japanische Unternehmen Nippon Kogaku (Nikon) verkauft, das anschließend mit der Fabrikation dieser Kamera unter dem Namen »Nikonos« begann, dem ersten von fünf Modellen einer überaus erfolgreichen Produktionsreihe. Dank der einfachen Handhabung und einer mit normalen »terrestrischen« Kameras vergleichbaren Bedienung machte die Nikonos die Unterwasserfotografie einem breiten Publikum zugänglich. Parallel dazu sind seit Beginn der 50er Jahre zahlreiche wasserdichte Gehäuse für normale Kameras entwickelt worden, die auch heute noch ohne weiteres eingesetzt werden können. Von den vielen Konstrukteuren, die bereits in den 50er Jahren mit der Produktion solcher Spezialgehäuse begannen und bis heute ausgezeichnete Gehäuse herstellen, sollen an dieser Stelle Luigi Bicchiarelli aus Mailand sowie der Schweizer René Hugenschmidt erwähnt werden. 1992 gelang es dem japanischen Unternehmen Nikon, eine weitere Neuigkeit im Bereich der Unterwasserfotografie einzuführen: die erste amphibische Spiegelreflexkamera der Welt mit auswechselbarem Objektiv.

Die Wahl der richtigen Unterwasserkamera

Den Kauf des geeigneten Fotoapparats sollte man wohlüberlegt angehen, denn die Kamera selbst ist für die Qualität der Aufnahmen von entscheidender Bedeutung. Generell gibt es zwei Möglichkeiten: Entweder man schafft sich eine Nikonos an oder man wählt eine normale Spiegelreflexkamera mit einem speziellen, wasserdichten Gehäuse. Beide Lösungen bringen gute Unterwasserfotos. Je nach der Art der Fragestellung wird die Wahl auf eine Spiegelreflexkamera oder auf die Nikonos fallen. Zweifellos ist die Nikonos eine hervorragende Kamera, denn sie bietet den großen Vorteil einer leichten Handhabung, vergleichbar mit terrestrischen Fotoapparaten. Allerdings besitzt sie nur einen einfachen Sucher, der die exakte Bestimmung des Bildausschnitts und die richtige Scharfstellung erschwert. Mit den entsprechenden Vorsatzringen eignet sie sich ebenfalls für Aufnahmen im Nah- bzw. Makrobereich. Eine Spiegelreflexkamera mit Spezialgehäuse ist für Aufnahmen von kleinen, ja kleinsten Bewohnern der faszinierenden Unterwasserwelt ideal, auch wenn sie eine ganze Reihe von Zubehör erfordert. Der wesentliche Nachteil einer solchen Kamera besteht vor allem darin, daß sie eigentlich nicht für den Gebrauch unter Wasser konzipiert wurde. Um die Objektive von außen drehen zu können, müssen abgedichtete Durchführungen und Spezialantriebe montiert werden. Im Handel findet man auch preisgünstigere amphibische Fotoapparate – zum Beispiel ohne auswechselbare Optik. Gerade für wissenschaftliche Aufnahmen aber eignen sie sich nicht unbedingt, da sie einen hohen Mindestabstand bei der Schärfeeinstellung voraussetzen (0,8 - 1,0 m), womit eine ausreichende Vergrößerung des Objektes nicht erzielt werden kann.

Die Lichtverhältnisse unter Wasser

Das Licht unterliegt nach seinem Eindringen ins Wasser einer Reihe von Veränderungen, über die der Fotograf Bescheid wissen sollte. Die auffälligste Erscheinung ist die Absorption der Farben, bei der einzelne Wellenlängen des Lichtes vom Wasser »herausgefiltert« werden. Schon in nur 5 m Tiefe erscheint ein roter Gegenstand in unseren Augen nicht mehr rot, sondern bräunlich. Orange wird etwas tiefer absorbiert, gefolgt von Gelb bis hin zu Grün. Der vorherrschende Farbton unter Wasser ist ein auffälliges Blau-Grün, in dem alle strahlenden Farben verschwunden scheinen. Man benötigt schon eine künstliche Lichtquelle, um diese Farben zu beleben. Ein elektronisches Blitzgerät ist also für die Unterwasserfotografie unverzichtbar. Ein weiteres Problem ist die optische Lichtbrechung. Wer die Unterwasserwelt schon durch die Tauchmaske beobachtet hat, kennt dieses Phänomen: Jeder Gegenstand und jedes Lebewesen scheint näher und um 25 % vergrößert zu sein. Dies trifft auch für das Objektiv der Kamera zu. So wird ein »normales« Objektiv zu einem kleinen Teleobjektiv, ein leicht weitwinkliges zu einem Normal-Objektiv.

Die Auswahl der richtigen Objektive

Durch frei umherschwimmende Partikel, die selbst im klarsten Gewässer noch zahlreich vorhanden sind, wird unser (insbesondere fotografisches) Sichtfeld stark eingeschränkt. Fotoaufnahmen der unbegrenzten Unterwasserwelt haben nichts mit den auf dem Lande gemachten Fotos gemeinsam, bei denen die Distanz zum fotografierten Gegenstand oft bis zu einigen hundert Metern betragen kann. Unter Wasser aber ist der Abstand zum Motiv selten größer als 2 m; am häufigsten liegt er zwischen ein paar Zentimetern und 1,5 Metern. Die Größe des gewählten Objektes und die Schwierigkeiten, sich ihm zu nähern, bestimmen schließlich das eigentliche Fotomotiv. Die lichtstarken Weitwinkelobjektive eignen sich am besten dazu, weitangelegte Szenen unter Wasser aufzunehmen, so zum Beispiel die großen Fächer der Gorgonien, einen dichten Schwarm Fische oder eine breite, mit Organismen bedeckte Felswand. Leicht weitwinklige Objektive von ungefähr 28 - 35 mm sollten bei Motiven mittlerer Größe wie Schwämmen, kleineren Gorgonien, Langusten, Fischen oder Tintenfischen verwendet werden. Bei kleineren Lebewesen dagegen kommen 50- bis 60-mm-Objektive zum Einsatz, am besten in der »Makro«-Version, die bei einem Abbildungsmaßstab von bis 1:1 eine Feineinstellung selbst auf kleinste Entfernungen ermöglichen. Bei Kleinstlebewesen oder formatfüllenden Aufnahmen von weniger zutraulichen Arten sollten noch lichtstärkere Objektive um etwa 100 mm Brennweite verwendet werden, die ebenfalls mit Makro-Funktion ausgestattet sind.

Das Handblitzgerät Yellow Sub 200. Seine robuste Verarbeitung und praktische Bedienbarkeit schaffen vielseitige Einsatzmöglichkeiten. Eine Vereinfachung bringen die für naturwissenschaftliche Nahaufnahmen idealen automatischen TTL-Blitzgeräte. Auf der gegenüberliegenden Seite die Nikonos RS Reflex mit ihren auswechselbaren Objektiven vom Weitwinkel bis zum stark vergrößernden Makro.

Das Blitzgerät

Unter Wasser ist es keineswegs so dunkel wie man vielleicht vermutet. Bis in eine bestimmte Tiefe könnte man oft sogar Fotos ohne künstliche Lichtquelle schießen. Ein Blitzlicht erfüllt im wesentlichen zwei Aufgaben: Belebung der Farben in diesen Bereichen und Ausleuchtung des ausgewählten Objekts, wenn es sich gerade in einem schattigen Bereich befindet. Bei Nahaufnahmen erlaubt es sogar, die Blende auf minimale Werte zu schließen, um eine bestmögliche Schärfentiefe zu erreichen. Werden die Fotos aus geringen Abständen geschossen, sind keine hohen Lichtstärken (Leitzahlen) erforderlich, wohl aber bei Weitwinkel- und Mischlichtaufnahmen. Wichtig sind ebenso Gleichförmigkeit und Weichheit des Lichts sowie eine gute Ausleuchtung. Nur so kann das von einem Weitwinkelobjektiv erfaßte Bild vollständig ausgeleuchtet werden. Vorteilhaft ist es außerdem, wenn das Blitzgerät über ein möglichst kurzes Zeitintervall zwischen den Blitzen sowie über regelbare Lichtstärken verfügt, die man je nach Bedarf unter Wasser sofort einstellen kann. Weit verbreitet sind heute Blitzgeräte mit einer TTL-Belichtungsautomatik. Sie messen automatisch die jeweils richtige Belichtung und geben über unterschliedlich lange Leuchtdauer eine genau dosierte Menge Licht direkt an den Film in der Kamera ab. Andere Blitz-Modelle werden ausschließlich manuell betätigt, der Fotograf muß also vor jedem Auslösen die richtige Blendenzahl selbst einstellen. Aber funktionieren automatische Blitzgeräte unter Wasser überhaupt? In bestimmte Situationen ja; zum Beispiel bei Nahaufnahmen vor einem sandigen oder felsigen Hintergrund. Diese Situation kommt häufig vor, wenn kleinere Organismen für biologische Zwecke fotografiert werden sollen. Dann kann man sich auf die automatische Belichtung verlassen. Anders verhält es sich dagegen, wenn das offene Meer den Bildhintergrund darstellt oder wenn das Objekt wesentlich kleiner als der gesamte Bildausschnitt ist und sich außerdem farblich deutlich davon absetzt. In solchen Fällen wird der automatische Belichtungsmesser gewissermaßen irregeleitet und mißt falsche Werte, was schließlich zur Über- oder Unterbelichtung einer oder zweier Blenden führt. Ein Experte kann hier natürlich über den Belichtungsregler am Apparat korrigierend eingreifen, doch muß man sich fragen, ob es nicht gleich sinnvoller wäre, nur mit manueller Einstellung zu arbeiten und sämtliche Automatik-Funktionen abzuschalten. Eine wichtige Regel sollte auf keinen Fall vergessen werden: Der Blitz ist soweit als möglich von der Kamera entfernt zu halten, da im Wasser viele Teilchen frei umherschwimmen, die anschließend – werden sie vom Blitzgerät direkt angestrahlt – auf dem Foto schneeflockengroß zu erkennen sind. Daher muß das Blitzgerät immer seitlich gehalten werden, entweder auf dem eigens dafür am Apparat befindlichen Seitenarmen oder »frei« in der linken oder rechten Hand.

Das Sealux-Spezialgehäuse gehört zu den am besten verarbeiteten Modellen unter den wasserdichten Gehäusen für terrestrische Kameras. Dieses für die Nikon 801 Autofokus konzipierte Modell wird auch professionellen Ansprüchen gerecht. Das links abgebildete Gehäuse ist mit einem Port für das 105-mm-Objektiv ausgestattet, der bei einem Objektivwechsel entsprechend ausgewechselt wird.

Die Auswahl der Filme

Für die Unterwasserfotografie sind Dia-Filme beinahe Pflicht, da Diapositive auch hinsichtlich Farbtreue und Schärfe viel mehr bieten als normale Farbabzüge. Bei Dia-Filmen sollten mittlere bis niedrige Empfindlichkeiten zwischen 50 und 100 ISO gewählt werden. Hochempfindliche Filme (200-400-800 ISO) bringen unter Umständen nicht die gewünschte Schärfe, da der Unterwasserbereich an sich schon recht kontrastarm ist und das Wasser noch zusätzlich verwischt. Für die Makrofotografie eignen sich Filme mit niedrigster Empfindlichkeit bestens. Abschließend noch eine Bemerkung zu Schwarzweißaufnahmen: Selbst in der Unterwasserwelt erzielen Schwarzweißaufnahmen den ihnen eigenen ausdrucksstarken, künstlerischen Effekt. Leider werden sie von Fotografen oft vernachlässigt oder erst gar nicht in Betracht gezogen, da meist doch der lebhaften Farbigkeit der Vorzug gegeben wird.

Nah- und Großaufnahmen

Ein Großteil dessen, was man unter Wasser und vor allem im Mittelmeer sehen kann, ist viel zu klein, um mit der Nikonos, ausgestattet mit Normalobjetiv, fotografiert zu werden. Das heißt, diese Objekte tauchen auf dem Bild gar nicht oder viel zu klein auf. Man muß an der Kamera schon eine Nahlinse oder einen Verlängerungstubus anbringen, um sich dem Objekt auf 20 - 40 Zentimeter nähern zu können. Diese Vorsatzlinsen, die teilweise unter Wasser gewechselt werden können, eignen sich gut für Objekte mittlerer Größe und erlauben, innerhalb eines Tauchgangs zwischen weit entfernten Motiven und Nahaufnahmen zu wechseln. Will man noch näher an das Objekt heran, sind sogenannte Distanzringe erforderlich, die allerdings bereits an Land montiert werden müssen. Die hiermit erzielte Vergrößerung hängt vom Abbildungsmaßstab ab. Das bedeutet, daß ein Distanzring im Verhältnis 1:1 das Objekt auf dem Film in Originalgröße wiedergibt. Mißt ein Objekt in Wirklichkeit 20 Millimeter, so nimmt es auch auf dem Bild diese Größe ein. Das ist eine enorme Vergrößerung, wenn man bedenkt, daß das gesamte Foto nur 24 x 36 mm mißt. Bei einem Verhältnis von 1:2 wird dagegen nur eine halb so große Abbildung erzielt, bei 1:3 ein Drittel usw.

Bestens für Nahaufnahmen wie auch für die naturwissenschaftliche Fotografie geeignet ist die Spiegelreflexkamera im Unterwassergehäuse (oder die Nikonos RS reflex). Die Kontrolle des Bildausschnitts und vor allem die Schärfe-Einstellung sind hier perfekt. Und mit einem Makro-Objektiv kann man man übergangslos zwischen unendlich und etwa 25 mm scharfstellen, bis ein Abbildungsmaßstab von 1:1 erreicht ist. Außerdem wird das zu fotografierende Objekt dann nicht durch lästige Entfernungsmeßstäbe wie bei der Nikonos behindert. Die richtige Beleuchtung hierfür können zwei Blitzgeräte übernehmen, wobei das Hauptgerät die gesamte Szene ins Licht setzt und ein zweites, weniger starkes, die durch den Blitz entstandenen Schatten aufhellt. Beide Blitzgeräte werden auf beweglichen Seitenarmen des Gehäuses befestigt. Die Auslösung des ersten Blitzes erfolgt über das mit der Kamera verbundene Synchronkabel, die Auslösung des zweiten über eine Reglerzelle. Steht nur ein Blitzgerät zur Verfügung, sollte man das Objekt ein wenig aus der Höhe beleuchten, um eine dem Sonnenlicht ähnliche Lichtwirkung zu simulieren. Außerdem braucht man ein «Pilotlicht« (etwa 20 Watt) als Einstell-Licht für Ausschnitt und Schärfe. Die Blende muß auf den niedrigsten Wert eingestellt werden, um eine höchstmögliche Schärfentiefe zu erreichen, was übrigens angesichts der geringen Entfernung der Blitzgeräte vom Objekt auch meistens möglich ist.

Die Jagd nach Fotomotiven

Das Fotografieren von Fischen gehört zu den großen Leidenschaften eines jeden Unterwasserfotografen, da die Wahl der richtigen Stellung, das »Anpirschen« an das Objekt und schließlich das Schießen des Fotos einer richtigen Jagd gleicht. Hinzu kommen die technischen Herausforderungen, angefangen bei der Wahl der Blende bis hin zur Einstellung der Bildschärfe und des gesamten Bildausschnitts.
Eine einfache, aber doch wirkungsvolle Ausrüstung stellt die Nikonos mit einem 35-mm-Objektiv dar, obgleich eine Spiegelreflexkamera mit Autofokus und einem 50-mm- oder besser noch mit einem 100-/105-mm-Objektiv sicherlich die optimale Lösung wäre. Man muß bei der Wahl der Fotoausrüstung allerdings auch die Art des Gewässers berücksichtigen, da beispielsweise ein kleineres Teleobjektiv nur in ganz klaren Gewässern erfolgreich eingesetzt werden kann, wenn man Objekte aus einer gewissen Distanz fotografieren will. Sehr nützlich sind die neuen Spiegelreflexkameras mit Autofokus, die das Objekt automatisch scharfstellen. Das betreffende Objekt muß sich jedoch innerhalb eines bestimmten kleinen Bereichs befinden, der in der Mitte des Suchers liegt, was bei beweglichen Objekten natürlich nicht immer einfach ist. Außerdem sollte der Fotograf über die vom Schuppenkleid einzelner Fische ausgehende Reflexwirkung Bescheid wissen. So reflektieren beispielsweise alle silberfarbenen Fische stark, weshalb die Blendenöffnung um 1 oder 2 Blendenzahlen geschlossen werden muß, während dunklere Fische wie der Mönchsfisch sehr viel Licht absorbieren und die Blende eher etwas weiter geöffnet werden muß.

Nachtaufnahmen

Ein Großteil der in Büchern oder Zeitschriften veröffentlichten Unterwasserfotografien sind bei Nacht aufgenommen. Viele Tiere, die man am Tage sieht, schlafen nachts und lassen sich dann leichter fotografieren. Andere Lebewesen wie Krebstiere oder Mollusken verlassen nachts ihren Unterschlupf, um auf Nahrungssuche zu gehen. Für Nachtaufnahmen sollte die Fotoausrüstung aber um einen kleinen Scheinwerfer erweitert werden, der die Unterwasserszenen mit weißem Licht konstant und weitflächig ausleuchtet. Das Blitzlicht muß mit einer innen oder außen angebrachten Pilotlampe ausgestattet sein, damit Neigung und Richtung des Scheinwerfers eingestellt und überprüft werden können. Ebenso sollte an eine kleine Tauchlampe zur Kontrolle der Entfernungsanzeige und der Blendeneinstellung gedacht werden, da ein Ablesen im Dunkeln nicht möglich ist. Moderne Gehäuse wie z. B. das Sealux besitzen eine eingebaute Beleuchtung des Kontrollfeldes der Kamera. Die Einstellung sollte vor der Annäherung an das betreffende Objekt erfolgen, da sich dieses im Scheinwerferlicht meist bewegt. Grundsätzlich sollte man von jedem Objekt immer drei Aufnahmen mit verschiedener Blendenöffnung machen. Neben kleineren Weitwinkelobjektiven mit 28 - 35 mm Brennweite eignen sich auch Makro-Objektive mit 50 - 60 mm sowie Mikro-Teleobjektive mit 100 - 105 mm Brennweiten, je nach erwünschtem Vergrößerungsgrad und Größe der zu fotografierenden Objekte, bestens.

Der Krake
Kraken sind recht dynamische Lebewesen, denen man sich jedoch relativ leicht nähern kann. Vor allem in den Nachtstunden, wenn sie ihren Unterschlupf verlassen, um auf Nahrungssuche zu gehen, beachten sie die Anwesenheit eines Tauchers weniger. Mit dem für diese Aufnahme gewählten 28-mm-Objektiv erzielt man eine befriedigende Schärfentiefe mit klarer Wiedergabe des Objektes. Bildschärfe und richtige Blendenöffnung müssen vorher eingestellt werden, so daß man sich dem Kraken nur noch zum Auslösen nähern muß. Bei dieser Fotografie wurde nur ein Blitzgerät eingesetzt, das das Objekt aus geringer Höhe von links oben beleuchtet. Die hier entstandenen leichten Schatten haben eine angenehme und natürliche Wirkung, durch ein zusätzliches Blitzlicht wäre der Gesamteindruck des Bildes flacher. Das 28-mm-Objektiv kann an einer Nikonos angebracht werden.

Technische Daten
Kamera: Spiegelreflex mit wasserdichtem Gehäuse oder Nikonos
Objektiv: 28 mm Brennweite
Film: 64 ISO
Belichtungszeit 1/60 Sekunde
Blende: f/8
Wassertiefe: 10 m
Abstand zum Objekt: 40 cm
Umgebungslicht: keines (Nachtaufnahme)

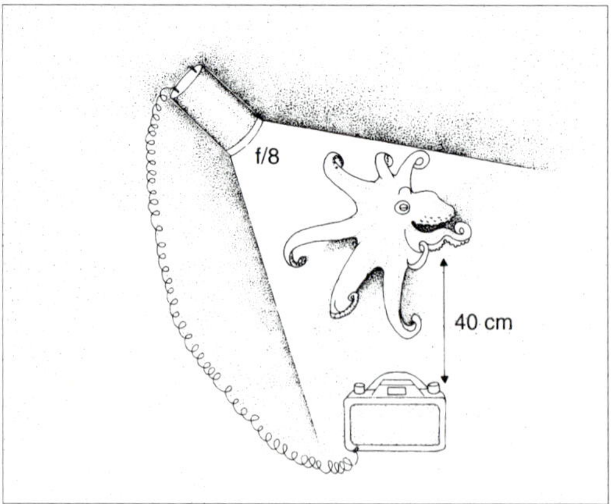

Ein Fischschwarm
Zum Fotografieren großer Fischschwärme, die man im Mittelmeer vor allem in Übergangsbereichen (Felsvorsprünge o.ä.) recht häufig antreffen kann, sollte man ein ziemlich starkes Weitwinkelobjektiv benutzen – zum Beispiel ein 20-mm-Nikonos-Objektiv, wie bei diesem Foto. Dieses Objektiv erfaßt einen Bildwinkel von 78E und entspricht dem 26-mm-Objektiv einer normalen Kamera in einem Unterwassergehäuse. Bei der Belichtung sollte man sowohl das Umgebungslicht als auch das Licht des Blitzgerätes berücksichtigen. Zunächst mißt man die Stärke des Sonnenlichts mit einem Belichtungsmesser und stellt das Objektiv auf diesen Wert ein. Anschließend wählt man eine Blitzstärke, die nicht höher als die des Sonnenlichts sein darf. Benutzt man ein Blitzgerät mit nur einer Leistungsstufe, muß man es dichter an das Objekt heranbringen bzw. so weit von ihm entfernen, bis die richtige Lichtstärke erreicht ist. Die Bildeinstellung sollte von unten nach oben orientiert sein, damit die hellere Bauchseite der Fische ausgenutzt werden kann. Verwendet man ein Weitwinkelobjektiv, muß man ziemlich nah an das Objekt herangehen, damit es auf dem Foto nicht zu klein abgebildet wird.

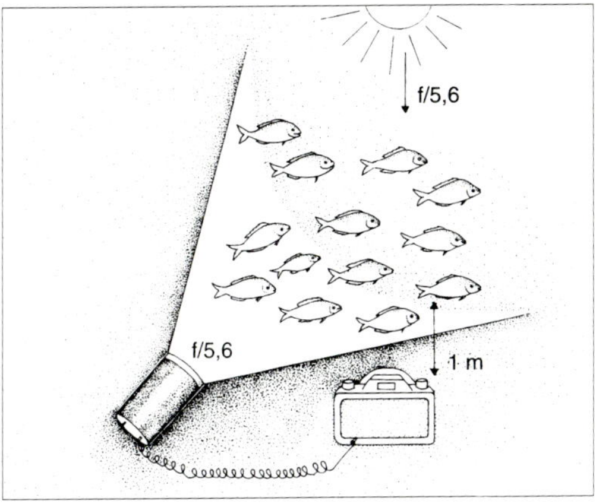

Technische Daten
Kamera: Spiegelreflex in einem wasserdichten Gehäuse oder Nikonos
Objektiv: 20 mm Brennweite
Film: 50 ISO
Belichtungszeit: 1/60 Sekunde
Blende: f/5.6
Wassertiefe: 7 m
Entfernung vom Objekt: 1 m
Umgebungslicht: f/5.6

Die Lebensräume in großen Tiefen

In tiefen Gewässern gute Aufnahmen zu machen, ist keineswegs einfach. Das Sonnenlicht dringt nur noch spärlich ein und die ganze Umgebung ist einheitlich azurblau-grünlich gefärbt. Um einen möglichst weiten Bereich aufs Bild zu bekommen, sollte man starke Weitwinkelobjektive wie das 15-mm-Nikonos-Objektiv benutzen oder bei Spiegelreflexkameras in Unterwassergehäusen entsprechende 20-mm-Objektive.
Mit dem Belichtungsmesser mißt man das Umgebungslicht, in diesem Falle entspricht es f/2.8 und wählt die geringste Lichtstärke auf dem Blitzgerät, indem man die Blendenzahl auf dieses Licht einstellt (sie ist normalerweise stärker als das Umgebungslicht). Auf diesem Foto besteht im Vergleich zum Umgebungslicht ein Unterschied von 2 Blenden; einen Ausgleich erzielt man, indem man die Kamera leicht nach oben neigt, um das wenige Sonnenlicht besser auszunutzen. Der Bildhintergrund bleibt in jedem Fall etwas unterbelichtet. Das Einstellen der Bildschärfe ist bei dieser Entfernung nicht schwierig, denn die starken Weitwinkelobjektive ermöglichen eine große Schärfentiefe.

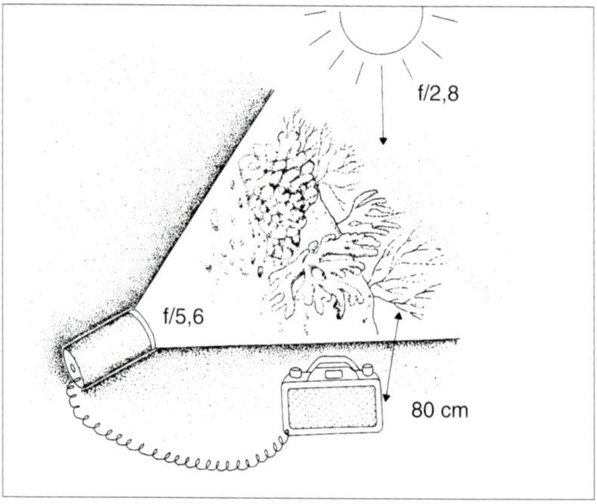

Technische Daten
Kamera: Spiegelreflex in einem Unterwassergehäuse oder Nikonos
Objektiv: 15 mm Brennweite (oder 20-mm-Objektiv im Unterwassergehäuse)
Film: 100 ISO
Belichtungszeit: 1/60 Sekunde
Blende: f/5.6
Wassertiefe: 30 m
Entfernung vom Objekt: 80 cm
Umgebungslicht: f/2.8

Kleine Tiere

Schleimfische (Blenniidae) und andere kleine Felsbewohner fühlen sich ziemlich in Sicherheit, wenn noch ein Teil ihres Körpers in einer Felsspalte oder in einem sonstigen Versteck steckt. Sie schauen meist nur mit ihrem Kopf aus der Höhle hervor und verharren so lange in dieser Stellung, bis der Fotograf die Grenze ihres »Sicherheitsabstands« überschreitet, der übrigens von Tier zu Tier unterschiedlich ist. Dann flüchten sie sofort tief in ihr Versteck.

Will man die Entfernung zum Gegenstand vergrößern und trotzdem eine starke Vergrößerung erzielen, braucht man Makro-Objektive von 100 - 105 mm Brennweite, also kleine Teleobjektive, mit denen ein Abbildungsmaßstab von 1:1 bei 30 cm Abstand möglich ist. Diese Entfernung wird in der Regel noch von den Fischen »genehmigt«. Das Blitzlicht sollte bei einer solchen Aufnahme ziemlich stark und gebündelt sein, so daß man die Blenden bis auf niedrigste Werte schließen und somit eine größere Schärfentiefe erzielen kann. Die Bildschärfe wird nach der zuvor gewählten Entfernung zum Objekt eingestellt und dann nicht mehr verändert. Anschließend nähert man sich langsam dem Objekt, bis es in der Mitte des Suchers ganz scharf zu sehen ist.

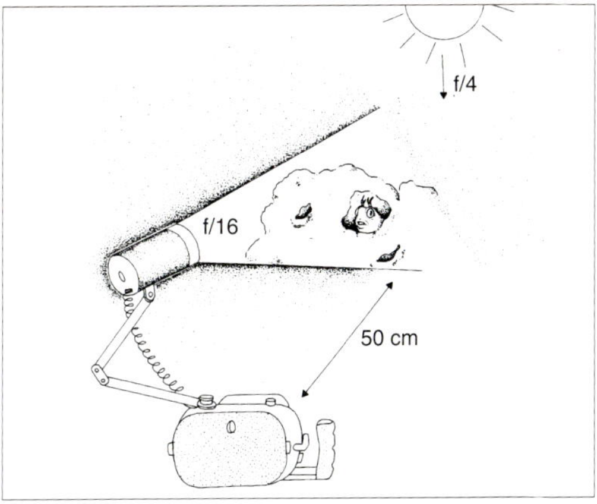

Technische Daten
Kamera: Spiegelreflex in einem Unterwassergehäuse
Objektiv: 105 mm Makro
Film: 50 ISO
Belichtungszeit: 1/60 Sekunden
Blende: f/16
Wassertiefe: 15 m
Entfernung vom Objekt: 50 cm
Umgebungslicht: f/4

Großaufnahmen

Bei Makroaufnahmen (z. B. bei Nacktschnecken oder bei Details von Hydrozoen oder Korallen eingesetzt) kommt man recht gut mit der Nikonos klar, indem man zuvor einen Verlängerungsaufsatz auf ein 35-mm-Standard-Objektiv montiert. Noch bessere Effekte werden mit dem 2:1-Verlängerungstubus erzielt, doch hierbei wird dann die Schärfentiefe so stark reduziert, daß man – wie auch in diesem Fall – doch eine 1:1-Verlängerung vorzieht. Nur unbewegliche Objekte können so fotografiert werden, ein Fisch würde schwerlich innerhalb der Schärfeebene bleiben, die das Bildfeld eingrenzt. Und eine genaue Kontrolle über Bildausschnitt sowie Entfernung der Bildschärfe wäre nicht gegeben. Das Blitzlicht, das mit einer zusätzlichen Lichtquelle arbeitet, um die Schattenbildung ein wenig aufzuheben, wird ganz schwach eingestellt. Bei dieser Aufnahme muß man besonders darauf achten, daß sich das Objekt parallel zur Ebene des Films befindet, um Unschärfen auf einem Teil des Bildes zu vermeiden.

Technische Daten
Kamera: Nikonos
Objektiv: 35 mm
Brennweite mit Verlängerungstubus 1:1
Film: 50 ISO
Belichtungszeit: 1/60 Sekunde
Blende: f/2.2
Wassertiefe: 25 m
Entfernung vom Objekt: 60 mm
Umgebungslicht: f/2.8

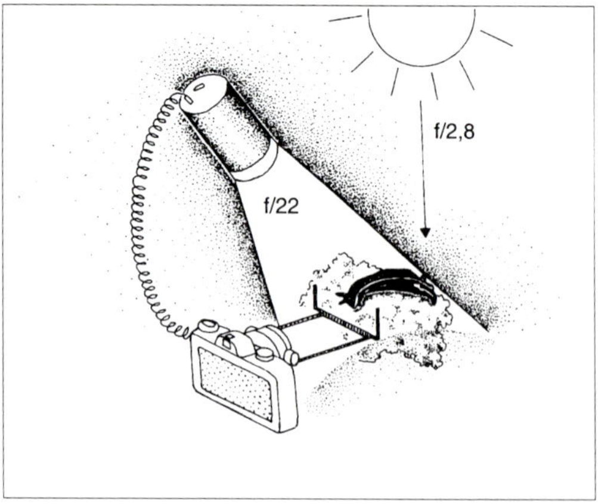

Fische
Fische lassen sich am besten mit einer Spiegelreflexkamera in einem Unterwassergehäuse und mit automatischer Scharfstellung (Autofokus) fotografieren. Hier wird die Schärfe des Objekts, das sich in einem kleinen Rechteck in der Mitte des Suchers befindet, permanent automatisch nachgeregelt. Sollte sich der Fisch stark bewegen, ist es vielleicht sinnvoller, die Automatik auszuschalten, um eine ständige Unschärfe des Objekts zu vermeiden, sobald es sich aus diesem kleinen Rechteck herausbewegt. Gut eignet sich auch ein 50-/60-mm-Objektiv, das einen angemessenen Abbildungsmaßstab bei weiterer Entfernung ermöglicht. Schöne Aufnahmen lassen sich auch mit dem automatischen TTL-Blitzlicht erzielen, man muß dabei allerdings einen entsprechenden Bildhintergrund (Fels oder Sand) wählen. Schwimmt der Fisch dagegen frei im Wasser, funktioniert die Blitzlichtautomatik nicht mehr einwandfrei und neigt zur Überbelichtung. Deshalb belichtet man entweder manuell oder über die Belichtungskontrolle der Kamera.

Technische Daten
Kamera: Spiegelreflex Autofokus in einem Unterwassergehäuse
Objektiv: 60 mm Makro
Film: 50 ISO
Belichtungszeit: 1/60 Sekunde
Blende: f/11
Wassertiefe: 15 m
Entfernung vom Objekt: 40 cm
Umgebungslicht: f/4

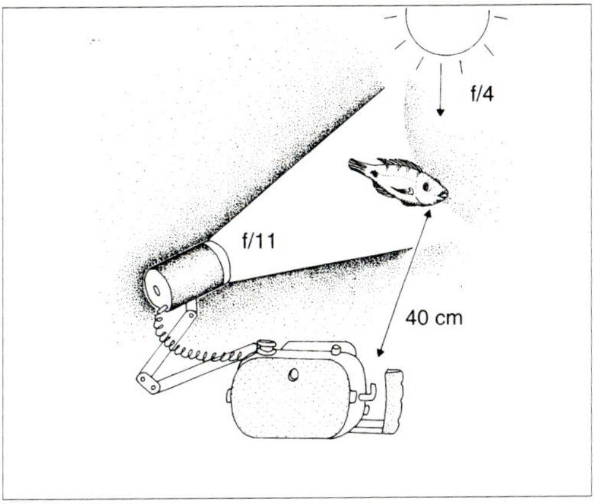

ALGEN UND PFLANZEN

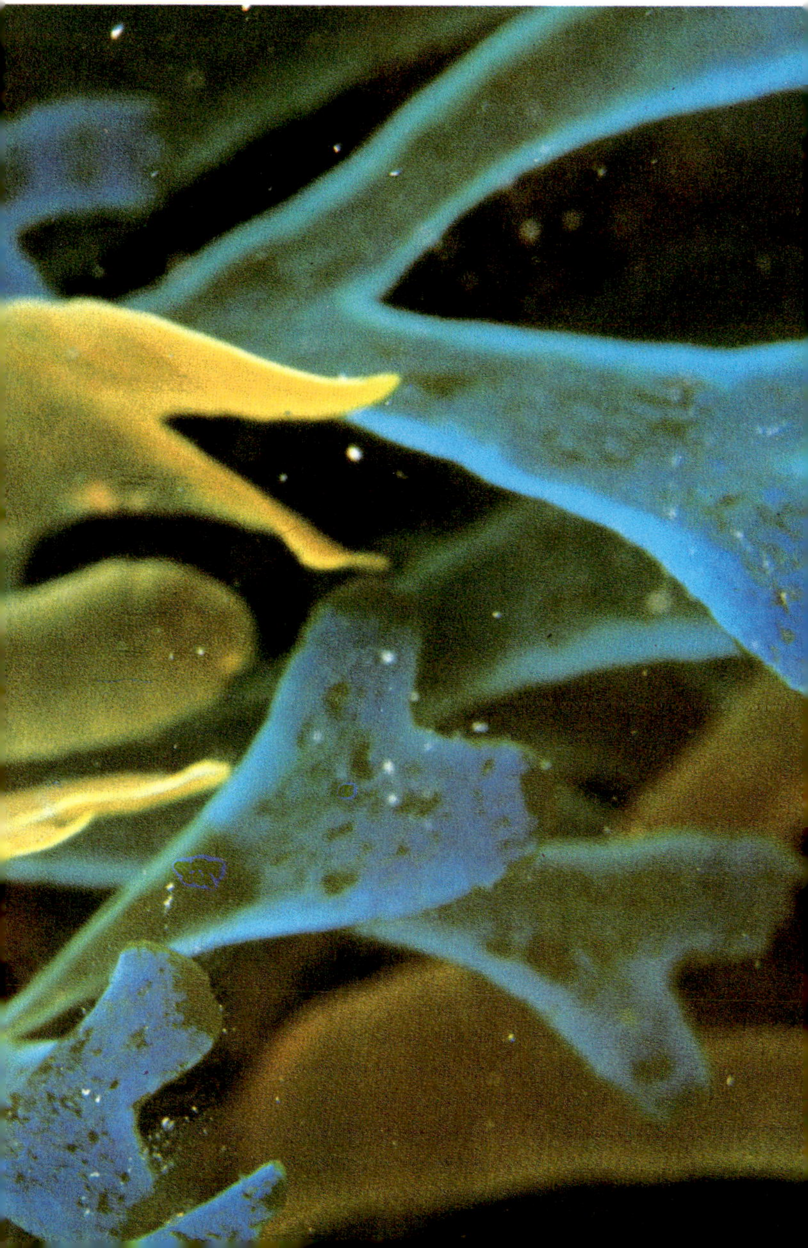

1

ACETABULARIA ACETABULUM

Meeresschirmchen

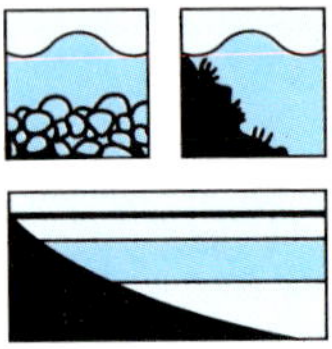

Klasse: Chlorophyceae
Ordnung: Dasycladales
Familie: Polyphysaceae
Verbreitung: Mittelmeer und Nord-Ost-Atlantik (Kan. Inseln).
Lebensraum: Bis 3 m Tiefe, selten bis 30 m auf felsigem Boden oder harten Substraten (Steinen oder Kiesel), die lichtexponiert und geschützt liegen.
Beschreibung: Unverwechselbare Art aufgrund der Schirmform des verkalkten und strahlenförmigen Thallus, der von einem dünnen zylindrischen Stiel getragen wird. Der Thallus ist über verästelte Rhizoide im Substrat verankert. Die Färbung variiert von weiß bis grün-hellblau. Der Schirm hat einen variablen Durchmesser von 5 bis 12 mm, der Stiel eine Höhe von 5 bis 10 cm.
Unterscheidungsmerkmale: Thallusspitze schirmförmig.
Biologie: Trotz ihrer makroskopischen Dimension besteht diese Alge nur aus einer einzigen Zelle. Im Winter ist bloß der Stiel sichtbar; der Schirm bildet sich erst im Frühling, im dritten Lebensjahr der Alge. Innerhalb der Scheidewände ihres Schirms bilden sich im Sommer zahlreiche Sporen, die beim Zerbrechen der Scheibe freigesetzt werden. Im darauffolgenden Frühling entwickeln sich aus den Sporen begeißelte Geschlechtszellen. Aus ihrer Verschmelzung entsteht die Zelle, aus der sich wiederum die junge Alge entwickelt. Anfänglich besteht die Alge nur aus dem Stiel und einer Reihe von sternförmig angeordneten Fäden an der Stielspitze.

2

ULVA RIGIDA

Meersalat

Klasse: Chlorophyceae
Ordnung: Ulvales
Familie: Ulvaceae
Verbreitung: Mittelmeer, Schwarzes Meer, Nord-Ost-Atlantik, West-Atlantik und Pazifik .
Lebensraum: Felsige Böden, bis zu 10 m Tiefe. Auf Sandböden, in Lagunen wächst sie auch frei.
Beschreibung: Alge mit lamellenförmigem, zweischichtigem und sehr unregelmäßigem Thallus mit einer massiven, dikken, fast schon knorpeligen Basis, die von zahlreichen Rhizoiden gebildet wird. Der Blattrand ist gezackt. Die Färbung variiert von hellgrün bis dunkelgrün. Größe: 30 cm hoch, 10 - 40 cm breit und breiter.
Unterscheidungsmerkmale: Lamellen- oder blattähnliches Aussehen, sie erinnert an grüne Blattgelatine.
Biologie: Diese Algenart ist über das ganze Jahr hinweg vertreten, ihren höchsten Entwicklungsstand erreicht sie im Frühling und Sommer. Anfänglich verläuft das Wachstum ausschließlich über die an der Thallusspitze liegenden Zellen, später über einen Großteil der Zellen des gesamten Thallus, der dann lamellenförmig wird. Die Vermehrung verläuft geschlechtlich oder ungeschlechtlich, ihr biologischer Zyklus ist heterophesisch isomorph. Die Geschlechtszellen besitzen zwei Geißeln, ihre Sporen vier. Diese Alge kann auf einen Zustand der Eutrophierung oder auf Veränderungen in der Umwelt hindeuten. Sie wird zur menschlichen Ernährung genutzt.

3

UDOTEA PETIOLATA

Gestiefeltblättrige Fächeralge

Klasse: Chlorophyceae
Ordnung: Caulerpales
Familie: Caulerpaceae
Verbreitung: Mittelmeer, Nord-Ost-Atlantik von den Kanaren bis zu den Kapverdischen Inseln.
Lebensraum: Auf felsigen oder harten Substraten mit geringem Lichteinfall oder an der Basis von *Posidonia*-Rhizomen in einer Tiefe von 10 bis über 40 m. Sie wurde auch in Tiefen bis 120 m nachgewiesen.
Beschreibung: Selten verkalkter Thallus, bestehend aus eng miteinander verflochtenen oder verbundenen Fäden, die einen mehr oder weniger fülligen Fächer mit abgerundeten und welligen oder, bei größeren Exemplaren, mit ausgefransten Rändern bilden. Getragen wird diese Struktur von einem dünnen, aufrechten Stiel, der im Substrat über ein waagerechtes Rhizom verankert ist, von dem mehrere Zweige ausgehen können. Färbung: ein mehr oder weniger dunkles Grün. Höhe zwischen 2 und 10 cm.
Unterscheidungsmerkmale: Thallus in Form eines Fächers.
Biologie: Während der Fortpflanzung wird jedes Element des Thallus fruchtbar. Nach der Fortpflanzung löst sich der Thallus auf. Die fruchbaren Organismen erkennt man an ihren Rändern: Da sie praktisch kein Chlorophyll haben, sind sie fast weiß.

4

CAULERPA PROLIFERA

Vielblättrige Caulerpa

Klasse: Chlorophyceae
Ordnung: Caulerpales
Familie: Caulerpaceae
Verbreitung: Mittelmeer (in nördlichen Gebieten selten), tropischer und subtropischer Atlantik.
Lebensraum: Sandige oder schlammige Böden in Tiefen von 1 bis 15 - 20 m, oft in der Nähe von *Posidonia*-Weiden.
Beschreibung: Charakteristischer Thallus, bestehend aus einer Art feinem, auf dem Boden schleifenden Ausläufer, der bis zu 1 m lang ist. Von ihm gehen Rhizoide aus, die sich im Substrat verankern, sowie Verästelungen, die platten, lanzenförmigen Blättern ähneln. Seine Konsistenz ist aufgrund des dicken Außenhäutchens hart. Färbung: grün. Die Blätter können bis zu 15 - 25 m hoch und 2 m breit werden.
Unterscheidungsmerkmale: Schleifende Ausläufer, lanzenförmige Blätter.
Biologie: Wärmeliebende Pflanze, die unter günstigen Bedingungen wie z. B. geeignete Temperaturen kleine Wiesen bildet. Die Fortpflanzung verläuft vorwiegend auf ungeschlechtlichem Weg durch Ausstülpen neuer Rhizoide und Blätter, die sich auch aus einzelnen Segmenten der Caulerpa bilden können. Vor einigen Jahren wurde eine exotische und besonders invasive Art dieser Alge, *Caulerpa taxifolia*, im Mittelmeer eingeschleppt, die sich ausgehend von der französischen Küste vor Monaco zunehmend ausbreitet.

5

CODIUM BURSA

Meerball

Ähnliche Arten: *Codium vermilara* (Grüne Gabelalge), *Codium fragile* (Grüner Leuchter)
Klasse: Chlorophyceae
Ordnung: Codiales
Familie: Codiaceae
Verbreitung: Mittelmeer, Nord-Ost-Atlantik von Irland bis zu den Kanaren *(C. bursa)* und von Skandinavien über den Golf von Gascogne *(C. fragile)* bis Marokko *(C. vermilara)*.
Lebensraum: Auf lichtexponierten Felsen, bis in 50 m Tiefe (*C. fragile* nur bis 15 m, da sie mehr Licht benötigt). *C. bursa* wurde auch in 90 m Tiefe nachgewiesen.
Beschreibung: Am einfachsten von diesen drei Arten ist *C. bursa* (Foto oben) zu erkennen, deren Thallus im jungen Stadium fast kugelförmig ist. Im Wachstum verändert sich diese Struktur, sie wird platt und in der Mitte ausgehöhlt. *C. vermilara* (Foto Mitte) ist eine stark verästelte Alge, mit röhrenförmigen, in der Regel dichotom wachsenden Zweigen. Auch seitliche Verästelungen können auftreten. Die Zweige sind mit Härchen bedeckt, die der Alge ein wollähnliches Aussehen verleihen. *C. fragile* (Foto unten) hat einen buschigen, zylindrischen Thallus von schwammiger Konsistenz. Ihre Verästelungen sind dichotom und regelmäßig, auch sie kann einen üppigen Flaum tragen. Die Färbung ist bei allen drei Arten sehr ähnlich: Sie variiert von grün bis dunkelgrün. Aufgrund des dichten Flaums erscheinen *C. vermilara* und *C. fragile* auch manchmal weißlich. Durchmesser *C. bursa* bis zu 40 cm , *C. vermilara* und *C. fragile* bis zu 30 cm Höhe.
Unterscheidungsmerkmale: Kugelform bei *C. bursa*, deutlich gegabelte Verästelung bei *C. fragile*. Die makroskopische Unterscheidung zwischen *C. fragile* und *C. vermilara* ist in den meisten Fällen schwierig und verlangt fundierte Kenntnisse.
Biologie: *C. bursa*: Kann Kolonien aus vielen dicht beieinanderstehenden Individuen bilden. Der Thallus besteht aus eng miteinander verflochtenen Fäden. Im Herbst, in der Phase der Vermehrung, bilden sich an den Fäden kleine spezialisierte Ausstülpungen aus, in denen die Gameten reifen. Charakteristisch für *C. bursa* ist ihr gemeinsames Vorkommen mit hellblauen Algen, die ihre ganze Oberfläche bedecken und ihr eine rote Färbung verleihen können. *C. vermilara* vermehrt sich im Herbst auf die für diese Spezies typische Weise (siehe *C. bursa*). *C. fragile* ist eine aus dem Pazifik stammende, allochthone Art, die zufällig, vermutlich während des Zweiten Weltkriegs, im Mittelmeer eingeführt worden ist. Sie vermehrt sich vorwiegend durch die Fragmentation des Thallus, wodurch sich auch ihre rasche Verbreitung im Mittelmeer erklärt. Sowohl *C. vermilara* als auch *C. fragile* sind eßbar. Beide werden wegen ihres säuerlichen und leicht pikanten Geschmacks in Salaten geschätzt.

6

HALIMEDA TUNA
Meerkette

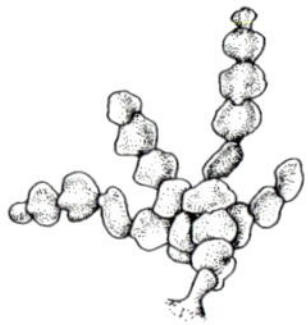

Klasse: Chlorophyceae
Ordnung: Caulerpales
Familie: Halimedaceae
Verbreitung: Mittelmeer, Atlantik, Indo-Pazifik.
Lebensraum: Felsige Substrate, bis zu einer Tiefe von 75 m. In den wärmeren Regionen des Mittelmeers ist sie vom Licht abhängiger.
Beschreibung: Der Thallus besteht aus einer Reihe von platten, rundlichen, nierenförmigen Segmenten, die miteinander verbunden sind, ihr Aussehen ähnelt dem eines Feigenkaktus. Die stark kalkverkrustete Alge ist durch feine Rhizoide im Substrat verankert und verzweigt sich – fast immer gegabelt – auf nur einer Ebene. Die Färbung ist grün oder grün-gelblich, aufgrund der Kalkkruste kann sie auch weißlich erscheinen. Sie erreicht eine Höhe von 10-20 cm, die Segmente einen Durchmesser bis zu 20 mm.
Unterscheidungsmerkmale: Kettenstruktur aus einer Reihe scheibenförmiger, aneinandergereihter Glieder.
Biologie: Während der Reproduktion wird die Alge in der Regel weißlich. Ihr kompletter Zellgehalt wird in Geschlechtszellen (Sporangien) umgewandelt, die sich an den Rändern eines jeden Segments sammeln. Wenn die Sporen austreten, bilden sie neue Pflanzen. Die Fortpflanzung erfolgt bei verschiedenen Populationen desselben Alters am gleichen Tag.

7

DASYCLADUS VERMICULARIS
Wurmalge

Klasse: Chlorophyceae
Ordnung: Dasycladales
Familie: Dasycladaceae
Verbreitung: Mittelmeer (mit Ausnahme der nördlichen Region des Golfs von Lion), Nord-Ost-Atlantik (Kanarische Inseln) und Karibische Inseln.
Lebensraum: Felsige Substrate, die mit sandigen Sedimenten bedeckt sind, von der Wasseroberfläche bis in 10-15 m Tiefe.
Beschreibung: Ihr Aussehen erinnert an eine kleine, schwammige Keule. Der Thallus besteht aus einer zentralen Achse, die senkrecht verlängert ist und von der zahlreiche Fasern strahlenförmig und verzweigt ausgehen. Die Alge ist durch viele verästelte Rhizoide am Substrat fixiert, die Mittelachse ist verkalkt und durch Zellulose verstärkt. Ihre Färbung ist grün. Wenn die Alge gepreßt wird, verfärbt sich das Wasser meist grünlich. Die Alge mißt in der Höhe 2 bis 8 cm, in der Breite 5 mm.
Unterscheidungsmerkmale: Schwammartige Keulenstruktur.
Biologie: Bildet sehr große Kolonien aus zahlreichen, nah beieinanderstehenden Individuen. Oft läßt sie sich auf Substraten nieder, die von *Posidonia*-Wiesen verlassen worden sind. In ökologischer Hinsicht ist diese Art weniger anspruchsvoll als beispielsweise *Posidonia* und deshalb in der Lage, auch bei leichtem Zufluß von Süßwasser zu überleben.

8 PADINA PAVONICA

Trichteralge

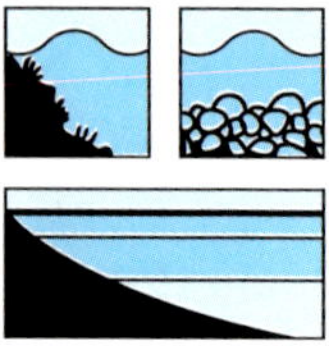

Klasse: Phaeophyceae
Ordnung: Dictyotales
Familie: Dictyotaceae
Verbreitung: Mittelmeer, Schwarzes Meer, Atlantik.
Lebensraum: Harte Substrate, in geschützten und lichtexponierten Gebieten, bis in ca. 20 m Tiefe.
Beschreibung: Lamellenförmiger, aufrechter Thallus in Form eines Fächers oder eines geweiteten Pfauenschwanzes, der manchmal auch von mehreren übereinanderliegenden Lamellen gebildet wird. An seiner Basis befindet sich ein Büschel von Rhizoiden, mit dem die Alge am Substrat haftet. Charakteristisch für die Oberfläche der Lamellen sind feine, dunkle Härchen, die in horizontalen und konzentrischen Reihen angeordnet sind. Die Färbung ist braun-gelblich, aufgehellt wird sie – vor allem an der inneren Oberfläche des Fächers – durch Kalkablagerungen, die dunkle, von den Härchen verursachte Streifen sichtbar werden läßt. Höhe ca. 15 cm.
Unterscheidung: Pfauenschwanzförmig, horizontal gestreift.
Biologie: Diese Spezies vermehrt sich im Sommer. Ihre Reproduktionsorgane sind zwischen den konzentrischen Streifen der Härchen angeordnet. In der Regel finden sich mehrere Individuen beieinander, die von einem einzigen Stolon gezeugt wurden. Diese Art verträgt in hohem Maße sowohl Erwärmung des Wassers als auch intensives Licht, reagiert aber empfindlich auf Veränderungen des Wasserstandes, da sie nur ein sehr kurzes Auftauchen aus dem Wasser verträgt.

9 DICTYOTA DICHOTOMA

Gabelzunge

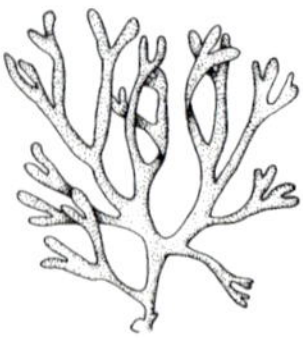

Klasse: Phaeophyceae
Ordnung: Dictyotales
Familie: Dictyotaceae
Verbreitung: Mittelmeer, Schwarzes- und Rotes Meer, Nord-Atlantik, Indischer Ozean.
Lebensraum: Felsige Böden und obere Substrate.
Beschreibung: Flacher und regelmäßig gabelförmig verzweigter Thallus (worauf auch sein spezifischer Name *dichotoma* hinweist). Die Spitzen seiner Äste sind abgerundet oder zweigelappt. Der Thallus ist am Boden durch Rhizoide, die in einer Haftscheibe enden, befestigt. Die Färbung variiert von braun bis grün. Charakteristisch für diese Alge ist das außerordentliche blaue bzw. elektrisierend blaue Schillern während der Phase des vegetativen Wachstums (nur sichtbar unter Wasser), das sie von anderen Dictiotalen unterscheidet. Höhe bis ca. 20 - 25 cm.
Unterscheidungsmerkmale: Regelmäßig dichotome Verzweigungen, schillernde Färbung.
Biologie: Polymorphe Alge, die ihren höchsten Entwicklungsstand im Sommer erreicht, in südlichen Regionen ist sie bereits im Frühling sichtbar. Die Reproduktion erfolgt im Frühling/Sommer. Die Vermehrungsorgane (Tetrasporangien) zeigen sich als dunkle Flecken auf den Zweigen. Die Antheridien und die Oogonien sind in Gruppen (Sori) angeordnet. Diese Spezies ist bis zu einem gewissen Grad gegen organische Verschmutzung ihres Lebensraums resistent.

10 DICTYOPTERIS MEMBRANACEA

Weichhäutiger Tang

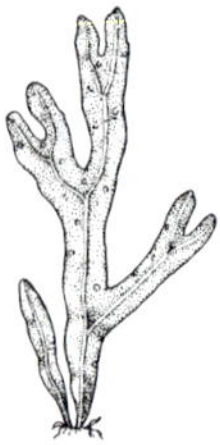

Klasse: Phaeophyceae
Ordnung: Dictyotales
Familie: Dictyotaceae
Verbreitung: Weltweit verbreitete Art
Lebensraum: Felsige Böden oder harte Substrate, die gering beleuchtet sind, bis in 35 - 40 m Tiefe. Im südlichen Mittelmeer z. T. an lichtdurchfluteten Wasseroberflächen.
Beschreibung: Lamellenartiger Thallus, der belaubt und bandförmig ist. Charakteristisch ist seine auffällige Mittelrippe, deren Verlauf das stets dichotome Wachstum des Thallus widerspiegelt. Am Substrat ist die Alge mittels einer basalen Haftscheibe fixiert, die von dicht verknüpften Rhizoiden gebildet wird. Die Färbung ist braun-grünlich, Büschel winziger Haare verleihen ihr häufig ein dunkel getupftes Erscheinungsbild. Der Thallus bis 30 cm hoch, die Blätter 3 - 7 mm breit.
Unterscheidungsmerkmale: Typische Mittelripppe und sich stets gabelförmig verzweigende Äste.
Biologie: Die Spezies ist ganzjährig vertreten, wobei sich ihr Aussehen mit den Jahreszeiten verändert. Ihren höchsten Entwicklungsstand erreicht die Alge im Hochsommer (Periode der Fortpflanzung), im Herbst verliert sie ihre Blätter. Es verbleiben dann nur die Mittelrippen in der basalen Region, aus denen sich wieder neue Blätter entwickeln. Vermutlich sind die jahreszeitlichen Veränderungen von Umweltfaktoren abhängig. Außerhalb des Wasser strömt die Alge einen penetranten Geruch aus.

11 COLPOMENIA SINUOSA

Ballonalge

Klasse: Phaeophyceae
Ordnung: Scitosifonales
Familie: Scitosifonaceae
Verbreitung: Alle Meere tropischer und warmer Zonen.
Lebensraum: Felsige Böden oder harte Substrate, bis in 3-5 m Tiefe. Bevorzugt ruhige Lebensräume mit hohem Lichteinfall.
Beschreibung: Kugel- bzw. euterförmiger Thallus, in der Regel runzelig und mit Vertiefungen, die von der Senkung und Faltung der Thallusoberfläche herrühren. Seine Konsistenz scheint gegen Berührung unempfindlich zu sein, tatsächlich aber ist seine Struktur (vor allem bei größeren Exemplaren) äußerst zerbrechlich. Faserige Rhizoide verankern den Thallus am Substrat. Seine Färbung ist gelblich, winzige Büschel mit Härchen, die vor allem in der fruchtbaren Phase des Thallus sichtbar sind, verleihen ihm ein getupftes Aussehen. Größe bis zu 8 cm Durchmesser.
Unterscheidungsmerkmale: Kugel- bzw. Euterform mit runzeliger und vertiefter Oberfläche.
Biologie: Das Wachstum der Alge beginnt gegen Herbstende. Es bilden sich dann kleine Bläschen heran, die ihre maximale Größe im Frühling und Sommer erreichen. Am Ende dieser Periode, die meist mit der Fortpflanzung zusammenfällt, zerfällt die Alge komplett. Ein häufiges Vorkommen von *Colpomenia sinuosa* gemeinsam mit *Ulva rigida* kann auf Umweltverschmutzung hinweisen.

12

CYSTOSEIRA SPEC.

Ährentang

Klasse: Phaeophyceae
Ordnung: Fucales
Familie: Cystoseiraceae
Verbreitung: Mittelmeer (vorwiegend), Schwarzes Meer, Nord-Ost-Atlantik. Unterschiedliche Ausprägungen je nach Verbreitungsgebiet.
Lebensraum: Felsige oder harte, gut beleuchtete Böden des Infralitorals (bis in 2 - 3 m Tiefe). Einige Arten wurden auch in Tiefen von 50 m *(C. ercegovicii f. tenuiramosa)* und 100 m *(C. zosteroides)* gefunden.
Beschreibung: Eine Unterscheidung der ungefähr 50 größtenteils im Mittelmeer vorkommenden Arten ist äußert schwierig und nur Spezialisten möglich. Die wesentlichen Eigenschaften, die diese Algengattung charakterisieren, lassen sich folgendermaßen zusammenfassen: meist scheibenförmige Basis, einer oder mehrere gerade Hauptstämme, wechselständig angeordnete Äste, auf den Astspitzen sitzende Vermehrungskörper (Blütenböden). Innerhalb dieses allgemeinen Schemas sind zahlreiche Variationen möglich. Sie reichen von stachelähnlichen Strukturen (geeignetes Merkmal, um *Cystoseira* von anderen Algen zu unterscheiden) über typische Ausstülpungen am Stamm, die Reservefunktion innehaben, bis zur Struktur des Thallus als Bäumchen oder Busch. Die Färbung variiert von schwärzlich *(C. crinita)* über braun *(C. barbata)* und braun-rötlich bis braun-gelblich bzw. beinahe golden *(C. compressa)*, manchmal auch blau schillernd *(C. mediterranea)*. Die Größe variiert von Spezies zu Spezies und sogar innerhalb ein und derselben Art stark. Deutlich zeigen sich die Unterschiede beispielsweise bei *C. barbata*, die Höhen von 15 - 130 cm erreicht, und bei *C. compressa* mit 5 - 100 cm.
Unterscheidungsmerkmale: Wie zuvor erläutert, ist es fast unmöglich, eine Spezies von der anderen genau zu unterscheiden. Da dieses Buch aber gerade praktische Studien unterstützen will, sollen einige Kriterien zu ihrer Bestimmung genannt werden: Der Gattung *Cystoseira* können solche Algen zugeordnet werden, die breite Gürtel weit von der Wasseroberfläche bilden, die von baum- oder buschförmigem Wuchs sind, einen rauhen Thallus aufweisen und fest am Substrat haften.
Biologie: Diese Algen zählen zu den langlebigsten Arten, unter bestimmten Umständen können sie sogar bis zu 20 Jahre alt werden. Obwohl es sich um eine perennierende, also um eine über das ganze Jahr hinweg vertretene Pflanze handelt, erneuert sie periodisch ihre Äste, die dann während der vegetativen Ruhephase (Herbst/Winter) abfallen. Es verbleibt dann nur die vegetative Basis. Bei der geschlechtlichen Reife schwellen die Zweigspitzen wieder an und bilden krugförmige Einsenkungen, in denen die Keimzellenbehälter stehen.

13 SARGASSUM SPEC.

Beerentang

Klasse: Phaeophyceae
Ordnung: Fucales
Familie: Sargassaceae
Verbreitung: Mittelmeer, Nord-Ost-Atlantik.
Lebensraum: Auf felsigen oder harten Böden und Detritus, an der Oberfläche bis 30 - 50 m Tiefe.
Beschreibung: Sehr komplexer Thallus, der aus einem Hauptstamm besteht, von dem zahlreiche primäre Seitenzweige abgehen, aus denen wiederum kürzere, sekundäre Zweige wachsen. Die Zweige tragen lanzettförmige Blätter mit glattem oder gezähntem Rand und einer charakteristischen Mittelrippe. An der Basis der Zweige sitzen kugelige schwimmende Bläschen (5 - 8 mm), die von Stengeln gehalten werden. Der Thallus ist durch ein scheibenförmiges Rhizoid am Substrat festgemacht. Die Färbung ist braun-gelblich oder braun-grünlich. Bis 70 cm hoch.
Unterscheidungsmerkmale: Mit einem Stiel gehaltene Luftbläschen, Blätter mit auffälliger Mittelrippe.
Biologie: Fortpflanzungsprozeß komplex. Die Vermehrungsorgane sitzen an den Spitzen fruchtbarer Ästchen, die sich genau an der Achsel blattreicher Zweige ausbilden. Die Befruchtung findet direkt auf dem Thallus statt. Nach einigen Tagen lösen sich die jungen Individuen vom Thallus und fallen auf den Boden, wo sie einige Zeit liegen bleiben. Bei erwachsenen Exemplaren erfolgt Fortpflanzung teilweise auch durch den Zerfall des Thallus.

14 SPHAEROCOCCUS CORONOPIFOLIUS

Klasse: Rodophyceae
Ordnung: Gigartinales
Familie: Sphaerococcaceae
Verbreitung: Mittelmeer, Schwarzes Meer, Nord-Ost-Atlantik von den Britischen Inseln bis Marokko.
Lebensraum: Felsige Böden mit geringem Lichteinfall, an der Oberfläche bis in über 30 m Tiefe.
Beschreibung: Buschiger und stark verzweigter Thallus von einer fleischigen, membranartigen, fast knorpeligen Konsistenz. Eine breit basale Haftscheibe verbindet ihn mit dem Substrat. Von der Haftscheibe gehen mehrere zylindrische, sich dann zu einer flachen Form verjüngende Stengel aus, die sich alle auf derselben Ebene entwickeln. Häufig teilen sich die Achsen dichotom, ihre feinen, endständigen Zweige sind stachelig. Färbung: lebhaftes Korallenrot. Sie erreicht eine Höhe von 20 - 25 cm.
Unterscheidungsmerkmale: Korallenrote Färbung, flache Hauptstämme, stachelige, endständige Zweige.
Biologie: Immerwährende Spezies, deren Aussehen sich im Jahresverlauf verändert. Im Sommer erfolgt die Fortpflanzung nach dem komplexen trigenetischen Prinzip, bei dem ein Generationswechsel von Gametophyten zu Karposporophyten und Tetrasporophyten stattfindet. Ihren höchsten Entwicklungsstand erreicht sie im Sommer, im Herbst verliert sie teilweise ihre Zweige. Aus den verbliebenen Hauptästen entwickeln sich im Winter neue, rosafarbene Triebe.

15 HALYMENIA FLORESIA
Tangrotalge

Klasse: Rodophyceae
Ordnung: Gigartinales
Familie: Cryptonemiaceae
Verbreitung: Mittelmeer Nord-Ost-Atlantik von Portugal bis Westafrika, Nord-West-Atlantik, Rotes Meer, Indischer Ozean.
Lebensraum: Felsige Böden, gering beleuchtet oder schattig, an der Oberfläche bis in 30 m Tiefe.
Beschreibung: Aufrechter, dichtbelaubter Thallus von gallertartiger Konsistenz. Seine kleine Basis ist mit einem tiefgreifenden Kallus und einem kurzen Stiel ausgestattet. Vom Stiel gehen Wedel aus, die an ihrer Basis verdickt sind und nach oben hin immer flacher werden, bis sie dem Komplex eine Lanzettform geben, die an eine stilisierte Flamme erinnert. Jeder Wedel trägt unterschiedlich lange, aber regelmäßig gegenständige, teils fadenförmige Äste. Die Färbung variiert von dunkelrosa bis hellrosa, in einigen Fällen kann sie auch einen grünlichen Ton annehmen. Größe: Erreicht bis zu 30 cm Höhe, die Hauptzweige können bis zu 3 cm breit werden.
Unterscheidungsmerkmale: Thallus mit lanzettförmigen Zweigen, reichlich verästelt, gallertartige Konsistenz.
Biologie: Die Alge vermehrt sich zwischen Frühling und Sommeranfang. Es gibt einen alternierenden Generationswechsel vom Gametophyten zum Tetrasporophyten. Die Sporen sehen wie kleine schwarze Pünktchen aus.

16 PEYSSONNELIA SQUAMARIA
Schuppenblatt

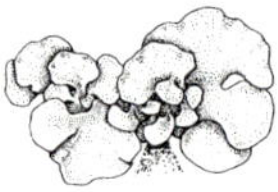

Klasse: Rodophyceae
Ordnung: Gigartinales
Familie: Peysonneliaceae
Verbreitung: Mittelmeer und Nord-Ost-Atlantik.
Lebensraum: Felsige Böden, an der Oberfläche (ausschließlich an sehr schattigen Standorten wie Felseinschnitten oder Höhlen) bis in 50 - 60 m Tiefe.
Beschreibung: Blattreicher, glatter Thallus, seine flächig ausgebreiteten Blätter haben die Form kleiner Fächer. Blattränder glatt oder lappig, teilweise überlagern sie sich in der Wachstumsphase. Auf der Innenseite zahlreiche kurze Rhizoide, mit denen sich die Alge am Substrat festhält, obwohl sie zum Teil erheblich abseits von ihm liegt. Geringe Verkalkung und von membranartiger Konsistenz. Die Färbung reicht von dunkelrot bis orangerot mit konzentrischen und helleren strahlenförmigen Streifen. Durchmesser kann 10 cm überschreiten.
Unterscheidungsmerkmale: Horizontale, fächerförmige Blattflächen, die sich teilweise überlagern, Thallus im Zentrum dünner als an den Rändern.
Biologie: Rodophyceae mit trigenetischem Zyklus und einem Wechsel von Gametophyt zu Tetrasporophyt. Vermehrt sich zwischen Herbst und Winter. Die fruchtbildenden Organe sind auf der Thallusoberfläche verteilt, wo sie versprengte Häufchen bilden, deren Farbe zuweilen von der der Alge abweicht. In der Regel umfaßt *Peyssonnelia* ungefähr 15Arten, die sich im Grad ihrer Verkalkung unterscheiden.

17

LITHOPHYLLUM LICHENODIES

Meeresflechte

Verwandte Arten: *Pseudolithophyllum expansum*
Klasse: Rodophyceae
Ordnung: Corallinales
Familie: Corallinaceae
Verbreitung: *L. lichenoides*: westliches Mittelmeer (selten im östlichen Mittelmeer), Nord-Ost-Atlantik von der Isle de Yeu bis Marokko, *P. expansum*: Mittelmeer, Nord-Ost-Atlantik vom Ärmelkanal bis Mauretanien.
Lebensraum: Felsige Böden und harte Oberflächensubstrate in der Zone der Rollbrandung *(L. lichenoides)*; harte, nicht unbedingt felsige Substrate in einer Tiefe von wenigen Metern (an gering beleuchteten Standorten) bis über 60 m *(P. expansum)*.
Beschreibung: *L. lichenoides*: Stark verkalkte Alge, die dicke Verkrustungen bildet. Die Verkrustungen bestehen aus halbrunden blattförmigen oder stacheligen Gebilden und sind untereinander verbunden. Grau-violette oder weiße Färbung. *P. expansum*: Komplett verkalkte Alge, die breite, blattförmige Auswüchse in Form von Fächern bildet. Nur der unterste Teil dieser Auswüchse, der »Fächerstiel«, ist mit dem Substrat verhaftet, die Ränder selbst liegen frei. Ihre Färbung variiert von einem mehr oder weniger intensiven Rosa bis hin zu Violett. Ein einziger Thallus der *L. lichenoides* erreicht 5 - 10 cm Durchmesser, ein Algen-Komplex kann jedoch etliche m² bedecken. *P. expansum*: 30 - 40 cm.
Unterscheidungsmerkmale: *L. lichenoides*: Sehr harte, halbrunde Auswüchse. *P. expansum*: Mehrfach geschichtete, blattförmige Gebilde.
Biologie: Die Meeresflechte bildet die sogenannten »Trottoir«-Formationen, die in der Rollbrandungszone zahlreicher felsiger Regionen des Mittelmeers typisch sind. Sie formen einen treppenartigen Vorsprung am Felsen, der sich ähnlich den tropischen Korallenformationen entwickelt. In vielen Regionen ist diese Alge von besonderer Bedeutung, da sie zahlreichen Organismen einen idealen Lebensraum bietet. Der Vermehrungszyklus ist dreigliedrig: auf den Gametophyt folgen 2 verschiedene Sporophyten. Da sich diese Algen an die gegebenen ökologischen Lebensbedingungen anpassen müssen, wachsen sie weniger in die Höhe oder Tiefe, sondern dehnen sich langsam in Meeresrichtung in die Breite aus, so daß sie bis zu 2 m breite und robuste Gesimse bilden, die sogar das Gewicht eines Menschen tragen können. Lebendig ist jedoch nur der direkt den Wellen ausgesetzte äußere Teil der Alge, der auch von drei sehr unterschiedlichen Organismen besiedelt ist: 1. Organismen, die periodischem Auftauchen und starker Sonneneinstrahlung standhalten, 2. Organismen, die sich gerne in Felsspalten oder -einschnitte zurückziehen und 3. lichtempfindliche Organismen, die sich am unteren Teil des Gesimses niederlassen. In tieferen Gewässern wird diese Rotalge von der Art *Pseudolitophyllum* substituiert, die während ihrer fruchtbaren Phase (Sommer/Herbst) mit kleinen, brustförmigen, Sporen enthaltenden Warzen bedeckt ist. Die Kolonien bilden meistens die Hauptbestandteile des »Korallengrundes«, einer Materie aus Tierresten, Felsstücken und anderen Algen, die mit einer Art »Zement«, den die Alge selbst produziert, fest zusammengefügt ist.

18

LIAGORA VISCIDA
Renntiermoosalge

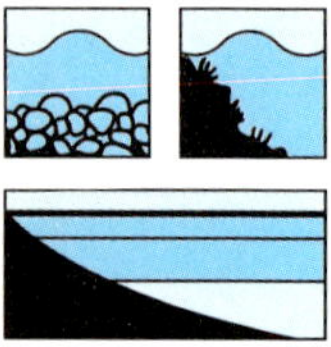

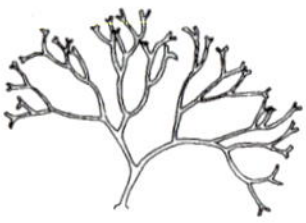

Klasse: Rodophyceae
Ordnung: Nemalionales
Familie: Elmintocadiaceae
Verbreitung: Mittelmeer, Nord-Ost-Atlantik von der Bretagne bis Marokko.
Lebensraum: Gut beleuchtete felsige Böden in ruhiger Lage, von der Wasseroberfläche bis in 4 - 5 m Tiefe.
Beschreibung: Buschiger und steifer Thallus, der von feinen, zylindrischen Fäden gebildet wird, die gabelförmig verzweigt sind. Die starke Kalkverkrustung verleiht dem Thallus eine weißliche Färbung. Da sich die Inkrustierung nicht bis an die Zweigspitzen ersteckt, erscheinen diese oft rosa oder violett. Thallus 10 - 12 cm hoch, Durchmesser der Ästchen beträgt ca. 1 mm.
Unterscheidungsmerkmale: Verkalkter Busch, dicht und dichotom verzweigt, weiße Farbe.
Biologie: Die Spezies ist ab Frühlingsanfang zu sehen, ihren höchsten Entwicklungsstand erreicht sie im Sommer. Im Herbst zerfällt ihr Thallus fast vollständig. Ihr Vermehrungszyklus verläuft über den Generationswechsel von einem großen Gametophyten zu einem kleinen faserigen Sporophyten. Derselben Gattung gehören zwei ähnliche Arten an: *L. distenta*, die dichtere Verzweigungen aufweist und in größeren Tiefen vorkommt (15 m), und seltener *L. tetrasporifera* mit ihren typischen rötlichen Zweigspitzen.

19

CORALLINA ELONGATA
Korallenmoos

Klasse: Rodophyceae
Ordnung: Corallinales
Familie: Corallinaceae
Verbreitung: Mittelmeer, Schwarzes Meer, Nord-Ost-Atlantik von den Britischen Inseln bis Mauretanien.
Lebensraum: Felsige Lebensräume und harte Substrate, auch wellenexponierte, an der Oberfläche bis in 5 - 6 m Tiefe.
Beschreibung: Belaubter und aufrechter Thallus von harter Konsistenz. Auf seinen gefiederten Seitenzweigen wachsen kleine, zum Teil platte Höcker aus aufeinandergepfropften Segmenten. Mit Ausnahme der Verbindungsstellen sind die Segmente stark verkalkt. Von jedem Segment gehen seitlich zwei weitere, sekundäre Segmente ab. Der Thallus haftet mit einer scheibenförmigen Kruste am Substrat. Seine Färbung ist in der Regel rosa und wird bis zu 12 cm hoch.
Unterscheidungsmerkmale: Aufrechter, gefiederter Thallus, dessen Zweige aus zusammengepreßten, aufeinandergepropften Segmenten bestehen. Von jedem Segment gehen zwei weitere, gegenständige Segmente ab.
Biologie: Immerwährende Spezies, die ihr Aussehen über das ganze Jahr hinweg beibehält. Im Frühling wird sie üppiger und bildet deutliche Algengürtel. Ihr Zyklus verläuft dreigliedrig mit einem Generationswechsel vom Gametophyt zum Sporophyt. Die Vermehrung erfolgt im Winter. Manchmal besiedelt diese Spezies auch die Spitzen von gut erhellten *Posidonia*-Blättern.

20 JANIA RUBENS

Feines Korallenmoos

Klasse: Rodophyceae
Ordnung: Corallinales
Familie: Corallinaceae
Verbreitung: Mittelmeer, Schwarzes Meer, Nord-Ost-Atlantik von Skandinavien bis Mauretanien, Indischer Ozean, Chinesisches Meer.
Lebensraum: Meist epiphytisch auf anderen Algen, bis in 10 - 15 m Tiefe.
Beschreibung: Verkalkte, aus Büscheln bestehende Spezies. Jeder einzelne Büschel entspricht einem Individuum, doch entwachsen sie aller einer gemeinsamen basalen Kruste. Die Thalli werden von zylindrischen, aufrechten und dichotom verzweigten Fäden gebildet. Die Verzweigungen bestehen aus zylindrischen oder keulenförmigen Segmenten, die drei- bis sechsmal länger als breiter (Breite 0,2 mm) und verkalkt sind. Die äußersten Zweige laufen spitz zu. In der Regel rosa, bei Beleuchtung wird sie gelblich. 2 - 3 cm hoch.
Unterscheidungsmerkmale: Gebilde aus gefiederten Büscheln mit dichotom verzweigten Fasern, wächst vorwiegend epiphytisch auf anderen Algen.
Biologie: Vermutlich immerwährende Spezies, die ihren höchsten Entwicklungsstand in den Herbst- bzw. Wintermonaten erreicht. Der Vermehrungszyklus ist dreigliedrig mit einem Generationswechsel von Gametophyt zu Sporophyt. Die Oogonien und die ähnlichen Sporenbehälter befinden sich an der Basis der Astgabelungen.

21 CYMODOCEA NODOSA

Tanggras

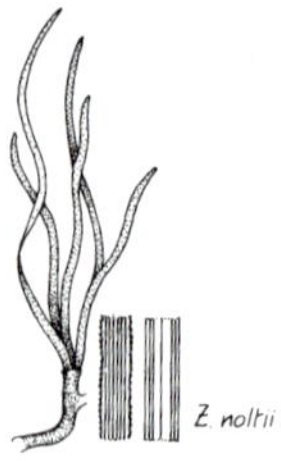

Klasse: Monocotyledoneae
Ordnung: Elobes
Familie: Zannichelliaceae
Verbreitung: Mittelmeer, Nord-Ost-Atlantik von Südspanien bis zum nördlichen Wendekreis (Wendekreis des Krebses).
Lebensraum: Sandige oder sandig-schlammige Böden, in geschützten Zonen, von der Wasseroberfläche bis in 10 m Tiefe. Auch in Lagunen vorkommend.
Beschreibung: Schmale, in Büscheln zusammenstehende Blätter mit basaler Scheide und leicht gezähnten Rändern. Sie erheben sich von einem dünnen, schleifenden Wurzelstock, der mehr oder weniger im Substrat eingegraben und mit kräftigen Wurzeln verankert ist. Die Blätter sind hellgrün gefärbt, bis zu 40 - 50 cm lang und 3 - 5 mm breit. Die Alge bildet ausgedehnte Wiesen, die den Boden weitgehend bedecken können.
Unterscheidungsmerkmale: Lange, schmale Blätter. Mit Weniger als 10 parallelen Blattäderungen, gezähnte Ränder.
Biologie: Ganzjährige Art, die sich sowohl vegetativ als auch über ihre Blüten vermehren kann. Die männliche Blüte ist rot und hat einen langen Stiel, die weibliche sitzt an der Blattbasis und wird von der Scheide geschützt. Ihre Früchte von ca. 1 cm Durchmesser sind scheibenförmig. *Cymodocea* ist wesentlich widerstandsfähiger als *Posidonia*. Oft läßt sie sich dort nieder, wo *Posidonia* vernichtet wurde. In Lagunen vergesellschaftet sie sich häufig mit *Zostera noltii*.

22 POSIDONIA OCEANICA

Neptungras

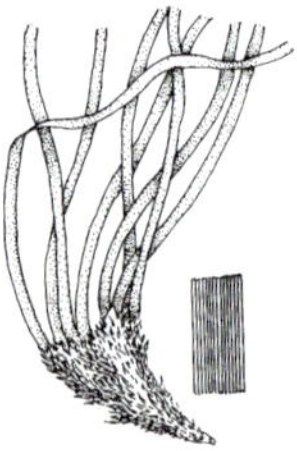

Klasse: Monocotyledoneae
Ordnung: Elobes
Familie: Posidoniaceae
Verbreitung: Mittelmeer.
Lebensraum: Von der Wasseroberfläche bis in 30 - 40 m Tiefe (ihre vertikale Ausdehnung zeigt die untere Grenze des Infralitorals an), auf sandigen Böden oder Detritus, manchmal auch auf Felsen.
Beschreibung: Lange Blätter mit parallelen Blattnerven, zusammengefaßt in Bündeln zu ca. 5 - 8 Blättern. Sie zweigen von einem schleifenden oder halb aufgerichteten, leicht flachen und mit Schuppen besetzten Rhizom ab, das teilweise im Boden eingegraben ist und sich durch seine Wurzeln am Substrat festhält. Die Rhizome sind sowohl horizontal als auch vertikal dicht miteinander verflochten und bilden Strukturen von mehreren Metern Dicke (Matten). Die Färbung variiert von hellgrün bei den jungen Blättern über dunkelgrün bis hin zu bräunlich bei den ältesten Blättern. Eine *Posidonia*-Wiese kann sich über mehrere hundert Quadratmeter ausdehnen. Die Blätter werden bis zu 100 - 140 cm lang und 7 - 11 mm breit.
Unterscheidungsmerkmale: Sehr lange, bandförmige Blätter mit 13 - 17 parallelen Blattnerven, dickes Rhizom.
Biologie: Sowohl die Bedeutung von *Posidonia oceanica* für das Mittelmeer als auch die Gefahren für das Fortbestehen dieser Spezies wurden bereits in den einleitenden Kapiteln erwähnt. *Posidonia* ist eine höhere Blütenpflanze – mit Blättern, Wurzeln und Blüten (siehe Foto). Ihre Blüte (in der Regel zwischen Oktober und Dezember) ist zwar ein weit weniger seltenes Phänomen als die meisten Taucher annehmen, doch findet sie nicht alljährlich statt. Die Blütezeit hängt vor allem mit der Erwärmung des Wassers zusammen. Dies wird auch durch die Tatsache bewiesen, daß sie in südlicheren und somit wärmeren Mittelmeer-Regionen mit größerer Regelmäßigkeit zu beobachten ist. Die befruchtete Blüte zeugt schwimmende Samen, die wegen ihrer Form und schwarzen Färbung auch »Meeresoliven« genannt werden. Im Sommer werden sie oft an die Strände angespült. Die häufigste Art der Fortpflanzung verläuft bei *Posidonia* aber auf vegetativem Weg, und zwar durch die Vermehrung der Rhizome. Auf diese Weise besiedelt die Wiese langsam ihre Umgebung, sie dehnt sich sowohl entlang der Küste als auch in Richtung offenes Meer aus, solange wie ihr ausreichend Licht zur Verfügung steht. Im Herbst fallen ihre alten, braungrünlich gefärbten und mit Organismen der verschiedensten zoologischen oder botanischen Gruppen dicht verkrusteten Blätter ab und werden an die Strände gespült, wo sie oft stattliche Anhäufungen bilden. Die alten Blätter weichen neuen, lebhaft grünen Blättern, deren Farbe allerdings eher auf den Mangel an epiphytischen Organismen als auf ihr jugendliches Alter zurückzuführen ist. Ein klares Anzeichen dafür, daß sich *Posidonia*-Wiesen in der näheren Umgebung befinden, sind an Küsten angeschwemmte braune »Seebälle«, die aus abgerissenen und mit Sandkörnern vermengten *Posidonia*-Blättern bestehen.

WIRBELLOSE

23 CLATHRINA CLATHRUS

Gelber Gitterkalkschwamm

Klasse: Calcispongiae
Ordnung: Calcinea
Familie: Clatrinidae
Verbreitung: Weltweit.
Lebensraum: Ruhige und schattige Standorte wie beispielsweise Höhlen; in 5 bis 20 - 25 m Tiefe.
Beschreibung: Verkrustender Schwamm, der Polster aus feinen, ineinander verschlungenen Röhrchen bildet. Die durchscheinenden Röhrchen fühlen sich weich an, da nur die zylinderförmigen, skelettbildenden Spikel (Kalk- oder Kiesesäurenadeln) verkalkt sind. Die Ausströmöffnungen befinden sich an den Spitzen der größten Röhrchen. Färbung: sehr lebhaftes Zitronengelb. Größe: Bis zu 10 cm Durchmesser.
Unterscheidungsmerkmale: Netzstruktur aus feinen, ineinander verschlungenen Röhrchen; gelbe Farbe.
Biologie: Mitte März/April erreicht diese Spezies ihre geschlechtliche Reife. Zwischen Februar und November bilden sich ihre Eier. Die Spermatozoen werden ins Meer freigesetzt und gelangen über die Einströmporen in den Körper eines anderen Schwammes. Die Befruchtung findet im Schwammkörper statt. Aus dem befruchteten Ei entwickelt sich eine Larve, die dann freigesetzt wird.

24 OSCARELLA LOBULARIS

Fleischschwamm

Klasse: Demospongiae
Ordnung: Homosclerophordia
Familie: Oscarellidae
Verbreitung: Mittelmeer, Atlantischer Ozean.
Lebensraum: Tiefen von wenigen Metern bis in 25 - 30 m, vielleicht auch tiefer; in Höhlen, Felsspalten oder an der Basis von *Posidonia*-Algen.
Beschreibung: Verkrustender Schwamm, der den Boden mit rundlichen Lappen überzieht. Er fühlt sich glatt, beinahe samtig an. Da er kein Skelett besitzt, ist er von weicher, fleischiger Konsistenz. Die Ausströmöffnungen sitzen an den Spitzen der Lappen. Seine Färbung variiert stark und reicht von gelb-grün über rot, violett bis zu lebhaftem Blau. Blau ist die für diese Art typischste Farbe. Sie entsteht durch Pigmentteilchen, die in den Choanocyten enthalten sind und sich vorwiegend dort konzentrieren, wo das meiste Sonnenlicht hinfällt. Teilweise kann man auch zweifarbige Kolonien entdecken. Größe: 2 bis 10 cm Durchmesser.
Unterscheidungsmerkmale: Lappige Form, Ausströmöffnungen liegen an den Spitzen der abgerundeten Lappen, fleischige Konsistenz, fühlt sich aber weich und glatt an.
Biologie: Zweigeschlechtliche, lebendgebärende Spezies, deren geschlechtliche Reifezeit zwischen den Spätsommer- oder Herbstmonaten liegt. Da sie kein Skelett besitzt, vermehrt sie sich auch vegetativ. Nach einer Phase planktonischen Lebens verankert sich die Larve am Substrat.

25 CHONDRILLA NUCULA

Klasse: Demospongiae
Ordnung: Hadromerida
Familie: Chondrosiidae
Verbreitung: Mittelmeer.
Lebensraum: Felsige, lichtexponierte Böden in geringer Tiefe (von 1 bis 5 m), aber auch in Höhlen und Felsspalten.
Beschreibung: Bildet kleine längliche oder runde Polster, die starke Ähnlichkeit mit Kartoffeln haben. Die Polster sind auf verschiedenste Weise miteinander verbunden, die Umrisse jedes einzelnen Individuum sind aber deutlich erkennbar. Die Kolonien dehnen sich in der Regel horizontal aus. Der Schwamm ist zwar von fester Konsistenz, doch nicht besonders hart, da sein Skelett nur aus relativ kleinen Spikeln besteht (Mikrosklerit), die sternförmig angeordnet sind. Seine Oberfläche ist glatt und glänzend, die Färbung variiert zwischen braun und braun-grünlich. Größe: Einzelne Individuen werden 1 - 2 cm groß, mehrere Individuen können sich einige Dutzend Quadratzentimeter ausdehnen.
Unterscheidungsmerkmale: Verbund von Individuen in Form kleiner rundlicher oder länglicher Polster, glatte Oberfläche.
Biologie: Diese Art scheint über einen sehr effektiven Filterapparat zu verfügen, der ihr sogar das Überleben in stark mit Suspensionsmaterie angereicherten Gewässern erlaubt. Die Färbung des Schwamms rührt von symbiotischen Algen her. Fehlen sie, so nimmt der Schwamm eine seltsame weiße Tönung an.

26 SPIRASTRELLA CUNCTATRIX

Orangefarbener Strahlenschwamm

Klasse: Demospongiae
Ordnung: Hadromerida
Familie: Spirastrellidae
Verbreitung: Mittelmeer.
Lebensraum: Auf felsigen, schattigen Böden sowie in Höhlen oder in Felsspalten, von der Wasseroberfläche bis in 50 - 60 m Tiefe.
Beschreibung: Stark verkrustender Schwamm, der kompakte, dicke Beläge auf dem Substrat bildet. Große, einachsige Spikel, die am Ende verdickt sind, sowie kleinere sternförmige Spikel verleihen ihm eine rauhe Oberfläche. Über den ganzen Belag scheinen dicke Kanäle durch, die sternförmig auf die breiten und erhöht liegenden Osculi zulaufen und in sie münden. Seine Färbung ist rosarot, die Kanäle sind als dunkle Streifen erkennbar. Größe: *S. cunctatrix* kann mehrere Quadratdezimeter des Meeresbodens bedecken.
Unterscheidungsmerkmale: Körnige und rauhe Oberfläche, weit an der Oberfläche liegende Kanäle, die auf die deutlich sichtbaren Osculi zulaufen.
Biologie: Über die Biologie dieser Spezies ist nur wenig bekannt, doch stimmt sie weitgehend (z. B. hinsichtlich der Ernährung) mit der der Schwämme überein.

27 CLIONA CELATA

Klasse: Demospongiae
Ordnung: Hadromerida
Familie: Clionidae
Verbreitung: Mittelmeer und andere Meere.
Lebensraum: Auf Kalkgestein oder harten Substraten (Muschelschalen oder Algen); 10 m Tiefe.
Beschreibung: Kleiner, bohrender Schwamm, der winzige Kammern im Substrat aushöhlen kann (Alpha-Form) oder mit kleinen Papillen aus dem Substrat austritt (Beta-Form). Die Kolonie erscheint als weiche und fleischige Masse, die in Abhängigkeit von ihrem Lebensraum eine rundliche oder fein verzweigte Form annehmen kann. Aus dem Substrat ragt der Schwamm mit einem Röhrchen, auf dem sich das Osculum öffnet. Seine Färbung ist in der Regel gelb, manchmal aber auch rot oder rosa. Größe: 3 - 5 mm Durchmesser.
Unterscheidungsmerkmale: Kleine Löcher im Gestein, aus denen ein gelbes Röhrchen herauskommt; in seiner Mitte befindet sich das Osculum.
Biologie: Wie bereits erwähnt, handelt es sich hier um einen bohrenden Schwamm, der den Kalk mittels eines ätzenden Sekrets zersetzt. Diese Spezies kann sowohl das Gestein mit einem Netzwerk schwammerfüllter Kanäle durchdringen (Alpha-Form) als auch teilweise aus dem Substrat herauskommen (Beta-Form). Die Versorgung mit Seewasser verläuft über Einatmungspapillen; der Eintritt großer Partikel wird durch eine Art Filter verhindert.

28 AXINELLA CANNABINA

Höckriger Geweihschwamm

Verwandte Arten: *Axinella polypoides*
Klasse: Demospongiae
Ordnung: Axinellida
Familie: Axinellidae
Verbreitung: *A. cannabina*: Mittelmeer; *A. polypoides*: Mittelmeer und Nord-Ost-Atlantik von den Britischen Inseln bis Mauretanien.
Lebensraum: Felsige Böden in 20 bis 100 m Tiefe. *A. polypoides* kommt häufig an Felswänden vor, an denen sich Schlamm ablagert.
Beschreibung: *A. cannabina*: Pfahlförmige Schwämme mit einer sehr widerstandsfähigen Achse, von der kürzere, vorspringende Verzweigungen abgehen. Die Oberfläche ist mit unregelmäßig angeordneten Kämmen und Höckern besetzt. An den Zweigenden befinden sich die Osculi. *A. polypoides*: Bäumchenförmiger Schwamm mit einem mehr oder weniger langen Stamm, der in der Regel reiche Verzweigungen aufweist. Die Osculi stehen in sternförmig angeordneten Gruppen zusammen. Farbe: gelb oder orange. Größe: *A. cannabina*: bis zu 50 - 60 cm Höhe; *A. polypoides*: bis zu 20 - 50 cm.
Unterscheidungsmerkmale: *A. cannabina*: Aufrechter Stamm mit Vorsprüngen, auf denen sich die Osculi öffnen; fleischige, weiche und runde Erhebungen. *A. polypoides*: stark verzweigter Stamm, glatte Oberfläche ohne Kämme und Erhebungen, sternförmig angeordnete Osculi.
Biologie: Größtenteils unbekannt.

29 CRAMBE CRAMBE

Klasse: Demospongiae
Ordnung: Pecilosclerida
Familie: Myxillidae
Verbreitung: Mittelmeer.
Lebensraum: Gering beleuchtete Felswände, in Höhlen oder an der Basis von *Posidonia*-Algen, von wenigen Metern bis in 30 m Tiefe.
Beschreibung: Die Kolonie kann glatte, verkrustende Beläge bilden. Ihre glänzende Oberfläche ist mit Kanälen durchzogen und manchmal mit Erhebungen und Knötchen versehen. Oftmals sehen die Kolonien wie massive, lappige Gebilde aus, tatsächlich aber sind sie von weicher und dennoch zäher Konsistenz. Die Kanäle öffnen sich in deutlich sichtbare Osculi. Färbung: mehr oder weniger lebhaftes Rot. Größe: Die Kolonien können sich über 10 - 20 Quadratzentimeter ausdehnen.
Unterscheidungsmerkmale: Verkrustende oder lappige Kolonien von weicher, aber zäher Konsistenz, glänzende, von Kanälen durchzogene Oberfläche.
Biologie: Lebendgebärender Schwamm, der sich zwischen Sommer und Herbst durch den Ausstoß von Larven vermehrt. Nach einer planktonischen Phase lassen sich die Larven am Boden nieder und metamorphosieren. Diese Art wird allgemein auch Spondilo-Schwamm genannt (siehe Tafel 109), da er häufig auf der Muschel dieses Weichtiers wächst, das sich darunter völlig verbirgt.

30 PHORBAS TENACIOR

Klasse: Demospongiae
Ordnung: Pecilosclerida
Familie: Imedesmidiae
Verbreitung: Mittelmeer.
Lebensraum: Felsige Böden und in nah von der Wasseroberfläche liegenden Höhlen.
Beschreibung: Fleischige Beläge mit weicher und glänzender Oberfläche, insgesamt aber von relativ harter Konsistenz. Sie bilden 1 - 3 mm dicke Verkrustungen. Die Einströmöffnungen (Orifizien) sind in Gruppen angeordnet, die Ausströmöffnungen liegen in leicht erhöhter Position. Die ausströmenden Kanäle scheinen durch die Oberfläche durch. Färbung: hellblau, bläulich oder blau-grau. Größe: Die Kolonien bilden Beläge bis zu 2- 5 Quadratzentimeter.
Unterscheidungsmerkmale: Hellblaue Färbung, in Gruppen angeordnete Einströmöffnungen und in erhöhter Position liegende Osculi.
Biologie: Wenig bekannt.

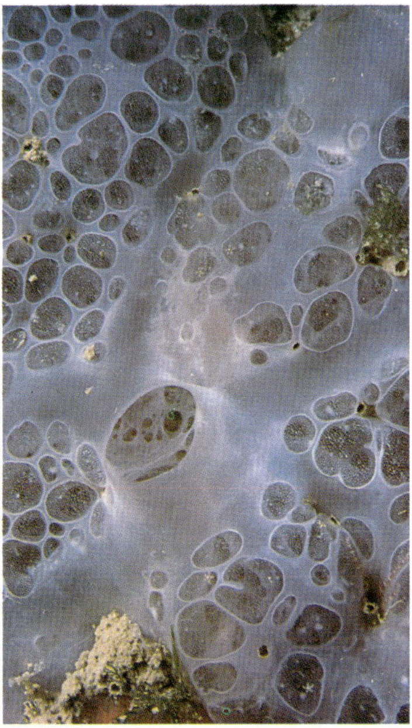
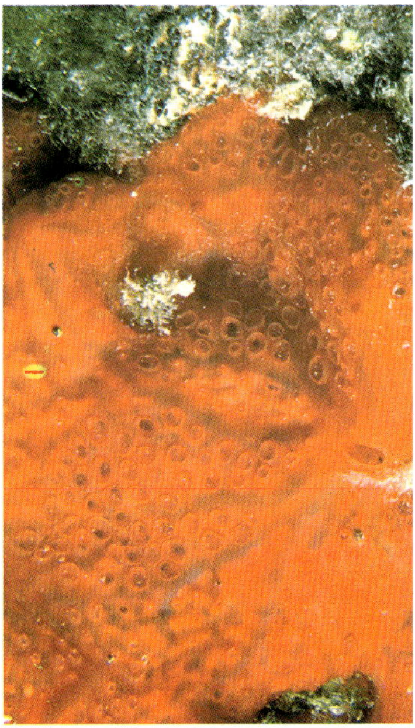

31  AGELAS OROIDES

Klasse: Demospongiae
Ordnung: Pecilosclerida
Familie: Agelasidae
Verbreitung: Mittelmeer, Ost-Atlantik von Irland bis Marokko.
Lebensraum: Felsige Böden und Höhlen, von der Wasseroberfläche bis in 50 m Tiefe.
Beschreibung: Kolonie von massiger, unregelmäßig gelappter Form. Sie bildet kurze, breite Ausstülpungen, an deren Außenseiten sich dicke und auffällige Ausströmöffnungen und kleine Papillen öffnen. Der Schwamm ist von bemerkenswert elastischer und zäher Konsistenz. Seine Oberfläche ist mit kleinen Knötchen und Höckern bedeckt. Färbung: orange oder orange-bräunlich. Größe: Bis zu 20 cm hoch.
Unterscheidungsmerkmale: Massige Kolonie, unregelmäßige und breite Lappen, die in den Ausströmöffnungen enden. Auf der Oberfläche befinden sich kleine Höcker und Knötchen.
Biologie: Wenig bekannt.

32  HEMIMYCALE COLUMELLA

Klasse: Demospongiae
Ordnung: Halichondrida
Familie: Hymeniacidonidae
Verbreitung: Mittelmeer, Atlantik.
Lebensraum: Felsige Böden oder Detritus, sowohl in gering beleuchteten als auch in sonnigen Zonen, von der Wasseroberfläche bis in 30 m Tiefe auf *Posidonia*-Rhizomen, Muscheln oder in Höhlen.
Beschreibung: Krustenbildender Schwamm, der weiche, fleischige, schleimige und sehr empfindliche Beläge bildet. Seine Oberfläche ist glatt. Die Poren, durch die das Wasser einströmt, sind als regelmäßig angeordnete braune Flecken sichtbar. Die kraterförmigen Ausströmöffnungen sind von einem hellen, erhobenen Kranz umgeben. Färbung: rosa oder orange, die Krater sind dunkler. Größe: Bis zu 10 - 15 Quadratzentimeter.
Unterscheidungsmerkmale: Kraterförmig, hat Ähnlichkeit mit einem Sieb.
Biologie: Die Fortpflanzung findet im Juli statt. Wird diese Spezies an die Oberfläche gebracht, verströmt sie einen chlorähnlichen Geruch, sobald sie mit der Luft in Berührung kommt.

33

HALICLONA MEDITERRANEA

Rosafarbener Röhrenschwamm

Klasse: Demospongiae
Ordnung: Haplosclerida
Familie: Haliconidae
Verbreitung: Mittelmeer und Atlantik.
Lebensraum: Gering beleuchtete und mit Korallen bewachsene Felswände, in 10 - 50 m Tiefe. Auch auf Geröllböden vorkommend.
Beschreibung: Bildet fleischige Beläge, die verkrusten oder sich in weichen, röhrenförmigen Auswüchsen verzweigen. Die deutlich sichtbaren Ausströmöffnungen liegen an den Spitzen der spröden Röhren, die den Betrachter an Schornsteine erinnern. Die Einströmporen sind von den Ausströmöffnungen kaum unterscheidbar. Nadelförmige Fasern verleihen dem Schwamm eine netzartige und rauhe Oberfläche. Färbung: rosa oder violett, manchmal bräunlich. Größe: Erreicht 6 - 8 cm Höhe und bildet Beläge von 10 - 20 cm Durchmesser.
Unterscheidungsmerkmale: Röhrenförmige Verzweigungen mit endständigem Osculum, rauhe und netzartige Oberfläche.
Biologie: Starke Temperaturschwankungen verursachen vermutlich bei dieser wie auch bei vielen anderen Arten derselben Gattung den Verfall.

34

PETROSIA FICIFORMIS

Feigenschwamm

Klasse: Demospongiae
Ordnung: Aploscleridien
Familie: Renieridien
Verbreitung: Mittelmeer, Ost-Atlantik.
Lebensraum: Felsige Böden, 0 - 70 m Tiefe.
Beschreibung: Schwamm von veränderlicher Gestalt, manchmal ähnelt er einer Platte, manchmal einem Geflecht aus breiten, ineinander übergehenden Verzweigungen. Seine Oberfläche ist leicht aufgerauht. Während die Einströmporen fast nicht erkennbar sind, können die Ausströmöffnungen bis zu 5 mm Durchmesser aufweisen, zudem liegt ihr Rand erhöht. Die Konsistenz ist kompakt, hart und spröde. Seine Färbung variiert von violett über rosa bis weiß. Der Durchmesser der netzartigen Kolonien beträgt bis zu 50 cm.
Unterscheidungsmerkmale: Harte und kompakte Konsistenz, rauhe Oberfläche, Einströmporen kaum sichtbar, erhobene Ausströmöffnungen.
Biologie: Sowohl für diese Spezies wie auch für viele andere Schwämme ist die Präsenz von photosynthetischen Cyanobakterien charakteristisch, die in Symbiose mit dem Oberflächengewebe des Schwamms leben. Sie sind auch die Ursache für die farblichen Veränderungen des Schwamms, der in beleuchteten Zonen violett, in Höhlen oder in schattigen Gebieten aber weiß gefärbt ist. *Petrosia* ist auch der bevorzugte Lebensraum der Leopardenschnecke *Peltodoris atromaculata* (siehe Tafel 99), die sich von ihm ernährt.

35 DYSIDEA AVARA

Klasse: Demospongiae
Ordnung: Dictyoceratida
Familie: Dysideidae
Verbreitung: Weltweit.
Lebensraum: In Höhlen oder auf sekundären Hartböden; in 30 - 70 m Tiefe.
Beschreibung: Verkrustender Schwamm, der in der Regel eine massige Kolonie bildet. Er ist lappig oder fingerförmig und mit Zweigen besetzt, die einige Zentimeter über dem Substrat in die Höhe ragen. Charakteristisch für seine Oberfläche sind 4 - 6 mm hohe, deutlich sichtbaren Zäpfchen, in denen die fein vernetzten, dem Schwamm ein zerbrechliches Aussehen verleihenden Sponginfasern enden. Wie bereits erwähnt, sind die Ausströmöffnungen die größten Poren der Schwämme. Bei *Dysidea avara* befinden sie sich am oberen Ende der fingerförmigen Fortsätze. Färbung: ein mehr oder weniger helles Violett oder Rosa. Größe: Kann Verkrustungen mit 10 - 15 cm Durchmesser bilden.
Unterscheidungsmerkmale: Gut sichtbare oberflächliche Zäpfchen, auf die die Sponginfasern zulaufen, die Sponginfasern bilden eine Netzstruktur.
Biologie: Über die Biologie ist nur wenig bekannt. Ernährung erfolgt durch Filtrierung: Begeißelte Zellen in den Atmungsporen sorgen durch ihre Schwimmbewegung für den Zustrom von Wasser, Nahrungspartikel dringen mit ein, werden von spezialisierten Zellen verdaut.

36 CACOSPONGIA SPEC.

Klasse: Demospongiae
Ordnung: Dictyoceratida
Familie: Spongiidae
Verbreitung: Mittelmeer, Ost-Atlantik (Portugal, Azoren).
Lebensraum: Felsige Böden, von der Wasseroberfläche bis in über 70 m Tiefe.
Beschreibung: Massige Kolonie, die mehr oder weniger dünne Verkrustungen produzieren kann. In der Regel bildet sie fleischige und oft gelappte Polster. Die Oberfläche ist gleichmäßig mit kleinen, ca. 1 - 2 mm hohen Zäpfchen bedeckt, die den Schwamm bei Berührung etwas rauh erscheinen lassen. Die auf der Oberfläche verteilten, im Durchmesser nur 0,7 - 1,5 mm großen Ausströmöffnungen sitzen in der Mitte von Absenkungen. Diese selbst sind glatt, da sich hier keine Zäpfchen befinden. Der Schwamm ist von weicher Konsistenz und leicht zerreißbar. Färbung: oben schwärzlich, unten weißlich. Größe: Kann höher als 20 cm werden.
Unterscheidungsmerkmale: Schwärzliche Farbe, mit kleinen Zäpfchen bedeckte Oberfläche, die Ausströmöffnungen befinden sich inmitten glatter Senken.
Biologie: Die am weitesten verbreitete Art dieser Gattung, *Cacospongia scalaris*, vermehrt sich ganzjährig. Weitere biologische Einzelheiten sind nicht bekannt.

37 SPONGIA AGARICINA

Klasse: Demospongiae
Ordnung: Dictyoceratida
Familie: Spongiidae
Verbreitung: Mittelmeer, im Ost-Atlantik wurden einige Vorkommen gemeldet.
Lebensraum: Felsige oder kiesige Böden; in 4 - 5 m bis in über 60 m Tiefe.
Beschreibung: Charakteristische Fächer- oder Kelchform. Bei beiden Formen öffnen sich die Osculi nur auf einer Seite der Oberfläche; bei der Kelchform wäre das die Innenseite. Die Ausströmöffnungen, auf die weit an der Oberfläche liegende Ausströmkanälchen zufließen, sind klein und sehr regelmäßig angeordnet. Auf der Oberfläche sitzen gleichmäßig verteilte Zäpfchen. Die Färbung variiert von grau bis zu einem mehr oder weniger dunklen Braun. Größe: Bis zu 1 m Durchmesser.
Unterscheidungsmerkmale: Fächer- oder Kelchform; kleine Osculi, die äußerst regelmäßig auf nur einer Seite der Oberfläche angeordnet sind.
Biologie: Aufgrund ihrer guten Gewebebeschaffenheit wurde diese Spezies früher für kommerzielle Zwecke stark ausgebeutet. Vermutlich vermehrt sie sich auch über Knospung.

38 SPONGIA OFFICINALIS

Badeschwamm

Klasse: Demospongiae
Ordnung: Dictyoceratida
Familie: Spongiidae
Verbreitung: Im Mittelmeer von der Wasseroberfläche bis in 40 m Tiefe. Lokale Vorkommen im Ost-Atlantik.
Lebensraum: Felsige Böden, von 0 - 40 m Tiefe.
Beschreibung: Der Schwamm ist in der Regel von massiger, abgerundeter Gestalt oder weist regelmäßige Lappen auf (besonders bei größeren Exemplaren). Über die Oberfläche sind viele Zäpfchen gleichmäßig verteilt. Die Ausströmöffnungen befinden sich an der Spitze kleiner Auswüchse. Der Schwamm ist von elastischer und weicher Konsistenz. Auf der Außenseite variiert die Färbung von weiß-gelblich bis schwärzlich, die Innenseite ist weißlich oder rostfarben. Von diesem Schwamm gibt es zwei Unterarten, die sich in ihrer Form unterscheiden: *S. officinalis adriatica* ist massig und relativ lappig. *S. officinalis mollissima* zeigt sich in fast zylindrischer Gestalt mit mehr oder minder abgeflachter oder konkaver Oberseite. Größe: Bis zu 35 cm Durchmesser.
Unterscheidungsmerkmale: Kleine, gleichmäßig verteilte Zäpfchen auf der Oberfläche, elastische und weiche Konsistenz.
Biologie: Wegen Überfischung sowie Krankheit ist der Bestand dieser Spezies merklich zurückgegangen. Regelungen für eine artgemäße Fischerei sowie Programme für ihre Wiederansiedlung werden erarbeitet.

39 

IRCINIA VARIABLIS

Variabler Lederschwamm

Klasse: Demospongiae
Ordnung: Dictyoceratida
Familie: Spongiidae
Verbreitung: Mittelmeer und weltweit.
Lebensraum: Auf gering beleuchteten felsigen Böden und in Höhlen, von der Wasseroberfläche bis in 30 - 40 m Tiefe.
Beschreibung: Verkrustende Kolonien von massiver Form. In der Regel tragen sie flache und teilweise miteinander verschmolzene Zweige, die eine Art Plattform bilden. Die Oberfläche ist mit kleinen, stumpfen Zäpfchen bedeckt, die unregelmäßig verstreut sind. Sie sind oft durch ein Netz feiner, durch die Versandung der Oberfläche weißlich gewordener Fäserchen miteinander verbunden. Der Schwamm fühlt sich rauh an, seine Konsistenz ist hart, aber elastisch. Die Färbung variiert von braun-violett über braun-rosa bis hin zu weißlich. Größe: Bis zu 15 Quadratzentimeter.
Unterscheidungsmerkmale: Oberfläche, die mit stumpfen, unregelmäßig verstreuten Zäpfchen bedeckt ist; durch Versandung weißliche Fibrillen.
Biologie: Wenig bekannt.

40 

VERONGIA AEROPHOBA

Gelber Zylinderschwamm, Gold- oder Schwefelschwamm

Klasse: Demospongiae
Ordnung: Dictyoceratidia
Familie: Verongiidae
Verbreitung: Weltweit.
Lebensraum: Felsige oder sandige Böden, zwischen *Posidonia*-Algen oder am Eingang von Höhlen, in Tiefen von wenigen Metern bis 25 - 30 m.
Beschreibung: Formt fleischige und widerstandsfähige Polster. Über das Polster ragen dicke, fingerförmige Verzweigungen, die mehr oder weniger miteinander verbunden sind und in einer Plattform enden, in deren Mitte sich das Osculum öffnet. Die Einströmöffnungen sind nicht sichtbar. Der Schwammkörper besteht nicht aus Spikeln, sondern aus verhornten Sponginfasern. Obwohl ihre aufgerichteten Endstücke kleine, stumpfe Zäpfchen an der Oberfläche ausstülpen, fühlt sich der Schwamm glatt an. Färbung: ein lebhaftes Gelb, an der Luft wird er schwarz-grünlich. Größe: Kolonien mit 10 - 25 cm Durchmesser, der fingerförmige Fortsatz wird 3 - 4 cm hoch.
Unterscheidungsmerkmale: Fingerform mit dicken, aufrechten Röhren, die Osculi befinden sich auf den abgeflachten Spitzen, glatte und schlüpfrige Oberfläche, wird an der Luft schwarz.
Biologie: Diese Spezies lebt in Symbiose mit Blaualgen, die sich in den Zellen der Außenschicht des Schwamms ansiedeln.

PLUMULARIA SPEC.

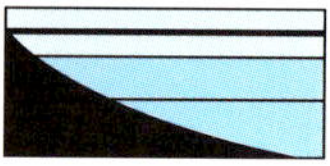

Klasse: Hydrozoa
Ordnung: Hydroidea
Familie: Plumulariidae
Verbreitung: Mittelmeer, Nord-Ost-Atlantik.
Lebensraum: Felsige Böden oder harte Substrate, in Tiefen von wenigen Metern bis 40 - 50 m und tiefer.
Beschreibung: Die wichtigsten Merkmale der abgebildeten Organismen werden im Abschnitt »Unterscheidungsmerkmale« behandelt. Hier wollen wir uns auf die generelle Morphologie der Arten dieser Klasse beschränken, denn jeder Versuch einer Synthese könnte bei solch komplexen Lebewesen nur unvollständig ausfallen. Die Hydrozoen sind Organismen mit einer strahlenförmigen Symmetrie, die einen Generationswechsel von Medusen (Quallen) zu Polypen erfahren (siehe Abschnitt »Biologie«). Hier sind ausschließlich die Polypen abgebildet, denn sie können von Tauchern am leichtesten beobachtet werden. Die Polypen sind in der Regel in einer Kolonie vereint, die einer fadenförmigen, am Substrat haftenden Struktur entspringt. Dieser Struktur entwächst ein Stamm (Hydrocaule), der die einzelnen Polypen entweder selbst oder auf seinen Verzweigungen trägt. Die Kolonien, die man entdecken kann, verlaufen meist horizontal. Sie können aber auch aufrecht stehen und einem stark verzweigten Bäumchen ähneln (z.B. *Eudendrium sp.*, *Sertularella sp.*) oder einer Feder mit regelmäßigen seitlichen Verzweigungen am Stiel (*Aglaophenia sp.* und *Plumularia sp.*). Die Polypen, die diese Kolonien bilden, haben in der Regel einen spindelförmigen Körper, ihr Mund ist mit Tentakeln unterschiedlichster Form umgeben. Die Gattung *Sertularella* mißt bis zu 10 - 15 cm Höhe, einige Arten der Gattung *Eudendrium* auch 20 cm.
Unterscheidungsmerkmale: *Eudendrium* (Foto unten): baumartige Kolonien, die unregelmäßig verzweigt und mit einer chitinösen Substanz überzogen sind. Die spindelförmigen Polypen besitzen etwa 30 Tentakel. *Plumularia* (Foto ganz oben links): federkielförmige Kolonien, deren Polypen von einer chitinösen Schicht geschützt werden. Die Polypen sind stets nebeneinander auf nur einer Seite eines jeden Astes angeordnet. *Sertularella* (Foto oben rechts): einfacher oder wechselständig verzweigter Stamm. Seine Zweige tragen in wechselnder Anordnung die Polypen, die durch eine becherförmige Erweiterung (Theca) geschütztet sind. *Aglaophenia* (Foto Mitte links): Federförmige Kolonie in aufrechter Haltung, steifer als *Plumularia* und 2 - 3 mal länger als breit.
Biologie: Charakteristisch für die Hydrozoen ist ein Generationswechsel während ihres Lebenszyklus. Auf der erwachsenen festsitzenden Kolonie bilden sich Vermehrungsorgane aus, die bei ihrer Reife die freischwimmenden Medusen über eine sogenannte laterale Knospung freisetzen. Die Medusen vermehren sich geschlechtlich, indem sie Gameten entlassen. Aus den befruchteten Eizellen entwickeln sich Larven, die zunächst planktisch leben, sich später mit dem aboralen Pol an ein geeignetes Substrat heften und durch vegetative Vermehrung eine Polypenkolonie bilden. Hydrozoen sind im wesentlichen Fleischfresser. Ihre Beute fangen sie mit ihren nesselzellenbewehrten Tentakeln.

42

AURELIA AURITA
Ohrenqualle

Klasse: Scyphozoa
Ordnung: Semaeostomea und Rhizostomea
Familie: Pelagidiae, Rizostomatidiae
Verbreitung: Weltweit *(A. aurita* und *Pelagia noctiluca)*; Mittelmeer und Atlantik *(Rhizostome pulmo)*; Mittelmeer *(Cothylorize tubercolata)*.
Lebensraum: Pelagisch, von der Wasseroberfläche bis in einige Meter Tiefe. Häufig in Küstennähe vorkommend.
Beschreibung: Hauptmerkmal dieser Organismen ist ein Schirm von teils beachtlichen Ausmaßen, der mit Tentakeln in verschiedenster Form versehen ist. Die vier Arten gehören zu den im Mittelmeer verbreitetsten Quallen und sind relativ leicht zu erkennen. *A. aurita* hat einen weichen, gallertartigen Schirm in Form eines Tellers. Kurze, hohle Tentakel lassen seinen Rand ausgefranst erscheinen. Im Zentrum direkt unter dem Schirm befinden sich vier Mundarme. Die Färbung ist weißlich oder durchscheinend rosa-violett und läßt vier hufeisenförmige Gonaden erkennen, die der Qualle ihre typische Zeichnung geben. *P. noctiluca* hat einen pilzförmigen Schirm, übersät mit Nesselzellen enthaltenden Warzen. Von seinem gewellten Rand gehen lange, feine Tentakel ab. In seiner Mitte sind vier stark entwickelte Mundarme mit ausgefransten Rändern zu erkennen, die den Mund verlängern. Die Qualle nesselt sehr schmerzhaft. Färbung: rosa oder braun-gelblich. *C. tubercolata* ist scheibenförmig. Ihr Schirm ist konvex und in der Mitte vertieft, seine Ränder sind ausgefranst. Die acht Mundarme sind stark verzweigt und haben kurze Tentakel, die in weißen oder blauvioletten Scheibchen enden. *R. pulmo* besitzt einen dicken, glockenförmigen Schirm mit einem sehr konvexen Profil. Ihre Konsistenz fühlt sich membranartig und zäh an (die äußere Oberfläche nesselt nicht). Die acht Mundarme sind dick und stark ausgefranst. Die Färbung ist weißlich opak mit blauen Reflexen. Die Ränder des Schirms sind blau-violett. Größe: *A. aurita* (links unten): bis 40 cm Durchmesser; *P. noctiluca* (oben): 30 cm; *C. tubercolata* (rechts unten): 30 cm; *R. pulmo* (Mitte): 60 cm.
Unterscheidungsmerkmale: Die jeweilige Form und Färbung.
Biologie: Bei dieser Klasse dominiert die Medusengeneration, die Polypenphase ist entweder nur sehr kurz oder gar nicht vorhanden. Die Entwicklung der Medusen erfolgt sowohl direkt (*P. noctiluca*) als auch durch einen Generationswechsel (bei den anderen beschriebenen Arten): Der festsitzende Polyp erzeugt vegetativ durch Strobilitation (Knospung bei Hydrozoa) die freischwimmende Meduse, aus den Eiern der Meduse geht über eine Larve (Ephyr) wieder der Polyp hervor. In der Regel ernähren sich diese Arten von kleinen Organismen, die sie mit ihren nesselzellenbewehrten Tentakeln einfangen (sehr schmerzhaft vor allem bei *P. noctiluca*). Die größeren Arten wie *R. pulmo* und *C. tubercolata* ernähren sich im wesentlichen von Plankton, das sie über eine Reihe von Einströmöffnungen, die auf den verzweigten Auswüchsen der Tentakel verteilt sind, aufnehmen. Unter der Glocke von Medusen halten sich häufig kleine Fische z. B. junge Bastardmakrelen auf, die zwischen den nesselnden Tentakeln Schutz vor Freßfeinden suchen.

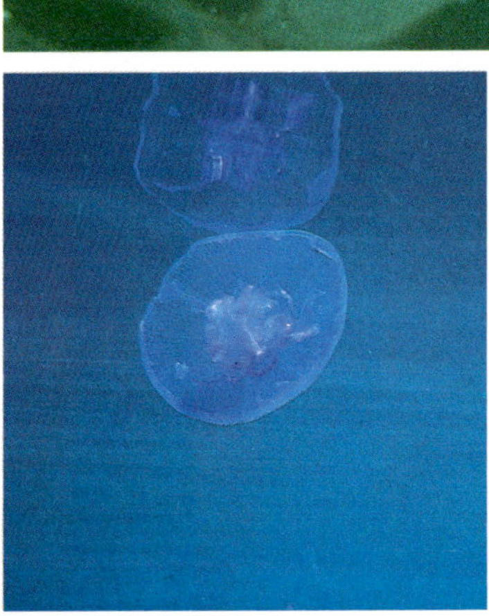

43 VELELLA VELELLA

Segelqualle

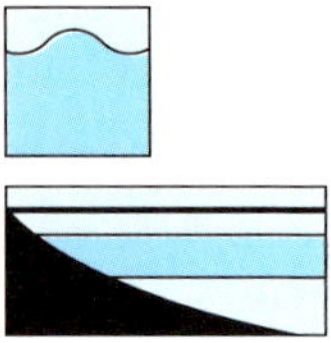

Klasse: Hydrozoa
Ordnung: Siphonophora
Familie: Chondrophoae
Verbreitung: Weltweit
Lebensraum: Lebt in der offenen See, wird aber durch Winde und Strömungen an die Küste getrieben.
Beschreibung: Die Segelqualle ist kein Individuum, sondern eine Kolonie von Polypen, die sich auf unterschiedliche Aufgaben spezialisiert haben. Einige bilden z.B. Luftkammern, welche die Kolonie von der Wasseroberfläche halten und eine ovale Schwimmscheibe bilden, aus deren Mitte ein membranartiges, dreieckiges »Segel« leicht in die Höhe ragt. Der untergetauchte Teil trägt eine ganze Reihe von Tentakeln - tatsächlich aber sind es kleine Polypen, die in spezialisierten Gruppen für die Vermehrung, Nahrungsaufnahme und Verteidigung sorgen. In jedem Element dieser Kolonie sind symbiotische Algen vorhanden (Zooxanthellen). Färbung: weißbläulich. Größe: Wird bis zu 7 cm lang.
Unterscheidungsmerkmale: Ovale Scheibe mit dreieckigem Segel, darunter hervorstehende Tentakel.
Biologie: Diese ausgesprochen makroskopische Hydrozoe unterliegt einem Generationswechsel. Der im Wasser schwimmende Teil stellt die Polypengeneration dar, die kleine freischwimmende, glockenförmige Medusen zeugt. Bei Geschlechtsreife entlassen diese die Gameten ins Meer. Auch die Medusen besitzen symbiotische Algen. Die Spezies ernährt sich von Zooplankton.

44 LOPHOGORGIA CERATOPHYTA

Orangerote Gorgonie

Klasse: Anthozoa
Ordnung: Octocorallia, Gorgonacea
Familie: Gorgoniidae
Verbreitung: Mittelmeer.
Lebensraum: Geröllböden oder Substrate, die mit Sand oder Schlamm bedeckt sind, in 25 bis über 100 m Tiefe.
Beschreibung: Kolonie mit unregelmäßigen seitlichen Verzweigungen, vorwiegend mit langen, flachen und 4 - 5 mm dicken Hauptzweigen. Die endständigen Zweige sind sehr dünn (0,5 mm) und fast spitz. Charakteristisch für die Oberfläche der Zweige ist eine Reihe sehr feiner Streifen. Die schwärzliche und feine Achse des Skeletts ist mit einer schwammigen Gewebemasse umgeben. Die kleinen Polypen sind in zwei seitlichen Reihen entlang der Zweige angeordnet, die kleinsten Zweige erscheinen gezähnt. Färbung variiert von weiß über gelb bis zu einem mehr oder minder intensiven Rot, die Polypen sind weiß. Wird bis etwa 1 m hoch.
Unterscheidungsmerkmale: Vorwiegend lange Zweige, sehr feine endständige Äste. Die Polypen sind in zwei seitlichen Reihen angeordnet.
Biologie: Über die Biologie dieser Spezies ist nur sehr wenig bekannt. Ihre ziemlich kleinen Polypen (1 - 1,5 mm) können nur sehr kleine Beute fangen. Daraus erklärt sich die Vorliebe dieser Spezies für Gebiete, in denen das Wasser reich an Zooplankton ist und ständig umgewälzt wird.

45

CORALLIUM RUBRUM

Edelkoralle

Klasse: Anthozoa
Ordnung: Octocorallia, Gorgonacea
Familie: Coralliidae
Verbreitung: Mittelmeer, Ost-Atlantik.
Lebensraum: Felsige Böden in schattiger Lage, in Höhlen oder Felsspalten. Gewöhnlich in 15 bis über 100 m Tiefe.
Beschreibung: Baumförmige Kolonie, die sich auf mehreren Ebenen verzweigt und mehrere Korallenstöckchen bildet. In der Regel ist sie rot gefärbt, doch gibt es zahlreiche Variationen (von dunkelrot, fast schwarz bis zum seltenen Weiß). Die Polypen sind weiß und verfügen über acht flossenförmige Tentakel. Das harte, aber zerbrechliche Kalkskelett ist mit Coenosark, einer weichen Gewebeschicht, bedeckt. Größe: Kann 20 - 30 cm Höhe überschreiten.
Unterscheidungsmerkmale: Baumförmig, Verzweigungen über mehrere Ebenen, harte Konsistenz, weiße Polypen.
Biologie: Die (geschlechtliche) Vermehrung der Koralle erfolgt über Larven, die sich nach einer etwa einen Monat dauernden embryonalen Phase und einigen Tagen planktonischen Lebens am Substrat verankern. Der Ort ihrer Ansiedlung muß Bedürfnissen wie geringer Beleuchtung, konstanter Salinität und minimaler Wasserbewegung präzise gerecht werden. Das erklärt auch ihr häufiges Vorkommen in Höhlen. Um zu vermeiden, daß sie mit Sedimenten bedeckt wird, ist das Wachstum der Koralle nach unten gerichtet. In einem Zeitraum von zehn Jahren wächst sie um ungefähr 3 - 4 cm.

46

PARAMURICEA CLAVATA

Rote Gorgonie, Farbwechselnde Gorgonie

Klasse: Anthozoa
Ordnung: Octocorallia, Gorgonacea
Familie: Paramuriceidae
Verbreitung: Mittelmeer
Lebensraum: Korallenböden, von 30 bis in 100 m Tiefe.
Beschreibung: Sehr große Kolonie, die typische, auf einer Ebene angeordnete Fächer mit dichten, unregelmäßigen und oft miteinander verbundenen Verzweigungen bildet. Ihre primären und sekundären Zweige sind biegsam und fein, die endständigen Äste sind kurz und keulenförmig. Das Hornskelett kann an seiner Basis 3 - 4 cm dick werden. Die Oberfläche ist durch Spikel aufgerauht, die sich auch an der Fußscheibe der Polypen befinden und diese schützen sollen. Die Polypen sind vollständig einziehbar. Färbung: dunkelrot, purpur oder violett. In einigen Fällen kann man auch zweifarbige Kolonien beobachten: rot und gelb. Die Polypen sind gelblich. Größe: Bildet 1 m hohe und breite Fächer.
Unterscheidungsmerkmale: Dunkelrote Färbung, unregelmäßige, teilweise dichotome Verzweigungen, die oft ineinander übergehen.
Biologie: Die Art der Fortpflanzung ist vermutlich der anderer Gorgonaceen ähnlich. Die Larve stellt präzise Anforderungen an ihren Lebensraum. Die Wachstumsgeschwindigkeit ist variabel, unter optimalen Bedingungen scheint sie aber bei 6 cm jährlich zu liegen. Die herrlichen Farben dieser Koralle verschwinden außerhalb des Wassers.

47

EUNICELLA CAVOLINII

Gelbe Gorgonie

Verwandte Arten: *Eunicella singularis* (Weiße Gorgonie), *Eunicella verrucosa* (Seefächer)
Klasse: Anthozoa
Ordnung: Gorgonaria
Familie: Plexauridae
Verbreitung: Mittelmeer *(E. cavolinii, E. singularis)*; Mittelmeer und Ost-Atlantik von den Kanaren bis zu den Britischen Inseln *(E. verrucosa)*. Im östlichen Mittelmeer scheinen diese Arten nicht oder nur selten vorzukommen.
Lebensraum: Felsige Böden oder harte Substrate, von Spezies zu Spezies unterschiedliche bathymetrische Verbreitung: *E. cavolinii* (10 - 150 m), *E. singularis* (10 - 50 m), *E. verrucosa* (von 20 - 30 m bis in 200 m Tiefe).
Beschreibung: Baumförmige Kolonie mit Hornskelett. Jede Spezies verzweigt sich zwar unterschiedlich, doch befinden sich fast alle Zweige auf einer Ebene und in senkrechter Position zur Strömung. *E. cavolinii* (Foto oben) bildet viele Äste aus, die sich häufig dichotom verzweigen. Die biegsamen Äste erscheinen an den Stellen, an denen die Polypen sitzen, leicht warzig. Ihre Färbung ist gelb mit vielen Intensitätsabstufungen. *E. singularis* (Foto links unten) bringt weniger stark verzweigte Kolonien als die *E. cavolinii* hervor. Ihre Zweige sind in zueinander parallelen Bündeln angeordnet. Die Polypen sind braun und ziehen sich in gering vorstehende Kelche zurück, so daß die Oberfläche dieser Gorgonie fast glatt erscheint. Die Färbung ist weißlich oder grünlich. *E. verrucosa* (Foto unten rechts) bildet Kolonien in Form breiter, reich verzweigter Fächer. Die vielen dicht beieinanderstehenden Polypen, deren kegelförmige Fußscheibe leicht erhoben ist, verleihen der Gorgonie eine rauhe Oberfläche. Färbung: schneeweiß. Größe: Variabel, im Durchschnitt werden alle Exemplare bis zu 30 - 40 cm hoch, *E. singularis* bis zu 50 cm.
Unterscheidungsmerkmale: Farbe sowie die Art der Verzweigung und die Anordnung der Äste.
Biologie: Die Vermehrung erfolgt über Eier, aus denen sich planktonische Larven entwickeln. Larven von *E. cavolinii* und *E. singularis* – letztere ist als eingeschlechtliche Spezies bekannt – wurden zwischen Juni und Juli gesichtet. Ein charakteristisches Merkmal für die weißen Gorgonien ist die Präsenz symbiotischer Algen, die sich in ihrem Gewebe niederlassen. Dies erklärt zum einen ihre manchmal auch grünliche Färbung, zum anderen ihre Vorliebe für gut erhellte und weit an der Oberfläche liegende Lebensräume, denn im allgemeinen bevorzugen die Gorgonien eher schattige Gebiete. Die Nahrung besteht aus planktonischen Organismen, die von den Polypen gefangen werden. Bei *E. cavolinii* hängt die Öffnung der meisten ihrer Polypen wahrscheinlich von physiologischen Bedürfnissen ab. So hat man zum Beispiel festgestellt, daß über die Dauer von vier Stunden nur 7 % der Polypen durchweg geöffnet sind. Öffnen sich dann aber auf einem Zweigabschnitt Polypen, so setzt sich die Öffnung schlagartig über die ganze Kolonie fort.

48 ALCYONIUM PALMATUM
Meerhand

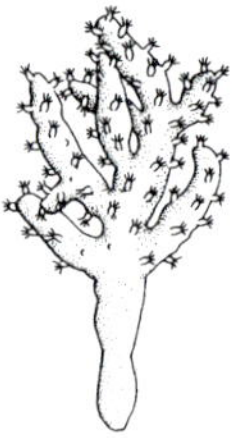

Klasse: Anthozoa
Ordnung: Alcyonaria
Familie: Alcyonidae
Verbreitung: Mittelmeer.
Lebensraum: Schlammige oder sandige Böden sowie auf Detritus; in 7 - 10 m bis 200 m Tiefe.
Beschreibung: Aufrechte, nicht sehr massige Kolonie. Ihr Skelett besteht aus Kalkspikeln, die im Gewebe verteilt sind. Am Substrat haftet sie über einen basalen Stiel, von dem fingerförmige Verzweigungen ausgehen; auf dieser Form beruht ihr umgangssprachlicher Name »Totenhand«. Die Färbung variiert zwischen blaßrosa und dunkelrot. Die Polypen sind weißlich durchscheinend und besitzen acht Tentakel mit 11 - 13 seitlichen Fiederchen. Dieser Koralle ähnlich ist *A. acaule*, die in der Regel auf felsigen Böden in Tiefen von 10 - 15 m bis 130 m lebt. Sie hat gelbe Polypen und bildet dunkelrote Kolonien aus.Größe: Kann 20 cm Höhe überschreiten.
Unterscheidungsmerkmale: Fingerförmige Kolonien, ihr basaler Trakt ist heller und trägt keine Polypen.
Biologie: Diese Spezies gehört derselben Ordnung wie die tropischen Weichkorallen an. Ihre Fortpflanzung verläuft geschlechtlich. Die Eier reifen zwischen Spätfrühling und Sommer. Ihr bäumchenförmiges und pralles Aussehen rührt von der Fähigkeit her, Wasser zu absorbieren, wodurch das Gewebe aufgeschwemmt wird.

49 PARERYTHROPODIUM CORALLOIDES
Falsche Edelkoralle

Klasse: Anthozoa
Ordnung: Alcyonaria
Familie: Alcyonidae
Verbreitung: Mittelmeer, im Nord-Ost-Atlantik von den Britischen Inseln bis zur afrikanischen Küste.
Lebensraum: Auf harten Substraten, überzieht vorwiegend abgestorbene Gorgonien; in wenigen Metern bis über 100 m Tiefe.
Beschreibung: Aus fleischigen Blättern und Lappen bestehende Kolonie, ähnlich einer kleinen *Alcyonium* (siehe Tafel 48). Im Mittelmeer formt sie häufig auf harten Substraten verschiedenster Natur verkrustende Gebilde, die im Wechsel glatte und verdickte Abschnitte aufweisen. An den verdickten Sektoren konzentrieren sich die Polypen, die glatten, manschettenähnlichen Abschnitte sind frei von Polypen. Die Färbung variiert zwischen lebhaftem Rot oder Purpurrot und weiß. Die Polypen sind weiß oder gelblich und stehen oft in starkem Kontrast zur Grundfarbe der Kolonie. Größe: Je nach Art des Substrats unterschiedlich. Die fleischigen, lappigen Kolonien messen maximal 3 - 4 cm im Durchmesser.
Unterscheidungsmerkmale: Manschettenartige Verkrustungen auf den Gorgonien, kontrastierende Farbe der Polypen, harte und rauhe Oberfläche.
Biologie: Die von den befruchteten Eiern gezeugte planktonische Larve sinkt auf den Meeresgrund und begibt sich auf die Suche nach einem geeigneten Substrat, in der Regel harte Skelette abgestorbener Korallen und Gorgonien.

50 CONDYLACTIS AURANTIACA
Sandgoldrose

Klasse: Anthozoa
Ordnung: Actiniaria
Familie: Actiniidae
Verbreitung: Mittelmeer.
Lebensraum: Sand- oder Geröllböden in 1 bis 10 m Tiefe. Einige Forscher vermuten sie auch in 80 m Tiefe.
Beschreibung: Mit einer robusten basalen Fußscheibe heftet sich die Seeanemone in der Regel an Steine oder eingegrabene Muscheln. Ihr zylindrischer, säulenförmiger Körper liegt weitgehend im Sediment verborgen. Sichtbar sind nur die einziehbaren, relativ kurzen (5 - 7 cm), breiten und fingerförmigen Tentakel. Die Anzahl der Tentakel beläuft sich auf etwa 100 Stück, die in vier Reihen angeordnet sind. Auf dem oberen Teil des säulenförmigen Körpers sitzen Saugnäpfe, die wahrscheinlich die Haftung am Substrat verstärken. Körper weiß gefärbt mit orangefarbenen oder roten Längsstreifen, Tentakel grün-bräunlich oder gräulich mit dunklen Ringen und violetten Spitzen. Der Mund ist violett. Größe: Bis zu 7 - 10 cm Durchmesser.
Unterscheidungsmerkmale: Kurze, breite und einziehbare Tentakel; auf dem Substrat aufliegender, fangarmartiger Kranz, versteckt liegender säulenförmiger Körper.
Biologie: Die Spezies ist eierlegend oder lebendgebärend, vermutlich je nach Umweltbedingungen. Reife Eier wurden zwischen Frühling und Sommer, Larven zwischen Februar und April beobachtet.

51 ACTINIA EQUINA
Purpurrose, Erdbeerrose

Verwandte Arten: *Actinia cari*
Klasse: Anthozoa
Ordnung: Actiniaria
Familie: Actiniidae
Verbreitung: Im Mittelmeer und Nord-Ost-Atlantik von den russischen Küsten bis zu den nördlichen Küsten Westafrikas.
Lebensraum: Felsige Küsten, an der Oberfläche bis 2 m Tiefe.
Beschreibung: Breite haftende Basis in Form eines Saugnapfs, von der sich ein glattwandiger säulenförmiger Körper erhebt. Die zahlreichen (etwa 200), aber kurzen Tentakel sind in sechs konzentrischen Reihen angeordnet. Das Tier kann sich bei Störung ballförmig einstülpen; daher auch die Bezeichnung »Tomate«. Färbung: lebhaft rot. Auf ihrem oberen, außerhalb der Tentakelkränze gelegenen Rand befinden sich 26 blaue Punkte. *A. equina* sehr ähnlich ist die Spezies *A. cari*. Sie unterscheidet sich hauptsächlich durch ihre grüne Färbung sowie durch konzentrische Streifen auf ihrem Körper. Größe: Bis zu 7 cm Durchmesser und 5 cm Höhe.
Unterscheidungsmerkmale: Zahlreiche einziehbare Tentakel, Nesselwarzen auf den Rändern, äußerer Saugnapfrand ist bläulich.
Biologie: Die Befruchtung verläuft bei dieser getrenntgeschlechtlichen Spezies im Körper. Später werden die Larven von einer erwachsenen Actinidie eingesogen und bleiben bis zu ihrer vollständigen Entwicklung in deren Körperinnern.

52 ANEMONIA SULCATA

Wachsrose

Klasse: Anthozoa
Ordnung: Actiniaria
Familie: Actiniidae
Verbreitung: Mittelmeer und im Ost-Atlantik von Gibraltar bis zum Ärmelkanal und teilweise bis zur britischen Küste.
Lebensraum: Harte Substrate; 0 - 25 m Tiefe.
Beschreibung: Kennzeichnend sind die in sechs Kreisen angeordneten, langen Tentakel (bis zu 200 Stück), die – besonders nachts – nur teilweise eingezogen werden können. Die Basis haftet fest am Substrat und ist breiter als der säulenförmige Körper, der in der Regel vom Tentakelkranz verborgen wird. Färbung von grün über braun zu gräulich. Die Tentakel weisen die gleiche Farbe auf wie der Körper, ihre Spitzen sind aber rosa oder violett. Diese Art nesselt stärker als *Actinia equina*. 20 - 30 cm Durchmesser.
Unterscheidungsmerkmale: Tentakel sind nicht einziehbar, violette Tentakelspitzen.
Biologie: Diese Spezies ist getrenntgeschlechtlich, Eier zwischen Mai und Juli. Vermehrung auch ungeschlechtlich möglich. Die Art ernährt sich von kleinen Wirbellosen, Fischen und Krustentieren. Wegen symbiotischer Algen in den Tentakeln bevorzugt sie lichtexponiertes Substrat. Bei den Wachsrosen sieht man gelegentlich Fische, z. B. Anemonengrundel oder Krebse wie Partnergarnelen, die nicht von den Nesselzellen angegriffen werden, jedoch zwischen den Tentakeln vor Feinden geschützt sind.

53 ALICIA MIRABILIS

Wunder-Anemome

Klasse: Anthozoa
Ordnung: Actiniaria
Familie: Aliciidae
Verbreitung: Mittelmeer, Rotes Meer, tropischer Atlantik, Karibik.
Lebensraum: Auf felsigen Korallenmoosböden, auf sandig-schlammigen Böden am Sockel tiefer Kliffe oder inmitten von *Posidonia*-Wiesen, 10 - 50 m Tiefe.
Beschreibung: Das Äußere des Tieres verändert sich von der Nacht zum Tag auf drastische Weise. Am Tag zieht es sich zusammen und nimmt eine braune, mit Knötchen bedeckte Kegelgestalt an, die stark an einen Blumenkohl erinnert. In der Nacht verwandelt es sich in eine Art Säule, die mit blumenförmigen Tuberkeln und Höckern übersät ist. Auf der Spitze der Säule sind über 96 Tentakel, die, ebenso wie die Auswüchse der Säule, sehr stark nesseln. Die Säule ist grün-gelblich gefärbt, die Tuberkel golden oder orangefarben. Höhe 40 cm.
Unterscheidungsmerkmale: In kontrahiertem Stadium ähnelt sie einem kegelförmigen Blumenkohl, bei Nacht einer Säule mit auffälligen Tuberkeln; durchscheinende Tentakel.
Biologie: Diese Spezies jagt bei Nacht, indem sie ihre Tentakel ausbreitet. Ist die Beute (kleine Fische und Plankton-Organismen) gefangen, wird sie von den Tentakeln zum Mund geführt. *A. mirabilis* ist getrenntgeschlechtlich eierlegend. Reife Eier sind zwischen Juni und Oktober beobachtet worden. Die Spezies gilt als gefährlich.

54 AIPTASIA MUTABILIS
Siebanemone

Klasse: Anthozoa
Ordnung: Actiniaria
Familie: Aiptasiidae
Verbreitung: Mittelmeer, Ost-Atlantik, Ärmelkanal bis Westafrika.
Lebensraum: Felsige Böden oder harte Substrate, in geschützten Ausbuchtungen, Felsspalten oder zwischen Algen; von der Wasseroberfläche bis in 25 - 30 m Tiefe.
Beschreibung: Die Haftscheibe dieser Spezies ist von geringerem Durchmesser als ihr säulenförmiger Körper. Auf der unteren Körperhälfte erkennt man kleine Haftpapillen. Die etwa 100 verschieden großen und einziehbaren Tentakel sind an ihrer Basis breit und verjüngen sich zu feinen Spitzen. Die Säule ist braun und weist purpurne Nuancierungen an der Basis sowie weißliche Streifen auf. Die Tentakel sind bräunlich, transparent und gemasert, die Tentakelspitzen weißlich. Ähnlich ist die Art *A. diaphana*, die in geringeren Tiefen lebt. Sie unterscheidet sich durch einheitlich beige oder gelbliche Färbung und spitze Tentakel. Bis zu 15 cm.
Unterscheidungsmerkmale: Lange, durchscheinende Tentakeln, bei Störung stößt sie weiße Fäden aus (Akontien), die Basis ist kleiner als die Tentakelscheibe.
Biologie: Getrenntgeschlechtliche und eierlegende Spezies. Manche Forscher halten sie für lebendgebärend. Wahrscheinlicher ist aber, daß sie sich ungeschlechtlich durch die Spaltung der Säule in zwei Teile vermehrt.

55 CALLIACTIS PARASITICA
Schmarotzerrose

Klasse: Anthozoa
Ordnung: Actiniaria
Familie: Hormatiidae
Verbreitung: Mittelmeer, im Nord-Ost-Atlantik bis zum Ärmelkanal.
Lebensraum: Typisch ist ihre Vergesellschaftung mit dem Einsiedlerkrebs *Dardanus arrosor* (siehe Tafel 124), gewöhnlich in 20 bis 50 m Tiefe auf Geröllböden oder Korallengrund.
Beschreibung: Der robuste und zylindrisch-säulenförmige Körper ist mit einer breiteren, fest haftenden Fußscheibe ausgestattet. Die Scheibe am oberen Säulenende erscheint leicht konkav und trägt zahlreiche einziehbare Tentakel (bei größeren Exemplaren bis zu 700) von bis zu 3 cm Länge. Die Säule selbst ist gelblich oder bräunlich und braun gestreift oder rot mit 10 - 12 Längsstreifen. Tentakel weißlich oder gelblich und orangefarben. Größe: Bis zu 8 cm Durchmesser.
Unterscheidungsmerkmale: Zahlreiche und einziehbare Tentakel, bei Störung stößt sie weiße, nesselnde Fäden aus, lebt fast immer in Symbiose mit einem Einsiedlerkrebs.
Biologie: Diese Art ist dafür bekannt, daß sie mit Einsiedlerkrebsen eine Symbiose eingeht, die gegenseitigen Nutzen bringt: Dem Krebs bietet die Seeanemone Schutz vor Angriffen, und durch den Krebs wiederum ist die Seeanemone beweglich, so daß ihre Nahrungsfindung erleichtert wird. *Actiniaria* vermehrt sich, indem sie im Sommer (Juli und August) Eier legt.

56 ADAMSIA CARCINIOPADOS

Mantelaktinie

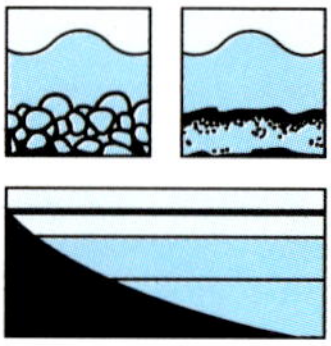

Klasse: Anthozoa
Ordnung: Actiniaria
Familie: Hormatiidae
Verbreitung: Mittelmeer, im Ost-Atlantik von Norwegen bis Marokko.
Lebensraum: Auf Detritus, sandigen oder steinigen Böden; in wenigen Metern bis in über 200 m Tiefe.
Beschreibung: Basis und unterer Teil des säulenförmigen Körpers erweitern sich so, daß die Muschel, in der der Einsiedlerkrebs *Pagurus prideaux* (siehe Tafel 125) lebt, mit zwei Lappen umschlossen wird. Die Säule selbst ist kurz und zylinderförmig. Wird die Anemone gestört, so schleudert sie zu ihrem Schutz sofort feine Fäden (Akontien) aus. Ihre Tentakeln sind nach unten gerichtet. Die Färbung variiert zwischen gelb und hellbraun mit roten Flecken. Die Akontien sind rosa. Größe: Bis zu 10 cm Durchmesser.
Unterscheidungsmerkmale: Lebt in Vergesellschaftung mit dem Einsiedlerkrebs; rot gefleckte Färbung.
Biologie: Im Gegensatz zu allen anderen Actiniarien mit Einsiedlerkrebsen bildet diese Art an ihrer Basis eine chitinöse Membran aus, die die Muschel vollkommen umschließen kann. So bietet sie dem Krebs, der andernfalls in regelmäßigen Intervallen umziehen müßte, Schutz. *A. carciniopados* und *P. prideaux* könnten ohne einander kaum existieren.

57 CORYNACTIS VIRIDIS

Juwelenanemone

Klasse: Anthozoa
Ordnung: Corallimorpharia
Familie: Corallimorphidae
Verbreitung: Mittelmeers und Atlantischer Ozean.
Lebensraum: Felswände und steile, künstliche Substrate (z. B. Wracks). 0 - 100 m Tiefe, bewegte und lichtarme Gewässer.
Beschreibung: Kleine isolierte Anemonen oder Kolonien aus wenigen Individuen, die sehr dicht beieinander wachsen und weite Oberflächen bedecken können. Die Spitzen ihrer etwa 100 Tentakel sind mit kleinen Knöpfen (Akrospheren) besetzt. Die Tentakel sind in drei Reihen angeordnet. Ihre Größe nimmt vom äußeren zum inneren Kranz hin ab, so daß sie schließlich nur noch knopfgroß sind. Die Färbung reicht von grün über rosa bis hin zu violett, die Tentakelspitzen sind heller. Der Durchmesser beträgt ca. 1 cm.
Unterscheidungsmerkmale: Kranzförmig in mehreren Reihen angeordnete Tentakel mit kleinen endständigen Knöpfen.
Biologie: Diese Spezies gedeiht unter ausgeprägten hydrodynamischen Bedingungen (Strömungen und Wellen) und bei geringer Helligkeit. Über ihre Biologie ist nur wenig bekannt. Sie scheint sich über Längsspaltung zu vermehren, wobei sich die neu entwickelten Individuen aber nicht immer abtrennen. Oft bleiben sie über einen Streifen ihres basalen Gewebes miteinander verbunden, was die Bildung ausgedehnter Kolonien erklärt. *Corynactis viridis* ist ein Fleischfresser und ernährt sich von Plankton.

58 CARYOPHYLLIA SMITHII

Becherkoralle, Ovale Nelkenkoralle

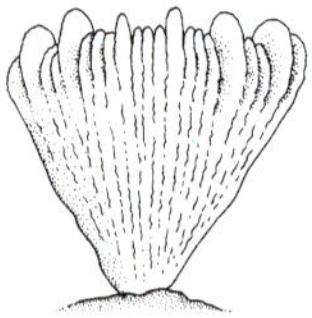

Klasse: Anthozoa
Ordnung: Madreporaria (Steinkorallen)
Familie: Cariophyllidae
Verbreitung: Mittelmeer, Ost-Atlantik, Britische Inseln.
Lebensraum: Auf gering beleuchteten felsigen Böden, auch auf verschlammtem Geröll und in Höhlen, in wenigen Metern bis über 500 m Tiefe.
Beschreibung: Solitäre Steinkoralle, deren Polypen in ein becherförmiges Kalkskelett eingeschlossen sind. In der Regel hat die Koralle eine schmale Basis und verdickte, aus auffälligen Rippen gebildete Ränder. Die Rippen gehen in Scheidewände über und unterteilen den Becher auf seiner Innenseite. Der Polyp hat bis zu 80 relativ lange Tentakel, die an ihrer Spitze mit einem Knopf versehen sind. Färbung: braun, weißlich oder rosa. Die Säule der Polypen ist braun, rot oder auch grün und stets durchscheinend, die Tentakel sind transparent mit bräunlicher Spitze. Größe: Bis zu 3 cm Höhe und 2 cm Durchmesser.
Unterscheidungsmerkmale: Isolierte Koralle mit schmaler Basis, hervorstehende Rippen am Becherrand, Polypen mit verdickten Spitzen.
Biologie: Die Basis dieser Spezies ist sehr anpassungsfähig und in ihrer Form veränderlich. In voll ausgestrecktem Zustand ist der Polyp so groß wie der Becher. Diese Spezies ist lebendgebärend, ihre Larven sind von Mai bis Juli gesichtet worden.

59 CLADOCORA CESPITOSA

Rasenkoralle

Klasse: Anthozoa
Ordnung: Madreporaria (Steinkorallen)
Familie: Favidae
Verbreitung: Mittelmeer.
Lebensraum: Auf Felsen, Steinen oder harten Substraten, in wenigen Metern Tiefe bis in 600 m.
Beschreibung: Die Steinkoralle bildet Kolonien aus vielen Polypen, die um verzweigte Kalkröhrchen herum angeordnet sind. Die becherförmigen Röhrchenenden sind stets nach oben gerichtet. Die Form dieser Kolonie ist äußerst variabel und hängt vor allem von Tiefe, Lichteinfall und Hydrodynamik ab. Den Forschern sind mindestens vier Formen dieser Spezies bekannt: Sie reichen von kompakten, mehr oder minder halbkugeligen Polstern über Buschkolonien bis hin zu Kolonien, die Verzweigungen unterschiedlichster Grade ausbilden (in tieferen Gewässern). Ihre Färbung wie auch die der Polypen ist in der Regel bräunlich, die Tentakel der Polypen weisen helle Punkte auf. Polster bis zu 50 cm Durchmesser.
Unterscheidungsmerkmale: Aus zylindrischen Ästchen, die untereinander parallel angeordnetet sind, gebildetes Skelett: stets nach oben gerichtete Kelche, seitlich freie Polypen.
Biologie: Diese Spezies ist die größte der im Mittelmeer vorkommenden Madreporarien. Ihre Gewebe enthalten spezielle Algen (Zooxanthellen), die besonders bei gutbeleuchteten Kolonien zu finden sind und diese grün färben. Die Kolonie vermehrt sich durch Knospung.

60

ASTROIDES CALYCULARIS

Orangene Madrepore

Klasse: Anthozoa
Ordnung: Madreporaria
Familie: Dendrophyllidae
Verbreitung: Mittelmeer (nur in den südlichen Regionen).
Lebensraum: Felsige, gering beleuchtete Böden, in wenigen Metern Tiefe bis über 50 m.
Beschreibung: Koloniebildende und verkrustende Madrepore, die ausgedehnte buschähnliche Polster bildet. Die Form ihrer kalkigen Kelche variiert je nach Tiefe: In niedrigen Gewässern erscheinen sie eher platt, in tieferen rundlich. Die breiten Polypen werden von einer nur leicht erhobenen Säule getragen. Ihre zahlreichen Tentakel laufen spitz zu und tragen kleine Warzen. Ihre lebhaft orangene Färbung macht diese Koralle beinahe unverwechselbar. Größe: Bildet Polster von 5 - 10 cm Durchmesser.
Unterscheidungsmerkmale: Orangene Färbung, in Kolonien zusammenstehende Polypen, kalkiges Skelett, dessen Kelche bis zum oberen Rand miteinander verbunden sind.
Biologie: Mit subtropischen Korallen verwandte Art, die warmes Wasser bevorzugt (thermophile Spezies). Die Fortpflanzung verläuft geschlechtlich durch Zeugung von Larven, die zwischen April und August ausgestoßen werden. Nach einer planktonischen Phase wandern sie auf den Meeresgrund ab, setzten sich dort fest und bilden neue, sich durch Knospung vermehrende Kolonien. Wie alle Anthozoen ernährt sich auch die Orangene Madrepore von Plankton.

61

LEPTOPSAMMIA PRUVOTI

Gelbe Steinkoralle

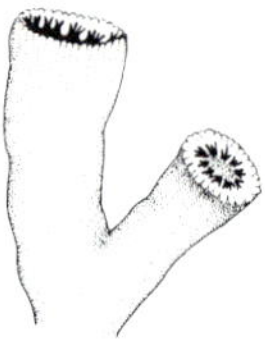

Klasse: Anthozoa
Ordnung: Madreporaria
Familie: Dendrophyllidae
Verbreitung: Mittelmeer, Nord-Ost-Atlantik bis zu den Britischen Inseln.
Lebensraum: Felsige Böden, auf Korallengrund und in halbdunklen Höhlen, 10 - 50 m Tiefe.
Beschreibung: Solitäre Steinkoralle mit einem zylindrischen oder kegelförmigen Kalkskelett, deren Basis schmaler als die Spitze ist. Die äußere Oberfläche ist größtenteils mit Verkrustungen bedeckt. Die Mundscheibe ist bei größeren Exemplaren oval, bei kleineren rund. Der obere Rand der Koralle weist deutlich voneinander unterscheidbare Rippen auf, der Raum zwischen ihnen ist fein perforiert. Aufgrund der intensiven gelben Färbung der Polypen kann man *Leptomsammia pruvoti* leicht mit der *Parazoanthus axinellae* (siehe Tafel 64) verwechseln. Größe: Bis zu 6 - 8 cm hoch.
Unterscheidungsmerkmale: Solitäre Polypen, kalkiges Skelett.
Biologie: Obwohl es sich um eine solitäre Madreporarie handelt, wachsen die Korallen oft so nah beieinander, daß man sie für eine Kolonie hält. Die zahlreichen Tentakel sind mit Wärzchen bedeckt, die nesselnden Zellgruppen entsprechen. Die Fortpflanzung erfolgt vermutlich geschlechtlich. Heftet sich eine Larve am Körper eines schon gebildeten Individuums an, können auch zwei oder mehrere miteinander verschmolzene Korallen entstehen.

62 BALANOPHYLLIA EUROPAEA

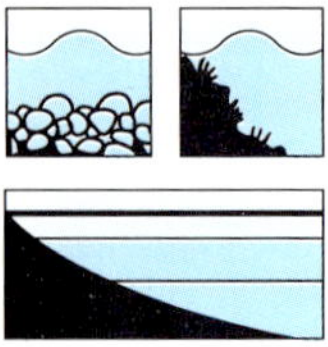

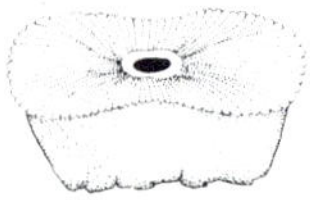

Klasse: Anthozoa
Ordnung: Madreporaria
Familie: Dendrophyllidae
Verbreitung: Mittelmeer.
Lebensraum: Gut erhellte felsige Böden und harte Substrate (Steine, Muscheln etc.); in wenigen Metern bis in 40 - 50 m Tiefe.
Beschreibung: Solitäre Madreporarie. Ihr ovales Skelett, das in der Mitte verengt ist und so bei größeren Exemplaren eine ausgeprägte »8« bildet, verleiht ihr ein unverwechselbares Aussehen. Der massive und wesentlich breitere als hohe Kelch ist von einer dicken Theka (ringförmige Mauerplatte) umgeben. Die stark gebogenen und miteinander verbundenen inneren Scheidewände sind mit seitlichen Dornen versehen. Die Färbung dieser Korallen reicht von weißlich bis bräunlich. Symbiotische Algen geben dem Polypen eine braun-rötliche oder braun-gelbliche Färbung. Größe: 2 - 3 cm Durchmesser.
Unterscheidungsmerkmale: Wesentlich breitere als hohe Koralle von massiger Gestalt, formt eine (vor allem bei größeren Exemplaren ausgeprägte) »8«.
Biologie: Diese Spezies ist mit mikroskopisch kleinen, symbiotischen Algen vergesellschaftet (Zooxanthellen), die die Ablagerung des zum Skelettwachstum notwenigen Calciumcarbonats erleichtern. Während der Entwicklung einer Koralle kann das Phänomen auftreten, daß der originäre Polyp abgespalten wird, es entsteht dann eine Pseudokolonie.

63 GERARDIA SAVAGLIA

Falsche schwarze Koralle

Klasse: Anthozoa
Ordnung: Zoantharia
Familie: Gerardiidae
Verbreitung: Mittelmeer und an vereinzelten Stellen im Ost-Atlantik (Kanaren, Madeira).
Lebensraum: Felsige Böden und von Gorgonien gebildete harte Substrate; in 40 m bis in über 80 m Tiefe.
Beschreibung: Bildet Kolonien aus großen, baumförmigen Fächern. Ihr Skelett ist hornig und braun oder schwärzlich gefärbt. Die Skelettachse ist mit einer Manschette aus zähem Gewebe (Coenosark) ummantelt, in dem die Fußscheiben der Polypen eingebettet sind. Die sehr großen Polypen (bis zu 3 cm) besitzen zahlreiche, nicht nesselnde Tentakel, die einreihig im Kreis angeordnet sind. Sowohl die Kolonie als auch die Polypen sind gelb. Größe: Bis zu 1 m Höhe.
Unterscheidungsmerkmale: Breite, gelbe Polypen, extrem steifes Skelett bei größeren Exemplaren.
Biologie: Obwohl diese Spezies auch ein eigenes Hornskelett bilden kann, überzieht sie in der Regel Gorgonien. Die Besiedlung kann sowohl auf abgestorbenen als auch auf lebenden Gorgonien erfolgen. Die pro Jahr bis zu 8 cm wachsende Koralle zerstört lebendes Gewebe nach und nach. Erst kürzlich wurde eine typische Vergesellschaftung dieser Spezies mit der Garnele *Balssia gasti* festgestellt.

64 PARAZOANTHUS AXINELLAE
Gelbe Krustenanemone

Klasse: Anthozoa
Ordnung: Zoantharia
Familie: Parazoanthidae
Verbreitung: Mittelmeer und Atlantischer Ozean.
Lebensraum: Felsige Böden oder von anderen Organismen (Schwämmen, Gorgonien und Askidien) gebildete, harte Substrate; in wenigen Metern bis in über 100 m Tiefe.
Beschreibung: In Kolonien lebende Organismen, die aus einzelnen, dicht beieinander stehenden Individuen zusammengesetzt und mit einem krustenbildenden basalen Gewebe (Coenenchym) verbunden sind. Die einzelnen Polypen kann man an ihrer Basis, die Sandkörner oder Kalkskleriten einlagert, erkennen, und an ihrer säulenförmigen, einziehbaren Spitze. Der Mund ist von 24 - 36 langen, glatten und dünnen Tentakeln umgeben. Typisch für diese Spezies ist ein intensives Gelb, manchmal weist sie auch orangefarbene Nuancen auf. Größe: Durchmesser 10 - 15 mm lang u. ca. 5 mm groß.
Unterscheidungsmerkmale: Dünne Polypen, ein starres Skelett fehlt.
Biologie: Diese Spezies kann sich auch auf anderen Organismen (Schwämmen der Gattung *Axinella* und Askidien der Gattung *Microcosmus*) niederlassen und wachsen. Ebenso gedeiht sie an Höhleneingängen oder auf gering beleuchteten Wänden, die aber stets der Strömung ausgesetzt sein müssen. Eine Kolonie ist aus männlichen und weiblichen Individuen zusammengesetzt. Die Eier werden im Frühjahr abgesetzt.

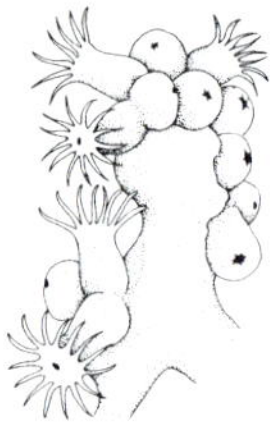

65 CERIANTHUS MEMBRANACEUS
Mittelmeer-Zylinderrose

Klasse: Anthozoa
Ordnung: Ceriantharia
Familie: Cerianthidae
Verbreitung: Mittelmeer, Nord-Ost-Atlantik bis zur französischen Bretagne-Küste.
Lebensraum: Auf weichen Böden zwischen *Posidonia*-Wiesen, an Höhleneingängen oder an Felssockeln; in wenigen Metern bis in 35 - 40 m Tiefe.
Beschreibung: Langer, wurmförmiger Körper, der aus einer membranartigen, im Substrat vergrabenen Röhre hervorsteht. Das Vorderteil des Körpers trägt zwei Tentakelkränze (über 200 Tentakel), die in Rand-, Aboral- und Lippententakel untergliedert und oft verschiedenfarbig sind. Die äußeren Tentakel sind über 20 cm lang, die im Zentrum befindlichen sind kürzer. Die Färbung ist variabel, grundsätzlich kann man sie aber in die zwei Varianten „violett" und „fuchsia" einteilen. Größe: Bis zu 35 - 40 cm langer Körper. Die Tentakelkrone erreicht bis zu 40 cm Durchmesser.
Unterscheidungsmerkmale: Körper in membranartiger Röhre; äußere Tentakeln sind wesentlich länger als die inneren.
Biologie: Das Tier lebt im Innern einer sehr langen Röhre (bis zu 1 m), in die es sich zurückziehen kann. Die Röhre wird von dem Tier durch die Sekretion eines Schleims, der beim Kontakt mit Wasser erstarrt, selbst produziert. Die Nahrung der Mittelmeer-Zylinderrose besteht aus Plankton oder aus kleinen Tieren. Ihre Vermehrung erfolgt von Januar bis Juli.

66

CESTUS VENERIS
Venusgürtel

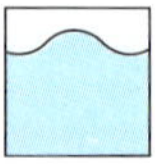

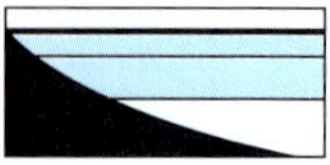

Klasse: Ctenophora
Ordnung: Tentaculata
Familie: Cestidae
Verbreitung: Weltweit.
Lebensraum: Oberflächengewässer, auch an Küsten.
Beschreibung: Der Venusgürtel ist die wohl am leichtesten zu erkennende Art dieser Gattung. Charakteristisch ist sein stark zusammengepreßter, bandförmiger, langer, feiner und biegsamer Körper; die Extremitäten sind abgerundet. In der Körpermitte befindet sich der Mund, über dem bisweilen zwei breite, seitliche Lappen liegen. Der Mund öffnet sich an der Oberseite des bandförmigen Körpers und wird von fransenförmig angeordneten, kurzen Sekundärtentakeln getrennt. Auf der Unterseite des Körpers befindet sich das Organ, das der hydrostatischen Orientierung dient (Statocyste). Außerdem ist die Unterseite mit zwei bewimperten Bändern ausgestattet, die längs entlang des gesamten Körpers verlaufen. Im Körperinnern befinden sich der gastrovasculare Apparat mit seinen langen, verzweigten Kanälen sowie Muskelfasern, die parallel zur Hauptachse entlanglaufen. Färbung: ein durchscheinendes Blau. Größe: Bis 1,5 m lang und 8 cm hoch.
Unterscheidungsmerkmale: Bandförmiger Körper; sekundäre Tentakeln sind längs der Mundseite angeordnet; bewimperte Bänder an der Unterseite.
Biologie: Wie alle Ctenophoren ist auch der Venusgürtel ein Zwitter, der sich geschlechtlich vermehrt. Er entwickelt sich aus einer anfänglich abgerundeten Larve, die im Laufe ihres Wachstums abflacht und schließlich ihr typisches, bandförmiges Aussehen erlangt. Dank ihrer entwickelten Muskulatur ist diese Spezies in der Lage, sich autonom (meist schlängelnd) im Wasser zu bewegen; starken Strömungen kann sie sich aber nicht immer widersetzen. Ihre Nahrung besteht aus winzigen planktonischen Organismen (besonders Copepoden), die von den Tentakeln mittels klebender Zellen ergriffen und dann zum Mund geführt werden. Nicht alle Ctenophoren sind von bandförmiger Gestalt. Die meisten besitzen einen rundlichen Körper (wie auch das Foto unten zeigt) und sind mit zwei Tentakeln, Tentakelfransen oder mit bewimperten Bändern, die den Körper in Sektoren unterteilen, ausgestattet. Diese bewimperten Bänder dienen der Fortbewegung. Sie bestehen aus Lamellen, deren Schlag faszinierende Lichtspiele hervorruft und die dem Tier einen irisierenden Farbton verleihen. Oft ist der Körper dieser Tiere jedoch weit komplexer aufgebaut und beispielsweise mit Lappen oder sehr großen flügelförmigen Strukturen ausgestattet. Das Tier kann weißlich oder rosa gefärbt sein, ist aber stets durchscheinend. Einige, wie z.B. die Ctenophoren der Gattung *Beroe*, deren Gestalt einer verlängerten oder kegelförmigen Glocke ähnelt, stoßen eine starke Biolumineszenz aus.

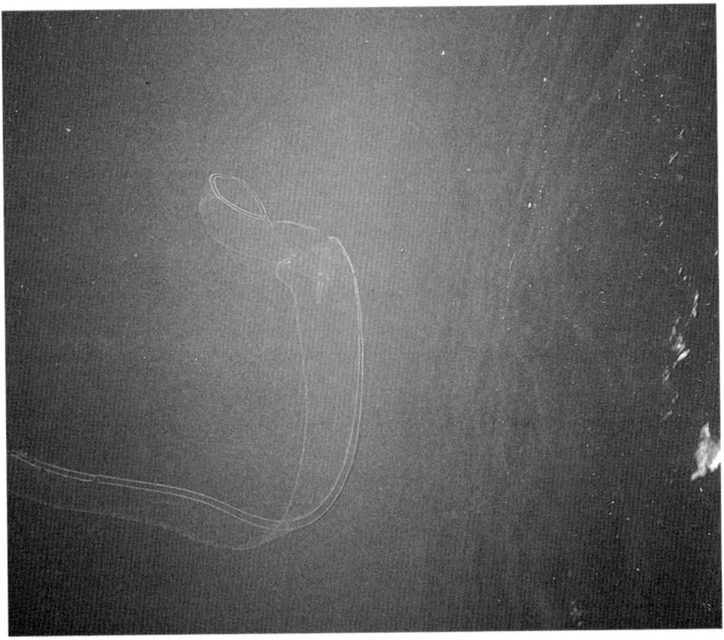

67 PROSTHECERAEUS GIESBRECHTII

Rosa Planarie

Verwandte Arten: *Prostheceraeus splendidus*
Klasse: Turbellaria
Ordnung: Polycladida
Familie: Euryleptidae
Verbreitung: Mittelmeer, Ost-Atlantik.
Lebensraum: Felsige Böden, die reich an verkalkten Algen sind, in Felseinschnitten, unter Steinen oder zwischen *Posidonia*; in 5 - 50 m Tiefe.
Beschreibung: Blattförmiger, länglich ovaler Körper, der am Rücken stark abgeflacht ist. Vom Kopf stehen zwei kleine Tentakeln ab. Der Rand des Körpers ist gewellt. Die Oberfläche ist mit einer bewimperten Oberhaut bedeckt. Färbung: *P. giesbrechtii* ist rosa oder violett mit weißen länglichen Streifen, *P. splendidus* dunkelblau mit gelb-orangenen Streifen. Größe: 2 - 4 cm Länge.
Unterscheidungsmerkmale: Blattähnliche Gestalt; dünn; zwei Kopftentakel.
Biologie: Diese Würmer besitzen weder ein eigenes Atmungs- noch ein Kreislaufsystem. Der Mund liegt auf der Bauchseite und ist mit einem verzweigten Verdauungsapparat verbunden; ein Darmausgang ist nicht vorhanden. Außer von Askidien und Bryozoen ernähren sie sich von kleinen beweglichen Tierchen, die sie mit ihrem Körper umwickeln und mit einem viskosen Schleim festhalten. Sie sind Zwitter, die sich gegenseitig befruchten können. Die mit einer gelatinösen Schicht überzogenen Eier werden auf dem Meeresgrund abgelegt.

68 HERMODICE CARUNCULATA

Feuerwurm

Klasse: Polychaeta
Ordnung: Errantia
Familie: Amphinomidae
Verbreitung: Mittelmeer (fast ausschließlich in südlichen Regionen), Ost-Atlantik.
Lebensraum: Felsige Böden, die reich an Algen sind, auf Detritus; in 1 - 2 m bis in 20 - 25 m Tiefe.
Beschreibung: Langer, in über 100 Segmente unterteilter, platter Körper, der fast rechteckig ist und sich nach hinten leicht verjüngt. Die lappigen Kiemen und die gut ausgebildeten Borsten der Parapoden sind regelmäßig auf die Körperseiten verteilt. Die Bauchseite ist gelb, die Rückenseite grünlich oder braun mit schwarzen Querstreifen. Die Kiemen und der Auswuchs sind rot, die Borsten weiß. Größe: 30 - 35 cm.
Unterscheidungsmerkmale: Segmentierter, platter Körper; Parapoden mit gut ausgebildeten Borsten; Auswuchs am Vorderende.
Biologie: Da der Feuerwurm im wesentlichen ein Saprophag ist (er ernährt sich von toten Organismen), findet man ihn häufig dort, wo Fischer ihre Fischabfälle entsorgen. Er läßt sich am einfachsten an seiner typischen Abwehrreaktion identifizieren: Wird er gestört, so stellt er sofort seine Rückenborsten auf, was ihm ein flockiges Aussehen verleiht. Die Borsten sind vergleichbar mit Glasnadeln, brechen bei Berührung leicht ab und verursachen schlecht heilende Entzündungen verbunden mit brennenden Schmerzen.

69 SERPULIDAE

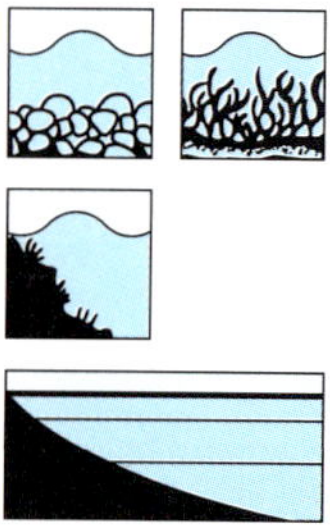

Klasse: Polychaeta
Ordnung: Sedentaria
Familie: Serpulidae und Spirorbidae
Verbreitung: Mittelmeer, Atlantik, oft weltweit.
Lebensraum: Felsige Böden und harte Substrate (Algen, Muscheln, Posidonien, Steine); an der Wasseroberfläche bis in 50 - 60 m Tiefe.
Beschreibung: Hier werden nur die kleinen Polychaeten der Serpulidae-Familie behandelt, die aber leicht zu entdecken sind, da sie in großer Zahl auftreten und auf felsigen bzw. sekundären Hartböden siedeln. Ihre Form variiert von Familie zu Familie, als konstantes Merkmal besitzen sie aber eine runde, dreieckige oder viereckige Kalkröhre, die spiralförmig verschlungen sein kann. Aus dieser Röhre kann eine Tentakelkrone herausragen, die oft von lebhafter Farbe ist: rot, blau-grün oder braun. Größe: Je nach Spezies 2 bis 20 - 30 mm Länge.
Unterscheidungsmerkmale: Röhren in den verschiedensten Formen, jedoch relativ klein; weißlich und stark verkalkend.
Biologie: Diese Würmer vermehren sich geschlechtlich und entlassen ihre Gameten ins Wasser. Einige Wurmarten sind getrenntgeschlechtlich, meistens sind sie aber Zwitter; so können sich beispielsweise die Spirorbidien (*Sperpulodei* in Spiralform) selbst befruchten. Durch die Wassertemperatur wird ihre Vermehrung beeinflußt. Die Ernährung erfolgt über Filtration.

70 SERPULA VERMICULARIS

Kleiner Kalkröhrenwurm

Klasse: Polychaeta
Ordnung: Sedentaria
Familie: Serpulidae
Verbreitung: Mittelmeer und anscheinend weltweit.
Lebensraum: Harte Substrate (Felsen, Muscheln), in wenigen Metern bis in 1800 m Tiefe. Gewöhnlich auf Korallengrund.
Beschreibung: Am Substrat haftende, oder am hinteren Teil etwas erhobene Röhre. Im Querschnitt ist die Röhre rund oder dreieckig und weist 5 - 7 längliche Erhebungen (Längsrippen) auf, wobei die mittlere die auffälligste ist. Der Siebapparat ist zweilappig und besteht aus 30 - 40 gefiederten Strahlen, die an ihrer Basis durch eine Membran verbunden sind. Zwischen ihnen bemerkt man eine trompetenförmige, fein gezähnte Struktur, die den Deckel (Operculum) bildet; er verschließt die Röhre. Die Röhre ist rosafarben, rot-violett, gelb oder selten weiß. Die Bänder des Kiemenbüschels sind abwechselnd rot und weiß. Ähnlich ist die Spezies *S. concharum*, deren Röhre im Querschnitt rund oder viereckig ist; sie besitzt gering ausgeprägte Längsrippen und mit gelben Spitzen versehene Kiemenbüschel. Größe: Wird bis zu 5 - 7 cm groß; 2 - 3 cm großer Kiemenbüschel.
Unterscheidungsmerkmale: Zylindrische Röhre mit 5 - 7 Längsrippen; zweilappiger Kiemenbüschel; trompetenförmiger Deckel.
Biologie: Vermehrung gegen Sommerende; Befruchtung findet außerhalb des Körpers statt. Filtrierer.

71 PROTULA TUBULARIA

Glatter Kalkröhrenwurm

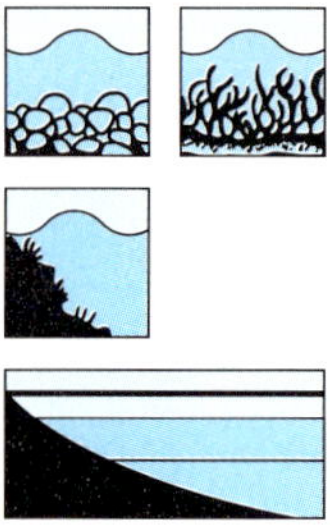

Klasse: Polychaeta
Ordnung: Sedentaria
Familie: Serpulidae
Verbreitung: Mittelmeer, Atlantik, Indischer Ozean.
Lebensraum: Felsige Böden (Korallengrund), auf Detritus oder harten Substraten, in Höhlen und zwischen *Posidonia*-Wiesen, in wenigen Metern bis in 900 m Tiefe.
Beschreibung: Zylindrische, kalkige Röhre, deren Oberfläche glatt oder leicht rauh ist. Sie haftet am Substrat, das Röhrenende ist aber aufgerichtet. Aus der Röhrenöffnung stehen die zwei gleichförmigen Lappen der Tentakelkrone hervor, die manchmal leicht spiralförmig sind. Ein Operculum ist nicht oder in nur minimaler Ausführung vorhanden. Die Röhre ist weiß, die Tentakelkrone variiert von weiß zu rot mit gelb-orangefarbenen Streifen. Die Röhren werden bis zu 20 - 30 cm lang.
Unterscheidungsmerkmale: Stabile, große Röhre; weiß und nicht durchscheinend; kein oder nur kleines, kugelförmiges Operculum vorhanden.
Biologie: Die Vermehrung und die darauffolgende Ansiedlung der Larven erfolgt vorwiegend im Laufe des Sommers. Bei reifen Individuen sind die rotgefärbten, in einer gelatinösen Kapsel eingeschlossenen Eier manchmal um die Röhrenöffnung herum angeordnet. Wie alle anderen Serpuliden ernähren sich auch diese Würmer von planktonischen Mikroorganismen und organischen Partikeln.

72 FILOGRANA IMPLEXA

Filigraner Röhrenwurm

Klasse: Polychaeta
Ordnung: Sedentaria
Familie: Serpulidae
Verbreitung: Weltweit.
Lebensraum: Fels- oder Detritusböden, auf harten Substraten oder zwischen Posidonien, in gering beleuchteten Zonen und in Höhlen; in wenigen Metern bis in über 600 m Tiefe.
Beschreibung: Es handelt sich bei dieser Art um Gruppenwürmer; sie bilden gewundene Häufchen aus kalkigen, zylindrischen, sehr dünnen und zerbrechlichen Röhrchen. Oft sind diese Röhrchen mehrfach gegabelt. Die Tentakelkrone ist doppelt vorhanden, wobei jeder Strahl aus 4 Fasern mit 15 - 20 Filamenten besteht. Ein Operculum fehlt entweder, oder es sind zwei gleiche, symmetrische Operculi von membranartiger Konsistenz vorhanden. Die Röhre ist opak-weiß, die Kiemen sind farblos und manchmal rot oder gelb an ihrer Basis. Die Kolonie erreicht im Durchmesser bis zu 30 cm.
Unterscheidungsmerkmale: Kalkige, zylindrische Röhren, die mehrfach gegabelt und untereinander verbunden sind; farblose Kiemen.
Biologie: Besiedlung und Fortpflanzung finden zwar ganzjährig statt, die günstigste Zeit aber liegt in den Frühlings- und Sommermonaten. Vermutlich werden die Eier in der Röhre ausgebrütet. Diese Spezies kann sich auch ungeschlechtlich vermehren, indem sich ein Elternteil in zwei Teile spaltet. So können sich schnell komplexe Kolonien bilden.

73 SPIROGRAPHIS SPALLANZANII

Schraubensabelle

Klasse: Polychaeta
Ordnung: Sedentaria
Familie: Sabellidae
Verbreitung: Mittelmeer, im Ost-Atlantik von der Nordsee bis Marokko.
Lebensraum: Auf felsigen Böden und harten Substraten, inmitten von *Posidonia*-Wiesen oder auf schlammigen Böden, in wenigen Metern bis in über 60 m Tiefe.
Beschreibung: Der dicke, zylindrische, aus über 300 Segmenten bestehende Körper verjüngt sich zum unteren Ende hin. Sein auffälligster Teil ist eine bewegliche, chitinöse Röhre; sie ist zylindrisch, membranartig und mit Schlamm und verschiedenen Organismen verkrustet. Aus der Röhrenspitze ragen ein oder zwei Tentakelkronen; zwei Kiemenlappen; eine davon ist gut ausgebildet und besteht aus langen gefiederten Fasern, die sich wie eine Spirale bis zu sechsmal um den hinteren Röhrenabschnitt winden. Die Röhre ist gräulich, die Tentakelkrone bunt: gelblich-braun mit weißen, lila und gelben Streifen. In einigen seltenen Fällen ist sie ganz weiß. Die Röhre wird bis zu 30 cm lang; die Tentakelkrone erreicht einen Durchmesser von 20 - 30 cm.
Unterscheidungsmerkmale: Lange, membranartige Röhre; gut entwickelte Tentakelkrone, die eine Spirale bildet.
Biologie: Vermehrt sich zwischen Juni und Oktober. Die jungen Tiere unterscheiden sich von den erwachsenen durch zwei identische, nicht spiralförmige Kiemenlappen.

74 BISPIRA VOLUTACORNIS

Fächerröhrenwurm

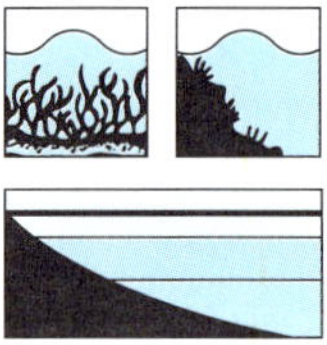

Klasse: Polychaeta
Ordnung: Sedentaria
Familie: Sabellidae
Verbreitung: Mittelmeer, im Ost-Atlantik vom Ärmelkanal bis Gibraltar.
Lebensraum: Fels- oder Detritusböden und *Posidonia*-Wiesen; in wenigen Metern bis in über 100 m Tiefe.
Beschreibung: Zylindrischer Körper, der an der Bauchseite etwas abgeflacht ist. Er besteht aus über 100 Segmenten. Die aufrechte, kurze Röhre ist membranartig und fühlt sich weich an; teilweise ist sie mit Schlamm bedeckt. Der Wurm besitzt zwei gleich große, aus zahllosen federartigen Fasern gebildete Tentakelkronen, die sich ein- bis viermal spiralförmig um das Röhrenende winden. Die Röhre ist grau; die Kiemenkrone ist weiß, grün, orange und violett getönt. Die Röhre wird bis zu 15 cm hoch; die Tentakeln sind 4 - 6 cm lang.
Unterscheidungsmerkmale: Membranartige, aufrechte, aber kurze Röhre; 2 Kiemenlappen, die 1 - 4 Windungen beschreiben.
Biologie: Diese Spezies kann leicht mit den jugendlichen Formen der Spirographen verwechselt werden, da sie große Ähnlichkeit mit ihnen besitzt. Das Rohr besteht aus Schleim, der Sedimentpartikel einhüllt und sich im Kontakt mit Wasser verfestigt; die Schleimabsonderung hält Schritt mit dem Wachstum des Tieres. Wie bei allen festsitzenden Würmern erfolgt die Ernährung über Filtration.

75

SABELLA PAVONIA

Pfauenwurm

Klasse: Polychaeta
Ordnung: Sabellaria
Familie: Sabellidae
Verbreitung: Mittelmeer, im Ost-Atlantik von Schottland bis Senegal, Nordsee.
Lebensraum: Sandige und sandig-schlammige Böden, Detritus und zwischen *Posidonia*-Wiesen, in 10 - 30 m Tiefe.
Beschreibung: Von zahlreichen Segmenten (ca. 600) gebildeter Körper, der rückenseitig rundlich und bauchseitig flach ist. Seine aufrecht stehende Röhre ist sehr weich und mit Schlamm oder feinem Detritus verkrustet. Die Tentakelkrone wird von zwei halbrunden, nicht spiralförmig angeordneten Lappen gebildet. Die Lappen bestehen aus 8 - 45 gefiederten Fasern, die an ihrer Basis durch eine kurze Membran miteinander verbunden sind. Die Röhre ist gräulich-gelblich. Der Kiemenbüschel kann rötlich, violett oder weißlich sowie mit breiten Streifen oder kleinen Flecken versehen sein. Größe: Bis zu 25 cm Höhe.
Unterscheidungsmerkmale: Zylindrische, sehr weiche Röhre; zweifacher Kiemenbüschel; halbrunde, nicht spiralförmig angeordnete Kiemenlappen.
Biologie: Diese Spezies pflanzt sich im Frühling (April) fort; ihre Eier sind rosafarben. Die jungen Würmer können auf Muscheln, Algen und Steinen kleine Kolonien bilden. Über die Hälfte der Röhre liegt im Sediment vergraben; meist erkennt man nur die Tentakelkrone.

76

BONELLIA VIRIDIS

Bonellia, Igelwurm

Klasse: Echiurida
Ordnung: Echiurinea
Familie: Echiuridae
Verbreitung: Mittelmeer, Atlantik, Indo-Pazifik.
Lebensraum: Auf Fels- und Detritusböden mit vielen Felsspalten, in 10 - 15 m bis in über 100 m Tiefe.
Beschreibung: Unter Wasser kann man meist nur weibliche Tiere beobachten, die mit ihrem sackförmigen Körper in Spalten oder Löchern siedeln, aus denen nur der Kopflappen herausragt. Dieser hat auf der Unterseite eine Rinne und dient der Nahrungsaufnahme. Nach Berührung wird er eingezogen. Färbung: dunkelgrün. Voll ausgestreckt kann der Wurm bis zu 2 m lang werden, zusammengezogen ist er etwa 20 - 30 cm lang.
Unterscheidungsmerkmale: Röhrenförmiger Rüssel mit einer „T"-förmigen Spitze; hohe Kontraktilität.
Biologie: Der Igelwurm legt seine Eier zwischen Mai und Juli. Die zunächst planktisch lebenden Larven gehen zur bodenorientierten Lebensweise über, entwickeln sich meist zu Weibchen und werden nach 2 Jahren geschlechtsreif. Larven, die auf ein Weibchen treffen, setzen sich auf dessen Kopflappen fest und entwickeln sich zu Männchen, die extrem klein bleiben (0,2 cm). Die Zwergmännchen gelangen in den Körper der Weibchen, befruchten dort die Eier und sterben nach einigen Monaten. Sie haben weder einen Kopflappen noch einen Darm. Das Vorkommen von extrem unterschiedlichen Geschlechtern wird als Sexualdimorphismus bezeichnet.

77

PATELLA SPEC.

Napfschnecke

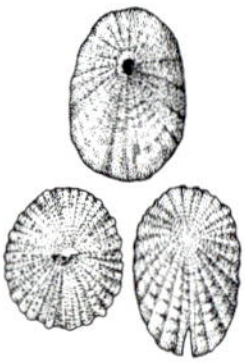

Klasse: Gastropoda
Ordnung: Archeogastropoda
Familie: Patellidae
Verbreitung: Je nach Spezies im Mittelmeer und Atlantik.
Lebensraum: Felsige Böden, in der Gezeitenzone bis in 5 - 10 m Tiefe.
Beschreibung: Diese Spezies zählt zu den bekanntesten Mollusken, da man sie leicht auf den bei Ebbe freiliegenden Felsen sehen kann. Ihre typische Schalenform ist ein gewölbter Kegel, die Basis ist rund. Von der in der Regel nach vorn gerichteten Schalenspitze gehen strahlenförmig viele deutlich sichtbare Rippen aus (so zum Beispiel bei der äußerst selten gewordenen *Patella ferruginea*, zu deren Schutz eigens Gesetze erlassen worden sind). Der Schalenrand ist dünn und scharfkantig und kann sich an die Substratoberfläche, auf der das Tier anliegt, anpassen. Die äußere Färbung variiert von grau-gelblich über bräunlich zu rötlich. Das Schaleninnere ist hell, glänzend und perlmuttartig; entsprechend der Anheftungsstelle der Muskeln, die das Gehäuse mit dem Weichtier verbinden, kann es auch bläulich oder schwärzlich getönt sein. Das Weichtier haftet mit einem runden und sehr breiten Fuß am Substrat. Es gibt viele Mollusken, die den Napfschnecken in der Form ähneln; am leichtesten lassen sich die Familien Fissurellidiae und Marginellidiae unterscheiden: Erstere haben ein typisches Loch an der Schalenspitze, zweitere eine Kerbe am Schalenrand. Größe: 5 - 9 cm Durchmesser und mehr.
Unterscheidungsmerkmale: Gewölbte, kegelförmige Schale mit runder Basis. Eine genaue Unterscheidung der verschiedenen *Patella*-Arten ist relativ schwer, da es allein innerhalb ein und derselben Spezies eine beachtliche Formenvielfalt gibt, die von Umweltfaktoren abhängig ist. Ist die Napfschnecke beispielsweise intensiver Wellenbewegung ausgesetzt, so verdickt ihre Schale, und ihre konische Form prägt sich stärker aus.
Biologie: Die Nacktschnecken besiedeln in der Regel Felsen, die periodisch von den Gezeiten trockengelegt werden. Dank ihres robusten Fußes, der fest am Substrat haftet, können sie ohne weiteres stundenlange Trockenheit bei Ebbe ertragen. Eine kleine Wasserkammer im Schaleninnern verhindert dabei das Austrocknen des Weichtiers. Jedes Tier kehrt außerdem beim Nahen der Ebbe an eine ganz bestimmte Stelle seines „Weide"-Territoriums zurück, sozusagen in seinen persönlichen, im Felsen ausgehöhlten Schlupfwinkel, an den sich die Schale der Schnecke perfekt anpaßt. Die Haftung am Felsen wird durch die Absonderung eines viskosen Schleims verstärkt. Wie perfekt sie ist, zeigt der einfache Versuch, eine Napfschnecke vom Felsen abzutrennen. Die Fortpflanzung erfolgt im Frühling mit dem Ausstoß von Eiern und Spermatozoen. Die Befruchtung geschieht im Wasser. Einige Nacktschnecken wie *P. caerulea* verändern im Laufe ihres Wachstums ihr Geschlecht; im weiblichen Zustand sind die Exemplare von größerer Dimension. Die Patelliden sind pflanzenfressende Mollusken; sie ernähren sich von der Algenpatina, die sie von dem felsigen Untergrund, auf dem sie leben, abschaben.

78 HALIOTIS LAMELLOSA

Gemeines Seeohr

Klasse: Gastropoda
Ordnung: Archeogastropoda
Familie: Haliotidae
Verbreitung: Mittelmeer.
Lebensraum: Auf felsigen Böden oder an der Basis der Posidonien, an der Wasseroberfläche bis in 10 - 15 m Tiefe.
Beschreibung: Unverwechselbares Gehäuse in Form einer Ohrmuschel mit 3 - 4 Windungen, wobei die letzte Windung am besten entwickelt ist. Nahe dem Schalenrand ist eine Reihe von Löchern (5 - 6) zu sehen, die sich während des Schalenwachstums laufend neu bilden; die älteren Löcher werden wieder verschlossen. Aus den Löchern kommen sensorische Mantelfasern heraus. Der fast komplett versteckte Fuß ist dick, oval und trägt vorderseitig ein Tentakelpaar, das sichtbar wird, wenn sich das Tier in Bewegung setzt. Der Fuß ist grün gemasert. Größe: 4 - 7 cm Länge.
Unterscheidungsmerkmale: Ohrmuschelform; rauhe Schalenoberfläche mit 5 - 6 Löchern; perlmuttartige Schaleninnenseite.
Biologie: Das Seeohr ist nachtaktiv und bewegt sich durch die Kontraktion seines massiven Fußes, der fest am Substrat haftet, fort. Die Art ist getrenntgeschlechtlich und vermehrt sich gegen Sommeranfang. Das Gemeine Seeohr ernährt sich von Algen, die es mit seiner am vorderen Schlundbereich gelegenen Zunge (Radula) und den darauf befindlichen Zähnchen vom Gestein abschabt.

79 MONODONTA TURBINATA

Würfelturban

Klasse: Gastropoda
Ordnung: Archeogastropoda
Familie: Trochidae
Verbreitung: Mittelmeer, im Ost-Atlantik von Portugal über Marokko bis zu den Kanaren.
Lebensraum: Felsige Böden, Gezeitenzone bis 10 m Tiefe.
Beschreibung: Robuste, insgesamt leicht kugelförmig erscheinende Schale; ihr leicht gewölbtes Gehäuse windet sich konisch in 6 gleichmäßigen, konvexen Umdrehungen. Die Schalenmündung ist rund und breit, der Schalenrand scharfkantig. An der ziemlich flachen Schalenbasis befindet sich ein kleines Loch, das dem Nabel (Umbilicus) entspricht und von einer breiten, schwieligen Ablagerung verdeckt wird. Färbung: weiß-gelblich mit kleinen schwärzlichen oder bräunlichen Flecken, an der Mündung irisierend. Die Art *M. articulata* ähnelt sehr dem Würfelturban; ihr Gehäuse weist aber eine ausgeprägtere Kegelform und ihre Nabelregion eine grüne Färbung auf. Größe: Bis zu 2 - 3 cm hoch.
Unterscheidungsmerkmale: Fast runde Schalenform, deren Spitze aber deutlich erkennbar ist.
Biologie: Diese Spezies ist in der Gezeitenzone relativ weit verbreitet. Getrenntgeschlechtlich, die Nahrung besteht aus Algen und abgestorbenen Pflanzenrückständen (Detritus), die mit Radulazähnen von der Substratoberfläche abgekratzt werden. Der Würfelturban ist in der Lage, in Gewässern von unterschiedlicher Salinität zu leben.

80 CALLIOSTOMA CONULUM

Kegelförmige Kreiselschnecke

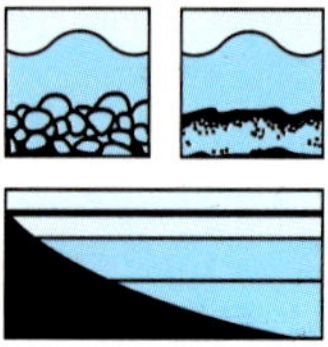

Klasse: Gastropoda
Ordnung: Archeogastropoda
Familie: Trochidae
Verbreitung: Mittelmeer, im Ost-Atlantik von den Kanaren bis zu den Azoren.
Lebensraum: Sand- oder Detritusböden, in 1 bis 50 m Tiefe.
Beschreibung: Regelmäßig kegelförmige Schale mit 10 Windungen, wobei nur die ersten Umdrehungen aus körnigen Streifen bestehen. Die bei lebenden Exemplaren glänzende Schalenoberfläche ist ein bei Schnecken sehr selten auftauchendes Phänomen. Ihre Basis ist leicht konvex, ein Nabel ist nicht vorhanden. Von der Basis geht eine Reihe konzentrischer Streifen aus, die gegen die Schalenmitte hin immer dichter und vorspringender werden. Der Deckel ist hornartig. Die typische Färbung ist rötlich-orange mit rötlichen oder weißen Fleckchen. Die Streifen sind weiß und rot gefleckt. Es kommen auch gelbe bis violette Farbvarianten vor. Größe: Bis 30 cm Höhe und 2 cm Durchmesser.
Unterscheidungsmerkmale: Glänzende, kegelförmige Schale, die aus 10 Windungen besteht; Basis mit konzentrischen, in der Mitte stärker hervorstehenden Streifen.
Biologie: Diese Spezies ernährt sich von Hydrozoen, Bryzoen und anderen festsitzenden Mikroorganismen, die sie sich meist aktiv auf den Algen sucht. Getrenntgeschlechtlich; die im Körper des Weibchens befruchteten Eier werden in einem gallertartigen Band abgelegt.

81 ASTRAEA RUGOSA

Turbanschnecke

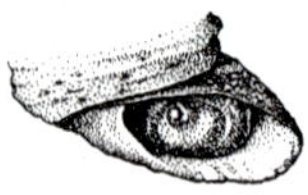

Klasse: Gastropoda
Ordnung: Archeogastropoda
Familie: Turbinidae
Verbreitung: Mittelmeer, im Ost-Atlantik vom Golf von Biscaya über Morokko und die Azoren bis zu den Kanaren.
Lebensraum: Felsige und schlammige Böden, auf Korallengrund und zwischen Posidonien, in 10 bis in über 100 m Tiefe.
Beschreibung: Robuste Schale mit einer ausgeprägt spiralförmigen Windung, die aus 7 konvexen Umgängen besteht, die durch eine Naht voneinander getrennt sind. Sie ist mit einer äußeren Längsrippe ausgestattet, die bei älteren Tieren knotig, bei jungen stachelig ist. Die Mündung ist rund. Interessant ist bei dieser Art das Vorhandensein eines dicken, flachen und kalkigen Operculums, der innen dunkel und außen leuchtend orange-rosa gefärbt ist. Die Farbe der Schale ist grünlich-braun. Die Mündung ist perlmuttartig und weiß, zur Mitte hin orange getönt. Größe: Bis zu 5 - 6 cm hoch.
Unterscheidungsmerkmale: Massive Form; 7 konvexe und durch eine tiefe Naht getrennte Windungen; weiße Mündung.
Biologie: Diese Art ernährt sich vorwiegend von den zartesten Algenteilen. Vermutlich pflanzt sie sich zwischen März und Juli fort. Sie wird gelegentlich auf Fischmärkten angeboten.

82 SERPULORBIS ARENARIUS
Wurmschnecke

Klasse: Gastropoda
Ordnung: Mesogastropoda
Familie: Vermetidae
Verbreitung: Mittelmeer, im Ost-Atlantik entlang der portugiesischen Küste.
Lebensraum: Felsige Küsten und harte Substrate, in wenigen Metern bis in 40 - 50 m Tiefe.
Beschreibung: Röhrchenförmige Schale, die mit ihrer Spitze am Substrat haftet. Die ersten 2 - 4 Umdrehungen sind noch spiralförmig, gehen dann aber – beginnend mit einem senkrecht zu den ersten Windungen stehenden Abschnitt – in unregelmäßige Umdrehungen über. Die Schale erinnert an die Röhren einiger festsitzender Polychaeten (Serpulidae), doch unterscheidet sie sich von ihnen durch ihr glattes und perlmuttartiges Inneres. Die Oberfläche ist längs- oder querlaufend ausgemeißelt. Das Rohr ist innen zylindrisch und mit einem Operculum verschlossen. Färbung: außen weißlich oder gräulich; innen weiß-rosa. Größe: Bis zu 5 - 6 cm lang.
Unterscheidungsmerkmale: Röhrchenförmige, nur anfänglich spiralförmige Schale; glänzende Innenseite.
Biologie: Die Wurmschnecke ernährt sich von Suspensionspartikeln, die sie in einer Schleimhülle anhäuft und von Zeit zu Zeit zu sich nimmt. Ihre Fortpflanzung erfolgt wahrscheinlich zwischen Juli und Dezember. Die Befruchtung dieser getrenntgeschlechtlichen Art findet durch pelagische männliche Spermatophoren im Körperinnern statt.

83 GOURMYA VULGATA
Nadelschnecke

Klasse: Gastropoda
Ordnung: Mesogastropoda
Familie: Cerithiidae
Verbreitung: Mittelmeer, Schwarzes Meer, im Ost-Atlantik entlang der portugiesischen Küste.
Lebensraum: Sandige Böden, Klippen oder zwischen *Zosteraceen*-Wiesen, in wenigen Metern bis in 25 - 30 m Tiefe. Auch in Lagunengewässern vorkommend.
Beschreibung: Längliche, turmförmige Schale, die in einer Spirale spitz zuläuft. Ihre Windungen sind gering nach außen gewölbt und mit dünnen, ebenfalls spiraligen Strichen sowie mit eng aneinanderstehenden Höckern versehen. Der Mündungsrand (Lippe) ist leicht nach außen geweitet und formt an der Verbindungsstelle zum Gehäuse einen engen, tiefen Kanal. Der Siphonalkanal ist zwar breit, aber kurz und leicht gegen die Rückenseite der Schale gekrümmt. Das Operculum ist hornig, dünn und spiralförmig. Färbung: bräunlich oder grau-grünlich. Lippeninnenseite ist weiß. Größe: 6 - 7 cm .
Unterscheidungsmerkmale: Längliche, turmförmige Schale; große, spiralförmig angeordnete Höcker.
Biologie: Die Nadelschnecke ist ein Pflanzenfresser und ernährt sich von Algen und pflanzlichem Detritus, die sie vom Substrat, auf dem sie sich bewegt, abschabt. Sie pflanzt sich in den Sommermonaten fort; ihre Eier laicht sie in einem gallertartigen, weißen, unregelmäßig gewundenen Band. Diese Spezies kommt auch in Lagunen häufig vor.

84 LURIA LURIDA

Porzellanschnecke, Braune Kauri

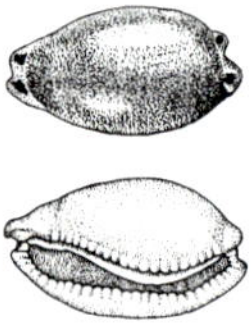

Klasse: Gastropoda
Ordnung: Mesogastropoda
Familie: Cypraediae
Verbreitung: Mittelmeer.
Lebensraum: Felsige und sandige Böden, in wenigen Metern bis in 30 - 40 m Tiefe, in Höhlen und auf Korallengrund.
Beschreibung: Relativ robuste, zylindrisch-birnenförmige Schale, die stark ausgewölbt sowie glänzend und glatt ist. Die Basis ist leicht konvex, die Mündung eng und lang und mit vielen kleinen Zähnchen besetzt. Die Fühler sind platt und langgezogen. Färbung: ein einheitliches Rot-Grau, das entweder mehr zu Grün oder zu Rot tendiert. Drei auffällige, dunkle und sehr breite Querstreifen der Schale wechseln sich ab mit helleren, dünnen Streifen. Die Basis ist hell, die Zähne sind weiß. Das Gehäuse erscheint porzellanartig, da von beiden Seiten des Gehäuses meist nachts Mantellappen darüber geschoben werden, um die Ansiedlung von Aufwuchsorganismen zu verhindern. Größe: 3 - 5 cm Länge.
Unterscheidungsmerkmale: Glänzende Oberfläche; zylindrisch-birnenförmige Schale; die an beiden Enden orange gefärbt und mit je 2 schwarzen Flecken versehen ist.
Biologie: Das vorwiegend nachtaktive Tier versteckt sich am Tage unter Steinen, in Felsspalten oder Höhlen. Es ist fleischfressend (karnivor) und ernährt sich von Schwämmen, Manteltieren, Anthozoen und kleinen Krustentieren. Die Geschlechter sind getrennt.

85 SIMNIA SPELTA

Gorgonien-Porzellanschnecke

Klasse: Gastropoda
Ordnung: Mesogastropoda
Familie: Ovulidae
Verbreitung: Mittelmeer, im Ost-Atlantik von Marokko bis zu den Azoren.
Lebensraum: Felsige Böden, 10 - 50 m Tiefe.
Beschreibung: Lange, spindelförmige Schale; ihre Mitte ist gewölbt, die Enden laufen spitz zu. Die enge, über die gesamte Länge der Schale verlaufende Öffnung weist eine verdickte, glatte Lippe auf. Der Siphonalkanal ist geöffnet. Die glatte und glänzende Schalenoberfläche ist fast immer weißlich oder rosafarben. Diese Schnecke läßt sich relativ schwer auffinden, da ihr Mantel an die Gorgonien, auf denen sie leben, angepaßt sind. Größe: Bis zu 2 cm Länge.
Unterscheidungsmerkmale: Glänzende Oberfläche, lange, spindelförmige Schale, die in der Mitte gewölbt ist.
Biologie: Diese Art kann man häufig auf *Eunicella singularis, Eunicella cavolinii* und *Leptogorgia sarmentosa* entdecken. Die Fortpflanzung erfolgt zwischen Mai und September. Im Durchschnitt laicht jeder Mollusk mehrmals etwa 30 Kapseln mit ca. 200 Eiern. Nach ungefähr 10 Tagen schlüpfen die Larven und besiedeln sogleich die Gorgonien. Die Gorgonien-Porzellanschnecke ist ein angepaßter Nahrungsspezialist, der sich ausschließlich von den Polypen und dem Achsengewebe der Gorgonien ernährt, diese dabei jedoch nicht so schädigt, daß sie absterben.

86
CHARONIA RUBICUNDA
Tritonshorn

Klasse: Gastropoda
Ordnung: Mesogastropoda
Familie: Cymatiidae
Verbreitung: Westliches Mittelmeer und im Ost-Atlantik von Portugal bis zum Golf von Gascogne.
Lebensraum: Felsige Böden (Korallengrund), auf Detritus und zwischen Algenbeständen, in 15 - 20 bis in über 50 m Tiefe.
Beschreibung: Spindelförmige Schale mit kegelförmigem Gewinde. Die letzte Gewinde-Umdrehung ist offen und bauchig und macht ungefähr die Hälfte der Schalengesamthöhe aus. Die Windungen sind abgerundet; in ihrer Mitte befindet sich eine Reihe von eng aneinandergereihten Tuberkeln und Varizen (Anschwellungen), die in ihrem Innern von Lamellen getrennt sind. Aus der ovalen Mündung tritt ein kurzer Siphonalkanal aus. Das Operculum ist oval und hornig. Die Schalenaußenseite ist gräulich-rosa und trägt braune Flecken. Die Mündung ist porzellanartig, weiß und mit rotbräunlichen Streifen versehen. Der Weichkörper der Schnecke ist rosa-orange, ihre Tentakel sind schwarz gestreift. Größe: Bis zu 40 cm
Unterscheidungsmerkmale: Dicke Schale mit einer weiten, ovalen Mündung; Zähne der Außenlippe braun gefleckt.
Biologie: Die Befruchtung erfolgt bei dieser getrenntgeschlechtlichen Art im Körperinnern. Das Weibchen legt seine Eier in orangefarbenen, keulenförmigen, glatten Nestern von etwa 3 cm Höhe ab.

87
MUREX BRANDARIS
Stachelschnecke, Brandhorn

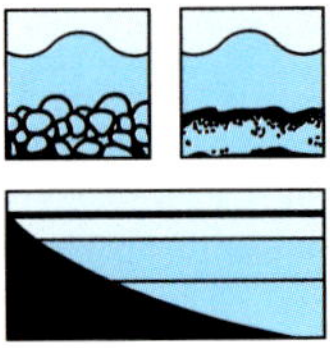

Klasse: Gastropoda
Ordnung: Neogastropoda
Familie: Muricidae
Verbreitung: Mittelmeer, Ost-Atlantik (Portugal).
Lebensraum: Sandig-schlammige Böden oder Detritus, in der Nähe von Riffen, in wenigen Metern bis in 30 - 35 m Tiefe.
Beschreibung: Kugelförmige Schale in zusammengedrückter Spiralform, die spitz zuläuft. Nach hinten ist sie mit einem langen Fortsatz in Form einer geriffelten Stange verlängert. Ein ausgeweitetes Oval mit einer dünnen und bezähnten Außenlippe bildet die Mündung. Das Operculum in hornartig. Die Schalenoberfläche trägt aufrechte Stacheln, die von einem Kanal durchzogen sind. Die Färbung variiert von gräulich bis gelb-bräunlich. Die Mündung ist gelb oder braun mit orangenen Tönungen. Bis zu 8 - 10 cm lang.
Unterscheidungsmerkmale: Langer, geriffelter Siphonalkanal; von einem Kanal durchzogene Stacheln.
Biologie: Die Schnecke vermehrt sich im Spätfrühling; ihre Eier legt sie in weißlichen, schwammig erscheinenden Nestern ab. Nicht selten schließen sich mehrere Individuen zusammen, um ihre Nester an derselben Stelle zu deponieren. Die Stachelschnecke ist ein fleischfressender Räuber. Sie ernährt sich von anderen Mollusken wie beispielsweise Austern, Miesmuscheln und Trochidien, indem sie ihre Schale so lange durchlöchert, bis sie auf die Weichteile stößt, die sie dann mit ihrer Radula herauszieht.

88 TRUNCULARIOPSIS TRUNCULUS

Purpurschnecke

Klasse: Gastropoda
Ordnung: Neogastropoda
Familie: Muricidae
Verbreitung: Mittelmeer, Ost-Atlantik (Portugal).
Lebensraum: Felsige, schlammige oder algenbedeckte Böden, in wenigen Metern bis in über 50 m Tiefe.
Beschreibung: Runde, fast schon spindelförmige, massive Schale mit weiter Mündung. Die äußere Oberfläche ist mit Längsfalten und knotigen oder lamellierten Höckern versehen. Die Mündung ist oval, leicht eckig und endet an der Basis mit einem offenen, nach hinten gekrümmten Siphonalkanal. Das Operculum ist hornartig. Das Gehäuse der Schnecke ist außen gräulich-beige, manchmal auch hell schattiert, mit spiraligen Bändern, die braun oder violett sind. Größe: Bis zu 6 - 8 cm lang.
Unterscheidungsmerkmale: Auffällige Windungen mit 6 - 8 spiralförmigen Bändern, die mit Höckern, Knötchen und Stacheln besetzt sind.
Biologie: Hinsichtlich der Biologie unterscheidet sich diese Spezies von *Murex brandaris* nur unwesentlich. Die Fortpflanzung erfolgt zwischen Mai und Juni, wenn sich mehrere Individuen versammeln, um ihre Eierhäufchen abzulegen, die in weißlichen Nestern eingeschlossen sind. Diese fleischfressende Spezies frißt auch tote Organismen. Aus den Schnecken wurde das berühmte Purpur gewonnen — das Mittel, mit dem im Altertum nur die wertvollsten Stoffe eingefärbt wurden.

89 THAIS HAEMASTOMA

Rotmund-Leistenschnecke

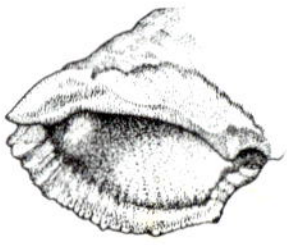

Klasse: Gastropoda
Ordnung: Neogastropoda
Familie: Muricidae
Verbreitung: Mittelmeer, Ost-Atlantik (Portugal).
Lebensraum: Felsige Böden, in wenigen Metern bis in über 30 m Tiefe.
Beschreibung: Dicke, ovale Schale in Form eines Kegels, deren letzte Windung sehr weitläufig ist. Die spiraligen Windungen auf dem oberen Teil der Schale sind abgeflacht, die letzten zwei Windungen sind mit 4 - 5 Reihen großer und hervorstehender Knötchen bedeckt. Die Mündung ist oval, groß und entspricht etwa zwei Dritteln der Schalengröße. Die vordere Spitze endet mit einem kurzen, offenen Siphonalkanal. Das hornartige Operculum besteht aus einer Lamelle, deren Kern exzentrisch zum Rand hin verschoben ist. Die Färbung variiert von gräulich zu braun. Die Mündung ist lebhaft rosa-orange. Größe: Bis zu 9 cm Länge.
Unterscheidungsmerkmale: Nach innen gebogene und mit Zähnen versehene Lippe; aus der Mitte versetzter Operculum-Kern; weit geöffnete Mündung.
Biologie: Die Biologie entspricht größtenteils der der Purpurschnecken. Das Weibchen legt seine Eier in Form eines weissen, fast kegelförmigen Geleges mit der schmalen Basis an geschützten Stellen, meist auf felsigem Untergrund ab. Dort lagern mehrere Gelege nah beieinander. *Thais haemastoma* ist karnivor und ernährt sich vorwiegend von Muscheln.

90 BUCCINULUM CORNEUM

Gemeine Wellhornschnecke

Klasse: Gastropoda
Ordnung: Neogastropoda
Familie: Buccinidae
Verbreitung: Mittelmeer.
Lebensraum: Auf felsigen Böden oder zwischen *Posidonia*-Wiesen, in wenigen Metern bis in 25 - 30 m Tiefe.
Beschreibung: Spindelförmige, relativ dicke Schale, deren leicht erhobenes Gewinde an den Nähten stark abgesetzt ist. Das Gewinde läuft spitz zu, ist aber an der Schalenspitze leicht knotenförmig. Die breite, ovale Mündung endet mit einem leicht gegen den Schalenrücken gebogenen Siphonalkanal. Das ovale und hornige Operculum hat einen endständigen Kern. Der Rand der Außenlippe ist dünn und mit Zähnen besetzt. Die Färbung der Oberfläche variiert: Auf einem bräunlich-gräulichen Grund befinden sich dunkle Flecken. Körper orangefarben, und bis zu 6,5 cm lang.
Unterscheidungsmerkmale: Lange, ovale Mündung; dünne und mit Zähnen besetzte Lippe; vorspringende Windungen an der Naht; orangefarbener Mollusk.
Biologie: Die karnivore Art kriecht auf dem Meeresgrund und begibt sich aktiv auf Beutesuche (vorwiegend Muscheln). Erst kürzlich gemachte Beobachtungen haben gezeigt, daß die Wellhornschnecke ihren robusten Fuß benutzt, um die Schalen der Muscheln leicht zu öffnen. Anschließend dringt sie mit ihrem langen Mund ein und saugt ihr Fleisch heraus. Die Fortpflanzung erfolgt zwischen Juli und November.

91 FASCIOLARIA LIGNARIA

Spindelschnecke

Klasse: Gastropoda
Ordnung: Neogastropoda
Familie: Fasciolariidae
Verbreitung: Mittelmeer.
Lebensraum: Felsige Böden und *Posidonia*-Wiesen, in wenigen Metern bis in 30 m Tiefe.
Beschreibung: Längliche, spindelförmige Schale, die spitz zuläuft. An den nach außen gewölbten, leicht erhobenen Windungen sitzen dicke Höcker, die an ihrer Basis in dicke Axialrippen übergehen. Die Mündung ist oval, der Siphonalkanal ist offen und ziemlich lang. Die Lippe ist scharf und glatt, das Operculum hornartig und oval. Färbung: braungrünlich oder gelblich mit hellen Flecken auf den Höckern. Der Lippenrand sowie die Mündungsinnenseite sind braun, manchmal dunkelbraun. Der Körper der Schnecke ist leuchtend rot. Die Schale ist von einer dünnen hornigen Außenschicht (Periostracum) umgeben. Größe: Bis zu 4 - 5 cm Länge.
Unterscheidungsmerkmale: Windungen mit dicken, in Axialrippen übergehenden Tuberkeln; langer Siphonalkanal; dunkle Lippen und Mündung.
Biologie: Diese Art legt ihre rosaroten Eier im Sommer (Juni/Juli). Sie sind in transparente, kelchförmige, etwa 1 cm hohe Kapseln von hornartiger Konsistenz eingeschlossen. Als Fleischfresser ernährt sie sich von Mollusken (Gastropoden und Bivalven) sowie von Würmern.

92 CONUS MEDITERRANEUS
Kegelschnecke

Klasse: Gastropoda
Ordnung: Neogastropoda
Familie: Conidae
Verbreitung: Mittelmeer, im Ost-Atlantik von Marokko bis zu den Kanarischen Inseln.
Lebensraum: Felsige Böden mit großem Algenbestand, von der Wasseroberfläche bis in 30 - 35 m Tiefe.
Beschreibung: Leicht konische, dicke Schale. Die letzte Windung, die ungefähr vier Fünftel der Schalengesamtlänge einnimmt, ist auf der Oberseite eckig und verjüngt sich gleichmäßig zur Basis hin. Die Mündung ist lang und schmal. Der Siphonalkanal ist offen und leicht gekrümmt. Die Färbung variiert je nach Verbreitungsgebiet, in der Regel ist sie aber grün oder bräunlich-olivgrün und trägt feine braune Linien und Flecken. Die letzte Windung kennzeichnen zwei weiße Flächen. Die Schale ist mit einer dünnen, pergamentartigen Außenschicht (Periostracum) überzogen. Bis zu 7 cm lang.
Unterscheidungsmerkmale: Schale von konischer Form mit kegelförmiger, zugespitzter Spirale; stark entwickelte letzte Windung; parallele Mündungsränder.
Biologie: Diese Spezies ist relativ lichtscheu und hält sich am Tage unter Algen oder zwischen den Sedimenten auf. In der Nacht geht sie auf Jagd. Ihre Beute, die hauptsächlich aus Polychaeten besteht, fängt sie mit ihrer giftigen, harpunenartig abgewandelten Zunge (Radula). Die Eier werden unter Steinen abgelegt.

93 CHITON OLIVACEUS
Oliven-Käferschnecke

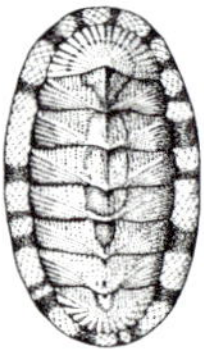

Klasse: Polyplacophora
Ordnung: Ischnochitonida
Familie: Chitonidae
Verbreitung: Mittelmeer.
Lebensraum: Felsige Böden, in Felsspalten oder unter Steinen, von der Wasseroberfläche bis in 5 - 7 m.
Beschreibung: Ovale Schale, die aus 8 querliegenden, miteinander verbundenen Kalkplatten gebildet ist (charakteristisches Merkmal aller Polyplacophoren). Der Fuß ist kräftig. Vorder- und Hinterplatte sind halbrund mit vielen radialen Furchen. Die dazwischenliegenden Platten sind rechteckig und bilden auf dem Rücken eine Art Kiel; seitlich tragen sie dreieckige Zeichnungen. Die Platten sind von einem flachen, breiten Gürtel (Perinotum) umgeben, der mit nahezu dreieckigen, teilweise übereinanderlagernden Schuppen besetzt ist. Die Schnecke ist olivgrün gefärbt und mit gelben oder braunen, manchmal auch roten, rosafarbenen oder weißen Maserungen versehen. Die Platten sind auf der Innenseite bläulich-grün. Größe: Bis zu 4 cm lang.
Unterscheidungsmerkmale: Länglicher Körper; Vorder- und Hinterplatten sind einander ähnlich; dreieckige Zeichnung auf den Mittelplatten.
Biologie: Die geschlechtliche Reifezeit liegt zwischen April und Oktober; das Laichen der Eier wurde im Juni beobachtet. Die Käferschnecke ernährt sich von Algen. Wird sie vom Substrat abgezogen, rollt sie sich zu einer Kugel zusammen.

94 APLYSIA DEPILANS

Gefleckter Seehase

Klasse: Gastropoda
Ordnung: Aplisiomorpha
Familie: Aplysiidae
Verbreitung: Mittelmeer, im Ost-Atlantik von den Britischen Inseln bis Westafrika.
Lebensraum: Felsige Böden mit ausgedehnten Algenbeständen oder *Zosteraceen*-Wiesen, in wenigen Metern bis in 15 - 20 m Tiefe.
Beschreibung: Länglicher, niedriger und gewölbter Körper. Sein breiter Fuß geht seitlich in flügelartige Fortsätze (Parapodien) über, die vorderseitig geteilt sind und hinten eine Einheit bilden. Der Kopf ist durch zwei flache Tentakeln (Rhinophoren) verlängert. Außerdem ist er mit geöhrten Rhinophoren und Augen ausgestattet. Auf dem Rücken kann man eine transparente und zerbrechliche Schale erkennen. Am Hinterkörper formt der Fuß eine Art Saugscheibe. Färbung: braun oder grünlich-braun. Die jungen Schnecken sind rosa oder karminrot Größe: Bis zu 30 cm lang.
Unterscheidungsmerkmale: Weit ausgedehnte, flügelförmige Parapodien; Schale vorhanden, aber gering ausgeprägt.
Biologie: Diese pflanzenfressende Art ernährt sich hauptsächlich von grünen Algen. Die Fortpflanzung erfolgt im Frühling, dabei paaren sich oft mehrere Individuen, die sich reihenartig anordnen, gleichzeitig. Die orangefarbenen Eier werden in länglichen Bändern deponiert, die als »Meeresspaghetti« bekannt sind.

95 UMBRACULUM MEDITERRANEUM

Warzige Schirmschnecke

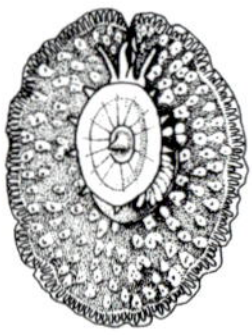

Klasse: Gastropoda
Ordnung: Pleurobranchiomorpha
Familie: Umbraculidae
Verbreitung: Mittelmeer, im Ost-Atlantik von Portugal bis nach Cap Verde.
Lebensraum: Auf Detritus, sandig-schlammigen Böden oder in der Nähe von *Posidonia*-Wiesen, in 15 - 20 m bis in über 50 m Tiefe.
Beschreibung: Relativ große, runde und hohe Schnecke, die einen gut entwickelten und vorderseitig geteilten Fuß besitzt. Ihr Mantel wird von einem platten, ovalen Rückenschild bedeckt, der wesentlich kleiner als das Tier selbst ist. Der Rücken ist mit ungleichförmigen Knötchen besetzt. Auf dem Kopf kann man zwei geöhrte Tentakel erkennen. Unter dem Rückenschild ragt die große Kieme federartig heraus. Das Schild ist weißlich, der Fuß des Tieres orangefarben oder braun. Die Tentakel sind weiß und der Mantel weißlich mit orangefarbenen Rändern. Größe: Bis zu 18 - 19 cm lang.
Unterscheidungsmerkmale: Deutlich sichtbares Rückenschild, das wesentlich kleiner als das Tier ist; zweigeteilter Fuß; zahlreiche Tuberkel.
Biologie: Diese Art ist nachtaktiv und liegt während des Tages bis zum Rückenschild im Sediment vergraben. Sie vermehrt sich zwischen August und März und deponiert ihre Eier in einem hellorangenen, kreisförmigen Band. Sie ernährt sich hauptsächlich von Schwämmen.

96 THURIDILLA HOPEI

Bunte Samtschnecke

Klasse: Gastropoda
Ordnung: Sacoglossa
Familie: Elysiidae
Verbreitung: Mittelmeer.
Lebensraum: Felsige Böden mit reichen Konkretionen, von der Wasseroberfläche bis in wenige Meter Tiefe.
Beschreibung: Anmutig wirkender schneckenförmiger, länglicher und platter Körper. Der vordere Teil des Körpers ist mit einem Paar geöhrten Rhinophoren ausgestattet. Die Mantelseiten sind erweitert und bilden flügelähnliche, breite und gewellte Parapodien, die nah auf dem Rücken zusammenstehen. Auf der Vorderseite laufen die Parapodien bis zum Kopf; auf der Rückseite vereinen sie sich mit dem Fuß, der sich sonst aber nicht deutlich vom Körper unterscheiden läßt. Die Grundfarbe der Schnecke ist dunkelviolett oder ein zu schwarz tendierendes Blau; der Mantel ist an seinen Rändern gelb, weiß oder blau. Die Rhinophoren weisen eine doppelte Borte in gelb und blau auf und sind weiß gestreift. Größe: Bis zu 25 - 30 cm lang.
Unterscheidungsmerkmale: Glatter und langer Körper; lange, gerollte Rhinophoren mit gelben Rändern.
Biologie: Viele Aspekte wie z. B. die Ernährung dieser Art sind noch unbekannt. So wird sie als pflanzenfressend eingestuft, obwohl sie sich wahrscheinlich auch von Schwämmen ernährt. Gegen Angriffe verteidigt sie sich mit einem säurehaltigen Sekret, das von speziellen Rückendrüsen gebildet wird.

97 CHROMODORIS LUTEOROSA

Gefleckte Sternschnecke

Klasse: Gastropoda
Ordnung: Nudibranchia
Familie: Chromodorididae
Verbreitung: Mittelmeer (wahrscheinlich nur im westlichen Becken), im Ost-Atlantik vom Golf von Biscaya bis Ghana.
Lebensraum: Auf felsigen Böden, harten Substraten, in Felsspalten und unter Steinen, in 5 bis 60 m Tiefe.
Beschreibung: Flache Nacktschnecke mit länglicher Form, Ränder der Vorderseite geradlinig, die der Rückseite leicht spitz zulaufend. Der Rücken ist glatt. Die Kiemenkrone besteht aus 6 - 9 Tentakeln, die mit einer Flosse versehen sind; die Rhinophoren sind lamellenförmig. Grundfarbe ist violett. Rücken und Schwanz sind mit verschiedenförmigen, teilweise ineinanderlaufenden gelben Flecken besetzt, die durch einen hellen Rand abgegrenzt werden. Rhinophoren und Kiemen sind dunkelviolett und an den Spitzen weiß. Der Rückenrand ist mit drei farbigen Bändern (weiß-gelb-weiß) abgesetzt. Größe: Bis zu 55 mm lang.
Unterscheidungsmerkmale: Längliche Form; gefleckt; Kiemenbüschel und Kiemen mit je einer Flosse; lamellenförmige Rhinophoren, gelb-weiß-gelb gestreifter Rückenrand.
Biologie: *C. luteorosa* ernährt sich von Schwämmen, besonders von *Aplysilla rosea*. Die rosa-orangefarbenen Eier werden in zylindrischen Bändern aus transparentem Schleim abgelegt. Entlang der Rückenlinie befinden sich zahlreiche Hautdrüsen, die eine Verteidigungsfunktion haben.

98

HYPSELODORIS ELEGANS
Gelb-violette Sternschnecke

Klasse: Gastropoda
Ordnung: Anthobranchia
Familie: Chromodorididae
Verbreitung: Mittelmeer und Atlantik.
Lebensraum: Felsige Böden, *Posidonia*-Wiesen, im Detritus, von der Wasseroberfläche bis in 50 m Tiefe.
Beschreibung: Dicker, länglicher und im Querschnitt fast viereckiger Körper. Der vordere Fußrand besteht aus zwei Lamellen, der Mantelrand ist oft gewellt. Seine zwei Rhinophoren bestehen aus schrägstehenden Lamellen (20 - 30). Auf der Hinterseite des Körpers öffnet sich die Ausströmöffnung (Orifizium) des Kiemenbüschels, der aus einflossigen Elementen gebildet ist. Die Grundfarbe des Körpers variiert von hellem Blauviolett bis Hellgrün. Der Mantelrand ist lebhaft gelb. Der Körper ist mit unregelmäßigen, gelben Flecken übersät, die teilweise ineinander verschmelzen. Die Rhinophoren sind einheitlich gefärbt, die Kiemen gelb gestreift. Diese Spezies ähnelt der sehr seltenen *H. webbi* (max. 100 mm), die aber kleiner ist und sich durch gelbe Längsstreifen unterscheidet. Größe: Bis zu 190 mm lang.
Unterscheidungsmerkmale: Große Schnecke; ihr Kiemenbüschel ist heller als ihr Körper; lebhaft gelber Mantelrand.
Biologie: Diese Spezies pflanzt sich im Sommer fort, nicht selten kann man dann zwei Individuen bei der Paarung beobachten. Die Eier haften in gallertartigen Bändern zusammen. Die Schnecke ernährt sich von Schwämmen der Gattung *Ircinia.*

99

PELTODORIS ATROMACULATA
Leopardenschnecke

Klasse: Gastropoda
Ordnung: Anthobranchia
Familie: Discodorididae
Verbreitung: Mittelmeer.
Lebensraum: Felsige Böden, von 5 - 10 m bis in 40 - 50 m Tiefe.
Beschreibung: Wegen ihres typischen Äußeren zählt diese braune Spezies zu den bekanntesten Nacktschnecken. Sie ist rund, platt und hat braune Flecken auf weißem Grund, weshalb sie auch »Kleine Meerkuh« genannt wird. An ihrem Hinterteil kann man den aus dreiflossigen Kiemen gebildeten Kiemenbüschel erkennen. Am Vorderteil befinden sich dicke, aus Lamellen gebildete Rhinophoren. Die Oberseite ist mit feinen Körnchen besetzt und fühlt sich rauh an. Größe: Bis zu 15 cm lang.
Unterscheidungsmerkmale: Gefleckter Körper; Kiemenbüschel mit dreiflossigen Kiemen; aus Lamellen gebildete Rhinophoren.
Biologie: Die Leopardenschnecke ist ein Zwitter und vermehrt sich im Herbst. Ihre Eier legt sie in Form langer, gallertartiger, gelblicher Bänder ab. Diese zerfallen nach und nach, sobald alle Larven komplett entwickelt und in das planktonische Stadium übergegangen sind. Beim Übergang zur bodenorientierten Lebensweise durchlaufen sie eine Metamorphose. Man findet die Schnecke überwiegend auf dem Feigenschwamm *(Petrosis ficiformis)*, von dem sie sich ernährt.

100 FLABELLINA AFFINIS

Violette Fadenschnecke

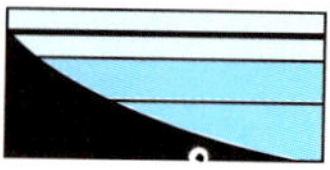

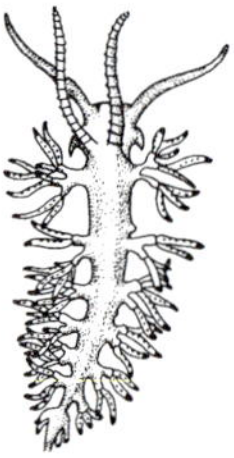

Klasse: Gastropoda
Ordnung: Nudibranchia
Familie: Flabellinidae
Verbreitung: Mittelmeer, Ost-Atlantik.
Lebensraum: Felsige Böden mit reichen Hydrozoen-Beständen, in 5 bis 50 m Tiefe.
Beschreibung: Langer Körper mit spitz zulaufendem, aber kurzem Schwanz. Entlang des Rückens befinden sich an beiden Seiten je 6 - 9 kurze Anhänge, die wiederum lange, in Gruppen zu je 3 - 9 zusammengefaßte Rückenpapillen (Cerata) tragen. Auf dem Kopf sitzt ein Paar langer, glatter Tentakel. In der Regel ist die Schnecke leuchtend purpur gefärbt, ihr Kopf ist dunkler. Den Verdauungsapparat und die rötliche Leberdrüse, die sich bis in die Rückenpapillen erstreckt, kann man durchscheinen sehen. Eine verwandte Art ist *F. babai.* Sie ist hyalinweiß, ihre Rhinophoren- und Rückenpapillenspitzen sind gelb oder orange. Größe: Bis zu 30 - 40 mm lang.
Unterscheidungsmerkmale: Mit Ringen besetzte Rhinophoren; in Gruppen zusammengefaßte Rückenpapillen (Cerata).
Biologie: *F. affinis* ist nahrungsmäßig auf die Polypenbasis der Hydroiden *(Eudendrium spec.)* spezialisiert, man kann sie leicht zwischen ihren Kolonien entdecken. Sie ist gegen die Nesselzellen der Hydroiden immun und benutzt sie sogar zur eigenen Verteidigung. Die Fortpflanzung erfolgt zwischen März und September.

101 GODIRA BANYULENSIS

Große Orangerote Fadenschnecke

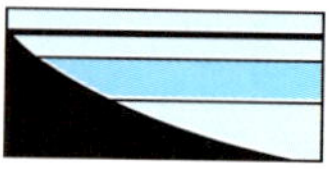

Klasse: Gastropoda
Ordnung: Nudibranchia
Familie: Facelinidae
Verbreitung: Mittelmeer.
Lebensraum: Felsige Böden oder Detritus, in 10 bis 30 m Tiefe.
Beschreibung: Diese Art ist die größte *Aeolidia*-Nacktkiemerschnecke, die im Mittelmeer vorkommt. Ihre Form ist der *Flabellina* ähnlich, doch sind ihre zahlreichen Rückenpapillen zylinderförmig und spitz sowie in 5 - 6 Gruppen hufeisenförmig angeordnet. Die Basis der glatten und langen MundTentakel ist ziemlich eben. Die Rhinophoren bestehen aus Lamellen. Ihre Farbe ist in der Regel hellorange, entlang des Rückens verläuft bis zum vorderen Rand der Mund-Tentakel eine weiße Mittellinie. Eine weitere, identische Linie läuft längs der Körperseiten und verbindet so die Ansätze der Cerata-Gruppen miteinander. Der Vorderrand des Fußes und die Rhinophoren sind dunkelorange. Der dunkelrote Kiefer und die Verzweigungen der dunkelorangenen Leberdrüse scheinen durch. Größe: Bis zu 70 mm lang.
Unterscheidungsmerkmale: Sehr lange, glatte Mundtentakel; zylindrische und dunkelorangefarbige Cerata-Spitzen, die in Grüppchen hufeisenförmig zusammenstehen.
Biologie: Diese Art ernährt sich vermutlich von Hydroiden und Bryzoen. Bei Bedrohung richtet sie schnell ihre Rückenpapillen auf, als ob es Stacheln wären.

102 CRATENA PEREGRINA

Wanderfadenschnecke

Klasse: Gastropoda
Ordnung: Nudibranchia
Familie: Facelinidae
Verbreitung: Mittelmeer.
Lebensraum: Felsige Böden und *Posidonia*-Wiesen, von der Wasseroberfläche bis in 30 - 40 m Tiefe.
Beschreibung: Dünner, länglicher Körper, der nach hinten spitz zuläuft. Der vordere Körperteil trägt zwei nach hinten gebogene Anhänge, die nicht mit den Tentakeln verwechselt werden dürfen. Die Tentakel sind sehr lang und schmal, die Rhionophoren spitz und glatt. Die Rückenpapillen sind zylindrisch, spitz und auf 8 - 10 Gruppen an jeder Körperseite verteilt. Der Körper ist durchscheinend weiß, die Mundtentakel, der Schwanz und die Spitzen der Rückenpapillen (Cerata) sind opak-weiß. Zwischen der Ansatzstelle der Mundtentakel und den Rhinophoren kann man leicht zwei orangefarbene Flecken erkennen; dasselbe Orange weisen auch die Spitzen der Rhinophoren auf. Die Rückenpapillen sind karminrot oder violett. Größe: Bis zu 5 cm lang.
Unterscheidungsmerkmale: Tentakelförmige, nach hinten gebogene Anhänge am Vorderteil; orangene Flecken unmittelbar vor den Rhinophoren; karminrote oder violette Rückenpapillen mit weißer Spitze.
Biologie: Fortpflanzung Februar bis September. Ihre Eier legt sie in langen, dünnen, rosafarbenen Nestern ab. *C. peregrina* ernährt sich von Hydroiden der Gattung *Eudendrium.*

103 HYPSELODORIS TRICOLOR

Dreifarbige Sternschnecke

Klasse: Gastropoda
Ordnung: Nudibranchia
Familie: Chromodorididae
Verbreitung: Mittelmeer, im Ost-Atlantik vom Golf von Biscaya bis zu den Küsten Afrikas.
Lebensraum: Felsige oder schlammige Böden, im Detritus, in 10 - 15 m bis in über 50 m Tiefe.
Beschreibung: Langer, fast prismenförmiger, rechteckiger Körper, der sich nach hinten zu einer Spitze verjüngt. Der vordere Teil des Körpers ist abgerundet und trägt rückenseitig ein aus schrägstehenden Lamellen bestehendes Rhinophorenpaar, das an den jeweiligen Ansatzstellen von einem erhöhten Kragen umgeben ist. Manchmal sitzen dort auch kleine Knötchen. Die Kiemenkrone ist gefiedert. Die Grundfarbe ist ein intensives Blau, auf dem Rücken verläuft eine weiße, gelbe oder orangefarbene Linie. Gegenüber den Rhinophoren und hinter dem Kiemenbüschel ist diese Line fast immer weiß. Auf der Rückenmitte verläuft eine weiße, selten gelbe Linie. Eine weitere verläuft an den Seiten am Schwanzende. Größe: Bis zu 15 - 20 mm lang.
Unterscheidungsmerkmale: Geringelte Rhinophoren; gefiedertes Kiemenbüschel; weiße Längslinie auf der Rückenmitte.
Biologie: Die weit verbreitete Art ernährt sich von hornigen Schwämmen der Gattung *Cacospongia,* auf denen man meist mehrere Schnecken zugleich beobachten kann. Sie verteidigt sich durch Absonderung giftiger Substanzen.

104 ARCA NOAE

Arche Noah

Klasse: Bivalvia
Ordnung: Arcina
Familie: Arcidae
Verbreitung: Mittelmeer, im Ost-Atlantik von Portugal bis Angola.
Lebensraum: Felsige oder steinige Böden und Detritus, in wenigen Metern bis in 100 m Tiefe.
Beschreibung: Stabile und relativ hohe Muschel von annähernd viereckiger Form mit gleichklappigen Schalen. Das Schalengelenk ist sehr lang, gerade und mit zahlreichen gleichförmigen Zähnchen besetzt, die an einen Reißverschluß erinnern. Rückseitig betrachtet ähnelt die Muschel mit ihrem erst gewölbten, dann ebenen Teil an das Profil eines Schiffes. Ihr kleiner Fuß trägt die Drüse, die der Verankerung dienende Sekretfäden (Byssus) absondert. Die Schalenoberfläche ist mit schuppigen, ausgeprägt radialen Rippen versehen. Das Schaleninnere ist glatt und glänzend. Farbe: ein schmutziges Weiß mit braun-rötlichen Bändern. Die Schalenoberfläche ist mit einer schuppigen und faserigen Schicht bedeckt. Größe: Bis zu 10 cm lang.
Unterscheidungsmerkmale: Fast rechteckige Schalenform; ungleich lange, zueinander aber gleichklappige Schalen; langes, geradliniges Schließgelenk.
Biologie: Die Spezies haftet auf harten Oberflächen. Oft ist sie vollständig vom Schwamm *Crambe crambe* (siehe Tafel 29) bedeckt. Sie ernährt sich von Mikroorganismen.

105 LITHOPHAGA LITHOPHAGA

Meerdattel

Klasse: Bivalvia
Ordnung: Mytilina
Familie: Mytilidae
Verbreitung: Mittelmeer, im Ost-Atlantik von Portugal bis Marokko. Auch im Roten Meer vorkommend.
Lebensraum: Auf Kalkgestein, von der Wasseroberfläche bis in 10 - 15 m Tiefe.
Beschreibung: Längliche, fast zylindrische Muschel mit gleichen Schalenklappen; am hinteren Ende ist sie zusammengedrückt. Die zarte Klappe ist von einem glänzenden Mantelgewebe (Periostracum) umgeben, auf dem man mehr oder weniger deutlich die Wachstumsstreifen erkennen kann. Das Schalenschloß besitzt keine Zähne. Das Schaleninnere ist glatt, glänzend und perlmuttartig. Färbung: ein einheitliches Rotbraun, das Schaleninnere ist weiß-bläulich oder gelblich. Größe: Bis zu 10 - 12 cm lang.
Unterscheidungsmerkmale: Glatte, zylindrische Muschel mit gleichförmigen Schalenklappen; abgerundete Schalenenden; zahnloses Schloß.
Biologie: Diese Art ist bekannt dafür, daß sie das Kalkgestein, auf dem sie lebt, mittels eines Sekrets durchlöchern kann. Das schwefelhaltige Schleimsekret löst den Felsen langsam auf. Die Meerdattel kann sich auf diese Weise tief in das Substrat bohren. Sie wächst relativ langsam und braucht 15 - 20 Jahre, um eine Länge von 5 cm zu erreichen. Durch die Nutzung von Seedatteln wurden viele Kalksteinriffe zerstört.

106 PINNA NOBILIS

Steckmuschel

Klasse: Bivalvia
Ordnung: Mytiloidea
Familie: Pinnidae
Verbreitung: Mittelmeer.
Lebensraum: Sandige oder sandig-schlammige Böden, auf Detritus und zwischen *Posidonia*-Wiesen, in 0 - 40 m Tiefe.
Beschreibung: Längliche, dreieckige Muschel mit gleichen Schalenklappen, die an ihrem Hinterrand abgerundet sind und am Vorderrand spitz zulaufen. Durch die starke Verkrustung der Schalenoberfläche liegen ihre Wachstumsstreifen in der Regel verborgen. Die Schaleninnenseite ist glatt und glänzt, der Abdruck der Muskeln, die die Schale verschließen, ist deutlich erkennbar. Färbung: außen bräunlich, das Schaleninnere ist rötlich und perlmuttartig. Größe: Bis zu 90 - 100 cm lang.
Unterscheidungsmerkmale: Muschel in Form eines länglichen Dreiecks; vorderseitig spitze und hinten abgerundete Schalenklappe.
Biologie: Über die Biologie von *P. nobilis* ist nur wenig bekannt, da diese Art durch Fischerei und Einschränkung ihres Lebensraums stark bedroht ist und erst seit kurzem von einer speziellen Forschungsgruppe systematisch untersucht wird. Die Steckmuschel ernährt sich über Filtration der im Wasser enthaltenen Nahrungspartikel. Oft beherbergt sie in ihrer Schale kleine Krabben *(Pinnotheres pisum)* oder Garnelen *(Pontonia pinnophylax)*.

107 PTERIA HIRUNDO

Vogelmuschel, Flügelauster

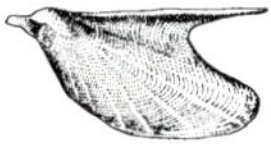

Klasse: Bivalvia
Ordnung: Pteriina
Familie: Pteriidae
Verbreitung: Mittelmeer, im Ost-Atlantik von den Britischen Inseln über Marokko und die Azoren bis zu den Kanaren.
Lebensraum: Lebt auf weichen Böden (Schlamm, Detritus) an Steinen festgeheftet, in 15 - 20 m bis in über 100 m Tiefe.
Beschreibung: Nicht sehr kräftig gebaute Muschel mit ungleichen Schalenklappen. Aufgrund zweier Fortsätze (»Ohren«) zu beiden Seiten des Schalenschlosses wird sie auch »Flügelauster« genannt. Besonders ausgeprägt ist das hintere Ohr, das durch eine rundliche Vertiefung deutlich von der Schalenklappe abgehoben ist. Die Muscheloberfläche ist mit feinen, den Wachstumsstreifen entsprechenden Schuppen bedeckt, die bei älteren Exemplaren meist verschwinden und eine glatte Oberfläche hinterlassen. Färbung: außen bräunlich, die innere Oberfläche ist gegen die Ränder hin dunkel schattiert und innen perlmuttartig. Größe: Bis zu 7 - 8 cm lang.
Unterscheidungsmerkmale: Muschel mit deutlich ausgeprägten flügelartigen Fortsätzen; zweifarbige Muschelinnenseite.
Biologie: Diese Spezies ist quasi eine mediterrane Verwandte der Auster, aus der man das Perlmutt gewinnt. Über ihre Biologie gibt es nur sehr geringe Kenntnisse. Charakteristisch ist ein stark verzweigter Byssus, mit dem die Vogelmuschel an den Gorgonien haftet.

108 PECTEN JACOBAEUS

Jakobs-Pilgermuschel

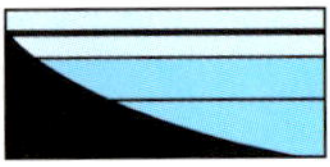

Klasse: Bivalvia
Ordnung: Pteriina
Familie: Pectinidae
Verbreitung: Mittelmeer, im Ost-Atlantik von Portugal bis Marokko.
Lebensraum: Sandige Böden oder Detritus, in 15 - 20 m bis über 100 m Tiefe.
Beschreibung: Muschel mit sehr unterschiedlichen Schalenklappen. Die rechte Schalenklappe, mit der das Tier am Substrat haftet, ist stark nach außen gewölbt, besitzt zwei auffällige seitliche Ohren und erhobene, eckige Rippen, die strahlenförmig angeordnet sind. Die linke, nach oben gerichtete Klappe hingegen ist flach oder leicht konkav. Die Oberfläche beider Klappen trägt sehr dünne, lamellenartige konzentrische Wachstumsstreifen. Die Muschelinnenseite gibt die Zeichnung und die Verzierungen der Außenseite negativ wider. Färbung: außen braun-rötlich, innen weißlich. Größe: Bis zu 13 - 15 cm Durchmesser.
Unterscheidungsmerkmale: Ungleiche Schalenklappen; deutliche Rippen; in Form und Größe gleiche seitliche Ohren.
Biologie: Fortpflanzung sich zwischen Dezember und Januar, ernährt sich durch Filtration von Phytoplankton. Entlang des äußeren Mantelrandes sitzen Tentakel, zwischen denen kleine Augen von intensiv blauer Farbe verstreut liegen. Sie verfügt über Linsenaugen und kann durch schnelles Öffnen und Schließen der Schalen kurze Strecken schwimmen.

109 SPONDYLUS GAEDEROPUS

Stachelauster

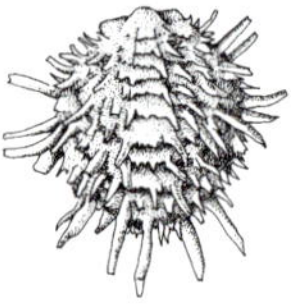

Klasse: Bivalvia
Ordnung: Pterioiida
Familie: Spondilidae
Verbreitung: Mittelmeer und im Ost-Atlantik von Süd-Portugal bis Marokko.
Lebensraum: Felsige Böden, wenige Meter bis in 50 m Tiefe.
Beschreibung: Kräftige und stabile Muschel mit ungleichen Schalenklappen. Die rechte, nach unten gekehrte Klappe ist höher und gewölbter als die linke und besitzt eine lamellenähnliche äußere Verzierung. Die linke Klappe trägt lange, ungleichmäßige Stacheln. Die Schaleninnenseite ist weiß und porzellanartig, der Schließmuskelabdruck ist deutlich erkennbar. Am Muschelschloß sitzen auf beiden Klappen Zähnchen und Grübchen, die für einen perfekte Verschluß der Muschel sorgen. Die linke Klappe ist violett gefärbt, die rechte weißlich. Größe: Bis zu 10 - 15 cm Durchmesser.
Unterscheidungsmerkmale: Sehr robuste Klappen; die linke Klappe trägt in Form, Größe und Verteilung unregelmäßige Stacheln.
Biologie: Die Stachelauster ist wie ein Felsstück fest am Boden verhaftet und ernährt sich von Suspensionspartikeln. Die ausgewachsene Stachelauster stellt ein ideales Substrat für andere Organismen dar, vor allem für den Schwamm *Crambe crambe*, der sie komplett bedeckt. Intensive Nutzung sowie eine Epidemie haben die Populationen stark reduziert.

110 LIMA LIMA

Feilenmuschel

Klasse: Bivalvia
Ordnung: Pteriina
Familie: Limidae
Verbreitung: Mittelmeer, Ost-Atlantik.
Lebensraum: Felsige Böden oder Detritus, an der Wasseroberfläche bis in 40 - 50 m Tiefe.
Beschreibung: Robuste, gleichklappige Muschel von länglich-ovaler Form. Der vordere Teil ist kurz und ganz geschlossen, der hintere Teil ist teilweise geöffnet und erscheint abgeschlagen. Die Ohren sind klein und ungleich. Kennzeichnend für die Muscheloberfläche sind stark ausgeprägte und mit stacheligen Schuppen versehene radiale Rippen. Der Klappenrand ist gezähnt. Die Muschel ist einheitlich weißbräunlich gefärbt, außen jedoch opak und innen glänzend. Der Feilenmuschel ähnlich ist die Art *Lima hians*; sie unterscheidet sich vor allem durch eine dünnere, schlankere Schale und durch die rosa-orangefarbene Färbung des darin lebenden Mollusken. Größe: Bis zu 7 cm Durchmesser.
Unterscheidungsmerkmale: Länglich-ovale Muschel; Klappenoberfläche trägt radiale Rippen und stachelige Schuppen.
Biologie: Diese Art fixiert sich mit ihren robusten Byssusfäden fest am Substrat. Nähert man sich einem dieser Mollusken ganz vorsichtig, so kann man den reich mit Tentakeln besetzten Mantelrand erkennen; bei Störung werden sie aber augenblicklich zwischen die Klappen gezogen. Die Tentakel sind haftend.

111 VENUS VERRUCOSA

Warzige Venusmuschel

Klasse: Bivalvia
Ordnung: Venerina
Familie: Veneridae
Verbreitung: Mittelmeer, im Ost-Atlantik von den Britischen Inseln bis Angola. Sie wurde auch im Indischen Ozean bis nach Mozambique gemeldet.
Lebensraum: Sandige oder schlammige Böden, Detritus oder *Posidonia*-Wiesen, wenigen Meter bis in ca. 100 m.
Beschreibung: Kräftige, abgerundete Muschel mit fast gleichen Schalenklappen. Auf der Oberfläche trägt sie stark erhobene, lamellenförmige Wachstumsstreifen, die im Halbkreis angeordnet sind. Im hinteren sowie im vorderen Schalenbereich lösen sich diese Streifen in warzige Höcker auf, die in schrägen Reihen verlaufen. In aufgerichteter Position kann man die linke Klappe leicht an ihrem Zahn erkennen, in den sich die rechte Klappe perfekt einhaken läßt. Der Rand des Muschelschlosses ist gezähnt. Die Färbung variiert von weiß-gelblich zu hellbraun. Das Muschelinnere ist weiß und glänzt. Größe: Bis zu 4 - 6 cm Durchmesser.
Unterscheidungsmerkmale: Stark erhöhte konzentrische Streifen auf der Muscheloberfläche; in schrägen Reihen angeordnete Höcker im vorderen und hinteren Schalenbereich.
Biologie: Die Fortpflanzung erfolgt gegen Sommeranfang (Mai/Juni). Bis auf seine Siphone lebt der Mollusk im Substrat vergraben. Durch die Siphone atmet er und filtriert das Phytoplankton, von dem er sich ernährt.

112 SEPIA OFFICINALIS
Sepia

Klasse: Cephalopoda
Ordnung: Decabrachia
Familie: Sepiidae
Verbreitung: Mittelmeer, im Ost-Atlantik von Skandinavien bis Marokko.
Lebensraum: Sandige oder schlammige Böden, zwischen *Posidonia*-Wiesen oder anderen Blütenpflanzen, in wenigen Metern bis in über 100 m Tiefe.
Beschreibung: Cephalopode mit länglichem, breiten und flachen Körper. Der Körperrand ist von einem schmalen, lamellenförmigen Flossensaum umgeben. Der Kopf ist deutlich vom Körper abgesetzt und seitlich mit sehr gut entwickelten Augen ausgestattet. Der vordere Teil des Kopfes trägt eine Krone aus 10 Tentakeln: 8 kurze und seitlich 2 lange. Zwischen der Tentakelkrone befindet sich der Mund, der mit einem Kiefer ähnlich einem Pageienschnabel ausgestattet ist. Im Körperinnern als Stützelement der Schulp, der eine rudimentäre Schale darstellt. Je nach Umwelt, Stimmung und Lebensalter kann die Sepia äußerst schnell ihre Farbe wechseln. Größe: Bis zu 30 - 35 cm und 2 kg Gewicht.
Unterscheidungsmerkmale: 10 Tentakeln; abgeflachter, ovaler Körper; Präsenz einer inneren Stützstruktur (Schulp).
Biologie: Im Winter, nach der Paarung, begeben sich die Weibchen in Küstennähe, um dort ihre Eier abzulegen, die sie an *Posidonia*-Blättern oder anderen harten Substraten in geringen Tiefen festmachen.

113 LOLIGO VULGARIS
Gemeiner Kalmar

Klasse: Cephalopoda
Ordnung: Teuthida
Familie: Loliginidae
Verbreitung: Mittelmeer, im Ost-Atlantik von der Nordsee bis zum Golf von Guinea.
Lebensraum: Küstengewässer, in 10 - über 200 m Tiefe.
Beschreibung: Länglicher, schlanker Körper. An den Körperseiten sitzen zwei dreieckige Flossen, die über die Hälfte des Körpers bedecken. Die Augen sind gut ausgebildet und verfügen über eine Art transparentes Lid. Um den Mund befindet sich eine Membran mit Saugnäpfen sowie 10 Tentakeln: 8 kurze mit nur zwei Saugnapf-Reihen und 2 (echte) verlängerbare Tentakel mit vier Saugnapf-Reihen, die ausschließlich auf den breiteren Tentakelspitzen sitzen. Im Innern des Mantels befindet sich eine hornartige, transparente Schale. Die Färbung reicht von rot-braun zu rosa-hellblau. Größe: Bis zu 40 cm Länge.
Unterscheidungsmerkmale: Mundmembran mit Saugnäpfen; am Hinterkörper verbundene Flossen; die in der Mitte der Tentakel sitzenden Saugnäpfe sind größer.
Biologie: Am leichtesten kann man diese Art bei Nacht beobachten oder wenn sie (zwischen Dezember und Juli) in Küstennähe laicht. Die in gallertartige, weißliche Hülsen eingeschlossenen Eier werden an submersen Körpern festgemacht. Bei den Männchen sind die letzten Saugnäpfe des vierten linken Arms (Hektokotylus) in Papillen umgewandelt.

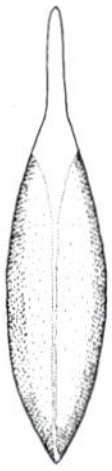

114 OCTOPUS VULGARIS
Gewöhnlicher Krake/Oktopus

Klasse: Cephalopoda
Ordnung: Octobrachia
Familie: Octopodidiae
Verbreitung: Mittelmeer und Atlantischer Ozean.
Lebensraum: Auf felsigen oder steinigen Böden mit vielen Spalten, auch in der Nähe sandiger Böden. Von wenigen Metern bis in 100 m Tiefe.
Beschreibung: Kugelförmiger Kopf, der deutlich vom Körper getrennt ist und über 8 Tentakel verfügt. Die gut ausgebildeten, leistungsfähigen Augen sitzen seitlich am Kopf. Auf einer Körperseite kann man kurz unterhalb der Augen ein kurzes Rohr herausragen sehen: den Trichter. In der Mitte der mit zwei Saugnapf-Reihen besetzten Tentakeln befindet sich der Mund; er ist mit einem robusten, hornartigen Schnabel ausgestattet. Die Tentakel sind an ihrem Ansatz durch eine Membran verbunden. Wird bis zu 10 kg schwer.
Unterscheidungsmerkmale: Doppelte Saugnapf-Reihe; Höcker auf der Manteloberfläche.
Biologie: Gegen Winterende begeben sich die geschlechtsreifen Tiere zur Fortpflanzung in Flachgewässer. Das Weibchen legt seine Eier (150.000 - 400.000) in langen Bändern ab, die es an Höhlenwänden befestigt und 1 - 2 Monate lang bewacht. Da sich das Weibchen während dieser Zeit nicht ernährt, stirbt es oft nach dem Schlüpfen der Jungtiere. Droht Gefahr, stößt der Krake eine Tintenwolke aus. Er kann aber auch schnell seine Farbe wechseln und sich dadurch dem Untergrund anpassen.

115 OCTOPUS MACROPUS
Langarmiger Krake

Klasse: Cephalopoda
Ordnung: Octobrachia
Familie: Octopodidae
Verbreitung: Mittelmeer, Atlantik und Pazifik.
Lebensraum: Auf felsigen oder steinigen Böden mit vielen Felsspalten, auch zwischen *Posidonia*-Wiesen, in wenigen Metern bis in 100 m Tiefe.
Beschreibung: Muskulöser, kräftiger Körper. Der Kopf ist deutlich vom Körper abgesetzt und im Vergleich zum Gewöhnlichen Kraken ovaler. Wenn sich das Tier auf dem Boden bewegt, sind seine 8 langen Arme weit ausgestreckt. Besonders lang sind die rückseitigen Arme, die auch größere Saugnäpfe tragen. Die Membran, die die Tentakel verbindet, ist gering ausgebildet. Bauchseitig in der Mitte öffnet sich der Mund, der aus einem hornigen, papageienähnlichen Schnabel besteht. Färbung: rötlich-braun mit weißen Flecken. Größe: Bis zu 2 kg Gewicht.
Unterscheidungsmerkmale: Sehr lange Arme; rötlich-braune Färbung mit weißen Flecken.
Biologie: Die Lebensgewohnheiten dieser Art und des Gewöhnlichen Kraken sind sehr ähnlich. Der Langarmige Krake vermehrt sich zwischen Frühling und Sommerende und scheint - da er am häufigsten nachts beobachtet wurde – wesentlich nachtaktiver als Oktopus zu sein.

116 CHTHAMALUS STELLATUS

Sternseepocke

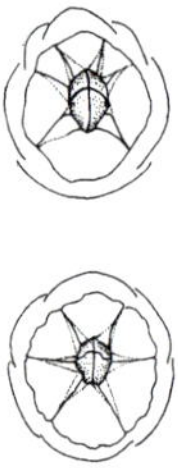

Klasse: Cirripedia
Ordnung: Toracica
Familie: Balanidae
Verbreitung: Mittelmeer, Schwarzes Meer, Ost-Atlantik.
Lebensraum: Felsige Böden oder Substrate, an der Wasseroberfläche *(C. stellatus)* bis in 30 - 40 m Tiefe *(Balenus perforatus)*.
Beschreibung: Die »Hundezähne« - so werden die Balanomorphen gemeinhin genannt - besitzen eine Schale in Form eines Kegelstumpfes, der aus sechs Kalkplatten zusammengesetzt ist. Die Kalkplatten sind mit der Gehäusebasis, mit der die Tiere am Substrat festgemacht sind, verbunden. Die in der Schalenmitte befindliche Öffnung des Cirripedia wird von beweglichen Innenklappen verschlossen; sind sie geöffnet, so kann man kleine faserige Fortsätze (Cirren) erkennen, die den Gliedmaßen dieser Krebstiere entsprechen. *C. stellatus* ist gräulich Weiß; *B. perforatus* rosa oder blaßrosa. Größe: *C. stellatus*: 10 - 12 mm; *B. perforatus*: 30 mm.
Unterscheidungsmerkmale: *C. stellatus*: ovale oder halbrunde Öffnung; flache oder kegelförmige äußere Schale, die mit Rippen versehen ist; die Schale ist oft zerfressen. *B. perforatus*: enge, fast dreieckige Öffnung; massive, deutlich konische Schale mit gefurchtem Belag.
Biologie: Die Balanomorphen sind Zwitter mit gegenseitiger, innerer Befruchtung. *C. stellatus* pflanzt sich ausschließlich im Sommer fort, *B. perforatus* ganzjährig.

117 STENOPUS SPINOSUS

Scherengarnele

Klasse: Crustacea
Ordnung: Decapoda
Familie: Stenopodidae
Verbreitung: Mittelmeer, Rotes Meer.
Lebensraum: Felsige Böden; in Höhlen lebend in 10 - 15 m, ansonsten bis in über 500 m Tiefe.
Beschreibung: Breiter, zusammengepreßter Körper, auf dessen Carapax (vom Kopf gebildetes Rückenschild) und Rostrum häufig nach vorn geneigte Stacheln sitzen. Vorderseitig kann man 3 gut ausgebildete Antennenpaare von fast gleicher Länge erkennen (2 Paare haben denselben Ursprung). Das dritte Beinpaar ist bei diesem Krustentier besonders auffällig: Es ist sehr dick und ragt weit über das Rostrum hinaus; zudem sind diese in einer gut ausgebildeten Zange endenden Beine mit Stacheln besetzt. Färbung: orangerot oder lebhaft gelb. Die Zangen sind weiß, die Antennen hell. Größe: Bis zu 7,5 cm lang.
Unterscheidungsmerkmale: Sehr langes drittes Gliedpaar mit einer gut ausgebildeten Zange; 3 Antennenpaare; stacheliger Körper.
Biologie: Überwiegend nachtaktiv, tagsüber auch an dunklen Orten wie Höhlen. Die Scherengarnele ernährt sich von Würmern, kleinen Kurstentieren, Mollusken und Fischparasiten. Da sie die Kiemen der Fische von den Parasiten reinigt, lassen sie sie ohne Furcht an sich herankommen. Die Scherengarnele vermehrt sich vonn April bis November.

118 PLESIONIKA NARVAL

Klasse: Crustacea
Ordnung: Decapoda
Familie: Parapandalidae
Verbreitung: Mittelmeer (im östlichen Teil weniger verbreitet), im Ost-Atlantik von den Kanaren bis Angola, Rotes Meer, Indischer Ozean.
Lebensraum: Sandige, sandig-schlammige oder felsige Böden, in 10 m (in Höhlen) bis in 900 m Tiefe.
Beschreibung: Anmutig erscheinender Krebs mit einem glatten Carapax (Rückenschild) und einem kleinen Längskiel hinter dem Rostrum. Das Rostrum ist lang, leicht nach oben gezogen und oben wie unten dicht mit Zacken versehen. Die letzten drei Gliederpaare sind besonders lang. Die Geißeln des ersten Antennenpaars sind länger als der Körper selbst. Färbung: blaßrot mit roten Längslinien, die durch 4 goldgelbe Streifen voneinander getrennt sind. Größe: Kann 10 cm Länge überschreiten.
Unterscheidungsmerkmale: Langes, oben und unten gezacktes Rostrum; Antennen, die länger als der Körper sind; rote und gelbe Streifen.
Biologie: *P. narval* vermehrt sich in der Regel von Frühling bis Herbst, meistens aber kann man die Weibchen mit ihren blau gefärbten Eiern im März sehen. Tagsüber bleibt dieser Krebs in den Löchern von schlammigen oder sandigen Böden, nachts oder in Höhlen taucht er in Schwärmen von mehreren Dutzend Individuen auf.

119 GNATHOPHYLLUM ELEGANS

Gepunktete Garnele

Klasse: Crustacea
Ordnung: Decapoda
Familie: Gnathophyllidae
Verbreitung: Mittelmeer, Ost-Atlantik.
Lebensraum: In *Posidonia*-Wiesen oder auf felsigen, dicht mit Algen bewachsenen Böden, in 2 - über 30 m Tiefe.
Beschreibung: Gedrungener, kugelförmiger Carapax (Rückenschild), oft wird er von einem kurzen Kamm überstiegen. Der obere Rand des kurzen, zusammengepreßten Rostrums ist mit 2 - 5 Zähnen versehen, der untere Rand mit nur einem Zahn. Das dritte Brustbeinpaar formt eine Art Deckel, der verbreitert ist und den Mund verdeckt. Die Beine sind gespalten, die Antennen sind so lang wie der Körper. Die kürzeren Antennen sind mit Geißeln ausgestattet. Färbung: dunkelbraun mit gelben Flecken auf dem Kopf-Brust-Schild und dem Hinterleib. Das Rostrum, das Endglied des Hinterleibs sowie Teile der Beine sind gelb oder rosa. Größe: Bis zu 35 mm Länge.
Unterscheidungsmerkmale: Breiter, gefleckter Körper; 2 - 5 Zähne auf der Ober- und ein Zahn auf der Unterseite des Rostrums.
Biologie: Eiertragende Weibchen kann man von Juli bis November beobachten; die Eier sind violett. Während des Tages versteckt sich dieser Krebs in Felsspalten oder in Löchern an der Basis von Posidonien; nachts schlüpft er aus seinem Loch, um Nahrung zu suchen.

120 PALAEMON SERRATUS

Große Felsengarnele

Klasse: Crustacea
Ordnung: Decapoda
Familie: Palaemonidae
Verbreitung: Mittelmeer, Schwarzes Meer, im Ost-Atlantik von Dänemark bis zum Golf von Guinea.
Lebensraum: Felsige Böden mit starkem Algenbewuchs, *Posidonia*-Wiesen, von der Wasseroberfläche bis in 10 - 15 m Tiefe. Auch in Lagunen verbreitet.
Beschreibung: Mittelgroße Garnele mit einem sehr langen, schmalen, nach oben gezogenen Rostrum. Die oberen und unteren Ränder des Rostrums sind anfangs gezackt; die Rostrumspitze ist gespalten. Das zweite Brustbeinpaar endet in einer asymmetrischen Zange. Der Körper ist transparent und leicht rosa; auf den abdominalen Segmenten sind abwechselnd Querbänder und dunkle Streifen zu erkennen, auf dem Carapax (Rückenschild) schräge Längsstreifen. Diese Art kann leicht mit *P. elegans* verwechselt werden, diese besitzt aber ein kürzeres Rostrum und lebt ausschließlich im Flachwasser und in Felstümpeln des Sublitorals. Größe: 10 - 11 cm Länge.

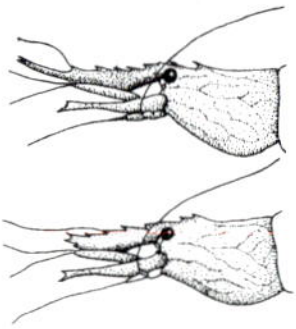

Unterscheidungsmerkmale: An seiner Spitze gespaltenes Rostrum, das leicht nach oben gezogen und zu etwa 3/4 gezähnt ist; transparenter Körper.
Biologie: Diese weit verbreitete Spezies pflanzt sich über das ganze Jahr hinweg fort. Das lichtscheue Tier kommt nachts aus den Felsspalten, in denen es sich versteckt, um Nahrung zu suchen.

121 HOMARUS GAMMARUS

Europäischer Hummer

Klasse: Crustacea
Ordnung: Decapoda
Familie: Nephropidae
Verbreitung: Mittelmeer und Atlantik.
Lebensraum: Auf verschiedenen Böden und in der Nähe von Höhlen; wenige Meter bis in über 50 m Tiefe.
Beschreibung: Der Europäische Hummer ist das größte Krustentier im Mittelmeer. Er besitzt zwei große, ungleiche Scheren: Mit der größeren zerschlägt er die Beute; die kleinere Schere, die mit Zähnen bewaffnet ist, verwendet er zum Zerlegen der Beute. In der Nähe der Augen und des spitz zulaufenden Rostrums sitzen zwei Antennenpaare: ein kurzes gespaltenes und ein langes. Der Carapax ist glatt, weist in seiner Mitte eine längliche Einbuchtung auf und trägt zwei Stacheln hinter den Augen. Färbung: schwarz-bläulich und auf dem Rücken gelb marmoriert; die Bauchseite ist gelblich. Größe: Bis zu 50 - 60 cm Länge.
Unterscheidungsmerkmale: Große, ungleiche Scheren.
Biologie: Diese Art lebt vorwiegend in Löchern, die sie in den Boden gräbt, oder in Felsspalten und Höhlen an der Basis von Riffen. Nachts sucht sie sich ihre Nahrung, die aus Mollusken, Würmern und toten Organismen besteht. Der Hummer vermehrt sich im Sommer, das Weibchen trägt die Eier 10 - 11 Monate lang. Die Scheren des Hummers können beim Menschen schwere Wunden verursachen. Der Europäische Hummer kann bis zu 60 Jahre alt werden.

122 PALINURUS ELEPHAS
Europäische Languste

Klasse: Crustacea
Ordnung: Decapoda
Familie: Palinuridae
Verbreitung: Mittelmeer und Atlantischer Ozean.
Lebensraum: Felsige Böden, zwischen 20 und 70 m Tiefe.
Beschreibung: Aufgrund ihrer Färbung, dem Fehlen von Scheren und den langen Antennen, die nach hinten gebogen sind und den Tierkörper weit überragen, ist diese Art unverwechselbar. Der fast zylinderförmige Carapax (Rückenschild) ist mit zahlreichen Stacheln besetzt. Die Hinterleibssegmente sind seitlich zugespitzt und entlang des hinteren Randes fein gezackt. Färbung: rötlich-braun oder violettbraun. Der Hinterleib (Abdomen) weist gelbliche Flecken auf. Die Beine sind längsgestreift. Ähnlich ist die Art *P. mauritanicus*, die aber in weit tieferen Gewässern (180 - 600 m) lebt; sie ist rosa-violett gefärbt und hat weiße Querstreifen auf den Beinen. Größe: Bis zu 50 cm lang.
Unterscheidungsmerkmale: Lange Antennen; das erste Gliederpaar endet in einer falschen Zange, Scheren fehlen.
Biologie: Zwischen Herbst und Frühling kann man die eiertragenden Weibchen dieser Art beobachten. Das Wachstum verläuft über Häutung. Die Langusten leben in Höhlen oder Felsspalten, die sie meist nachts verlassen, um nach Nahrung (Muscheln, Schnecken und Aas) zu suchen. In den Wintermonaten wandern die Individuen in tiefere Gewässer ab.

123 SCYLLARIDES LATUS
Großer Bärenkrebs

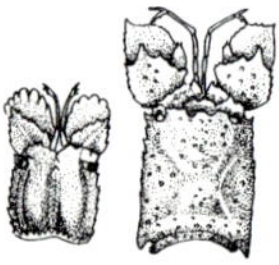

Klasse: Crustacea
Ordnung: Decapoda
Familie: Scyllaridae
Verbreitung: Mittelmeer, im Ost-Atlantik von Portugal bis Gambia (Großer Bärenkrebs) und vom Ärmelkanal über Marokko (Kleiner Bärenkrebs) bis zu den Kanaren.
Lebensraum: Felsige Böden, in wenigen Metern bis in über 50 m Tiefe (Großer Bärenkrebs). Auf felsigen Böden oder in *Posidonia*-Wiesen, in Felsspalten oder Höhlen, in wenigen Metern bis in 50 m Tiefe (Kleiner Bärenkrebs).
Beschreibung: Flacher und robuster Körper. Die Antennen sind zu kleinen Schaufeln umgewandelt. Der Schwanz ist breit. Beim Großen Bärenkrebs sind die vorderen Antennenränder glatt und der Körper mit dicken Körnchen, deren Basis haarig ist, bedeckt. Färbung: rötlich-brauner Körper, die kleinen Antennen sind violett; das erste Hinterleibssegment ist rot gestreift. Der Antennenrand des Kleinen Bärenkrebses ist gezähnt, auf dem Carapax sind 3 Längskiele zu erkennen. Er ist rötlich-braun gefärbt, trägt weißliche Stacheln und hat blaue Ringe an den Beinen. Größe: Großer Bärenkrebs: bis zu 45 cm. Kleiner Bärenkrebs: 16 cm.
Unterscheidungsmerkmale: Großer Bärenkrebs: glatter Antennenrand. Kleiner Bärenkrebs: gezackte Antennenränder.
Biologie: Der Große Bärenkrebs pflanzt sich im Frühling fort, der Kleine Bärenkrebs von Februar bis April und von Juli bis September. Beide Arten sind in ihrer Existenz bedroht.

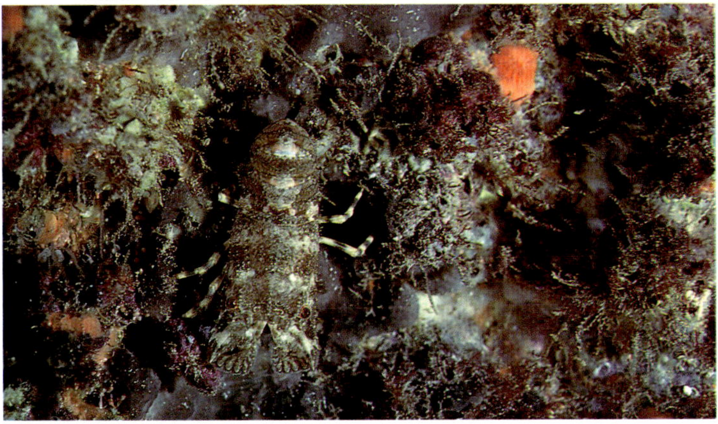

124 DARDANUS ARROSOR

Gewöhnlicher Einsiedlerkrebs

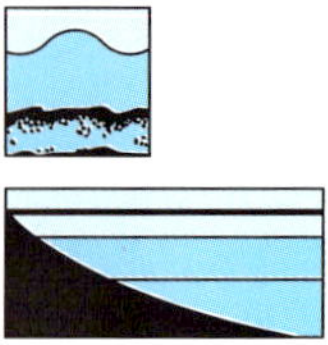

Klasse: Crustacea
Ordnung: Decapoda
Familie: Diogenidae
Verbreitung: Mittelmeer.
Lebensraum: Sandige Böden, Detritus, in wenigen Metern bis in 100 m Tiefe.
Beschreibung: Asymmetrischer Hinterleib, der keinen Panzer besitzt und von einer Muschel bedeckt wird. Auf dem Kopf sitzen zwei kurze, kräftige Augenstiele, die an der Spitze erweitert sind. Die linke Zange ist stärker ausgebildet als die rechte; beide Zangenenden sind schwarz oder gelblich. Zangen und Beine sind vorderseitig gezähnt und mit Flaum bedeckt. Die Färbung reicht von lebhaft rot zu orange. Die Augen sind bläulich, die Augenstiele sind abwechselnd rot und weiß gestreift. Größe: Bis zu 8 cm Länge.
Unterscheidungsmerkmale: Größere linke als rechte Zange; schwarze oder gelbliche Zangenspitzen; erweiterte Augenstiele.
Biologie: Die Larven dieser Art, die sich von Juli bis August vermehrt, sind von symmetrischer Gestalt. Schrittweise verliert sich diese Form, es bildet sich der asymmetrische, weiche Hinterleib aus, den das Krebstier in einer Muschel verbergen muß. Die Muschel wechselt es periodisch. Ganz eigentümlich für die Spezies ist, daß ihre Muschel mit einigen nesselnden Anemonen der Gattung *Calliactis parasitica* (siehe Tafel 55) vergesellschaftet ist.

125 PAGURUS PRIDEAUXI

Anemonen-Einsiedler

Klasse: Crustacea
Ordnung: Decapoda
Familie: Paguridae
Verbreitung: Mittelmeer, im Ost-Atlantik von Norwegen über die Britischen Inseln bis zum Kap Verde.
Lebensraum: Felsige oder sandige Böden und in der Nähe der *Posidonia*-Wiesen, in wenigen Metern bis in 400 m Tiefe.
Beschreibung: Der vordere Teil des Carapax ist verkalkt und breit. In der Mitte der rechten Zange befindet sich ein Vorsprung in Form eines spitzwinkligen Keils, der auf beiden Seiten von einer tiefen, glatten und einheitlich konvexen Vertiefung begleitet wird. Der Krebs ist intensiv rot gefärbt, die Augenstiele sind blaßgelb mit einem rötlichen oder lachsfarbenen Fleck auf dem distalen Abschnitt. Die Augen sind grün-grau. Die Zangen sind lachsfarben, hellgelb oder rötlich-braun, ihre Basis ist violett. Der Hinterleib ist lachsrosa. Größe: Bis zu 2 cm lang.
Unterscheidungsmerkmale: Die Ränder der Brustbeinzangen sind frei von Stacheln; die regelmäßig mit Höckern bedeckte rechte Zange weist in der Mitte einen einheitlich konvexen Vorsprung auf.
Biologie: Dieser Einsiedlerkrebs ist grundsätzlich mit der Aktinie *Adamsia carciniopados* (siehe Tafel 56) vergesellschaftet, die sein Gehäuse komplett überwächst. Eiertragende Weibchen kann man von März bis Dezember, hauptsächlich aber zwischen August und Oktober sehen.

126 GALATHEA STRIGOSA

Bunter Furchenkrebs

Klasse: Crustacea
Ordnung: Decapoda
Familie: Galatheidae
Verbreitung: Mittelmeer, im Ost-Atlantik von Norwegen über Marokko bis zu den Kanaren.
Lebensraum: Fels- oder Kiesböden, in 20 - 600 m Tiefe.
Beschreibung: Rücken- und bauchseitig flacher Körper mit einem verkalkten Carapax (Rückenschild), der länger als breit ist. Das Rostrum ist dreieckig und weist seitlich 4 Zacken auf. Das ziemlich lange und dicke erste Brustbeinpaar ist mit Stacheln besetzt; es endet in einer langen Zange. Das fünfte Beinpaar ist kürzer und dünner. Etwa die Hälfte des Hinterleibs ist zum Bauch hin eingeschlagen, wodurch diese Spezies eher mit den Paguren als mit anderen Krebstieren verwandt zu sein scheint. Färbung: bräunlich-rot oder braun-orange mit blauen oder violetten Bändern. Bis zu 15 - 17 cm Länge.
Unterscheidungsmerkmale: Dreieckiges Rostrum mit 4 seitlichen Zacken; zum Bauch hin gekrümmter Hinterleib; gut ausgebildetes, mit Stacheln besetztes erstes Brustbeinpaar, das große Zangen trägt.
Biologie: Die eiertragenden Weibchen kann man zwischen Dezember und August beobachten. Der fleischfressende Furchenkrebs lebt in der Regel in Felsspalten oder gräbt sich zwischen den Rhizomen von *Posidonia* Löcher in den Boden, aus denen er nachts herausschlüpft. Wird er erschreckt, flieht er und stößt einen klappernden Laut aus.

127 CALAPPA GRANULATA

Schamkrabbe

Klasse: Crustacea
Ordnung: Decapoda
Familie: Calappidae
Verbreitung: Mittelmeer, im Ost-Atlantik von Portugal bis Mauretanien.
Lebensraum: Sandige oder sandig-schlammige Böden und auf Detritus, in 15 - 20 m bis in 400 m Tiefe.
Beschreibung: Stark nach außen gewölbter Carapax, der nach vorne hin schmal zuläuft. Während die Vorderränder gezackt sind, trägt der Hinterrand ausgeprägte Zähne, unter denen das Krustentier seine Brustbeine biegen kann. Die sehr großen Zangen sind auf der Innenseite flach, die Außenseite ist mit Höckern sowie mit einem gezähnten Kamm ausgestattet. Der Carapax (Rückenschild) trägt dorsal längliche Rillen und Höcker. Färbung: gelblich mit auffälligen roten Flecken auf den Höckern. Größe: Bis zu 11 cm breit.
Unterscheidungsmerkmale: Stark gewölbter Carapax mit gezähnten Rändern; gut ausgebildete Zangen; rote Höcker.
Biologie: Fühlt sich dieser Krebs bedroht, zieht er seine Zangen nahe an den Carapax heran. Eiertragende Weibchen wurden von Juni bis September beobachtet. Vorwiegend scheint die Krabbe sich von Mollusken zu ernähren. Vermutlich bieten die größeren Exemplare den jungen Tieren unter ihren Zangen Schutz.

128 DROMIA PERSONATA
Wollkrabbe

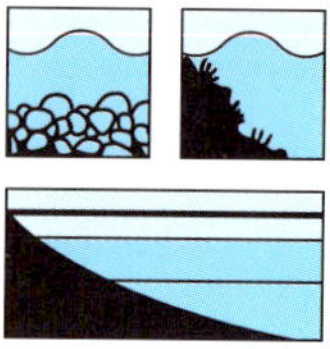

Klasse: Crustacea
Ordnung: Decapoda
Familie: Dromiidae
Verbreitung: Mittelmeer, im Ost-Atlantik von der Nordsee bis nach Mauritanien.
Lebensraum: Felsige und steinige Böden oder in Höhlen, in wenigen Metern bis in 130 m Tiefe.
Beschreibung: Der dichte Flaum auf den Beinen sowie auf dem mehr breiten als langen Carapax verleiht dieser Krabbe ihr wolliges Aussehen. Sie besitzt gut ausgebildete, robuste Zangen, die - mit Ausnahme des Endabschnitts – ebenfalls behaart sind. Das vierte und fünfte Beinpaar kann den Rücken umgreifen und endet jeweils in einer kleinen, unvollständigen Zange. Der Körper ist dunkelbraun gefärbt, die Zangenspitzen sind hellrosa oder weiß. Größe: Bis zu 9 - 10 cm breit.
Unterscheidungsmerkmale: Mit einem dichten Flaum überwachsener Körper; am Vorderrand sitzen 5 Zähne; helle Zangenspitzen.
Biologie: Mit dem fünften, auf den Rücken gekehrten Beinpaar trägt die Wollkrabbe zu ihrem Schutz gewöhnlich Schwämme (z. B. *Suberites domuncola*), Algen oder Ascidien (z. B. *Aplidium sp.*) mit sich herum, unter denen sie sich versteckt. Eiertragende Weibchen kann man von Juli bis Oktober beobachten. Die Wollkrabbe ist vermutlich pflanzenfressend (herbivor).

129 ERIPHIA VERRUCOSA
Taschenkrebs

Klasse: Crustacea
Ordnung: Decapoda
Familie: Xanthidae
Verbreitung: Mittelmeer, Schwarzes Meer, im Atlantischen Ozean vom Golf von Gascogne bis nach Mauretanien.
Lebensraum: Felsige Böden, von der Wasseroberfläche bis in wenige Meter Tiefe.
Beschreibung: Flacher oder leicht gewölbter Carapax (Rückenschild), dessen seitliche Vorderränder kürzer und stacheliger als die Hinterränder sind. Der vordere Rückenabschnitt trägt Höcker und Borsten. Die Augen werden von breiten, gezähnten Augenhöhlen geschützt. Das erste Beinpaar endet in kräftigen, unterschiedlich geformten Zangen. Alle Gliedmaßen sind borstig. Der Rücken des Männchens ist länglich, der des Weibchens deutlich oval. Färbung: Violett mit grünlicher Tönung auf dem Rücken, der Bauch ist elfenbeinfarben oder rosa. Die Zangenspitzen sind schwarz. Größe: Bis zu 12 - 13 cm breit.
Unterscheidungsmerkmale: Borstige Gliedmaßen; gezähnte Ränder; Höcker und Stacheln auf dem vorderen Rücken; gut ausgebildete Zangen.
Biologie: Während der weniger heißen Stunden des Tages kann dieser typische Flachwasser-Bewohner für kurze Zeit an Land kommen. Seine eiertragenden Weibchen kann man von Mai bis August beobachten. Der Taschenkrebs ernährt sich hauptsächlich von Detritus, von Resten toter Tiere oder von Mollusken und Würmern, die er meist nachts fängt.

130 PACHYGRAPSUS MARMORATUS
Felsenkrabbe

Klasse: Crustacea
Ordnung: Decapoda
Familie: Grapsidae
Verbreitung: Mittelmeer, Schwarzes Meer, im Ost-Atlantik von Großbritannien über Marokko bis zu den Kanaren.
Lebensraum: Felsige Böden, von der Wasseroberfläche bis in wenige Meter Tiefe.
Beschreibung: Flacher, fast viereckiger Carapax mit geraden, parallel verlaufenden Seitenrändern. Das erste ungleiche Beinpaar ist ziemlich dick und – ganz im Gegensatz zu den anderen Beinen – spärlich mit Borsten besetzt. Die Zangen sind kräftig und bei den Männchen besser ausgebildet. Bei den jungen Tieren ist der Rücken rötlich-grau gefärbt, bei den ausgewachsenen bräunlich-violett mit gelben Maserungen. Der Bauch ist weiß oder gelblich, die Augen sind grünlich. Größe: Bis zu 4 - 5 cm breit.
Unterscheidungsmerkmale: Fast viereckiger Carapax; gut ausgebildetes, fast borstenloses erstes Beinpaar.
Biologie: Diesen Flachwasser-Bewohner kann man oft außerhalb des Wassers antreffen. Bei hoher Luftfeuchtigkeit kann er auch mehrere Stunden an Land verbleiben. Wird die Felsenkrabbe, die übrigens sehr gut sieht, gestört, flüchtet sie augenblicklich in Felsspalten, dabei kommt ihr die flache Form ihres Carapax zugute. Die eiertragenden Weibchen kann man von Mai bis Juli beobachten. Diese Art ernährt sich von organischem Detritus und von kleinen Invertebraten.

131 MAJA SQUINADO
Große Seespinne

Klasse: Crustacea
Ordnung: Decapoda
Familie: Majidae
Verbreitung: Mittelmeer, im Ost-Atlantik von der Nordsee bis nach Namibia.
Lebensraum: Felsige Böden oder zwischen Felsblöcken mit Algenbewuchs, in wenigen Metern bis in 60 - 70 m Tiefe.
Beschreibung: Eierförmiger Carapax, der sowohl in Längswie auch Querrichtung stark gewölbt ist. Das Rostrum wird von zwei getrennten Stacheln gebildet. An den seitlichen Rändern sitzen zahlreiche Stacheln. Über den Carapax sind stachelige Höcker verstreut, an denen Algen oder Schwämme hängen. Alle Brustbeine sind ungefähr gleich lang. Färbung: rötlich oder gelblich-braun mit helleren Beinen. Große Ähnlichkeit mit *M. squinado* weist *M. crispata* auf, dessen Körper aber dick mit Verkrustungen besetzt ist und der ein längeres Rostrum und einen seitlich eingedrückten Carapax besitzt. Größe: Bis zu 15 - 18 cm Breite.
Unterscheidungsmerkmale: Ovaler, gewölbter Körper; aus zwei Stacheln bestehendes Rostrum; stachelige Seitenränder; behaarter Carapax.
Biologie: Von April bis August kann man die eiertragenden Weibchen der Seespinne beobachten. Zur Paarung versammeln sich Gruppen ausgewachsener Exemplare von *M. squinado* im Flachwasser. Das in der Regel nachtaktive Tier ernährt sich von Invertebraten und toten Organismen.

132 HERBSTIA CONDYLIATA

Runzelige Seespinne

Klasse: Crustacea
Ordnung: Decapoda
Familie: Majidae
Verbreitung: Mittelmeer, im Ost-Atlantik von der nordafrikanischen Küste bis zum Golf von Biscaya.
Lebensraum: Felsige Böden, in Höhlen oder Felsspalten, in wenigen Metern bis in 50 - 60 m Tiefe.
Beschreibung: Nahezu dreieckiger Körper, der in Längsrichtung stärker entwickelt ist als in Querrichtung. Das Rostrum besteht aus zwei kurzen, aber deutlich voneinander getrennten Stacheln. Der Carapax (Rückenschild) weist dorsal nur wenig Stacheln, dafür aber zahlreiche kugelförmige Höcker auf. Das erste Beinpaar ist gut ausgebildet und endet in kräftigen Zangen, die in der Regel zum Mund hin gebogen sind. Der Körper ist rötlich-grau und trägt blaue Streifen. Die Gliedmaßen sind rot. Größe: Bis zu 3 - 4 cm breit.
Unterscheidungsmerkmale: Mit Höckern und Kugeln versehener Carapax; dickere Zangen als Gliedmaßen; hinter den Augen sitzender und nach vorn gerichteter Stachel.
Biologie: Diese Krabbe bevorzugt beschattete Biotope. Deshalb findet man sie fast ausschließlich in Höhlen und dort teils in beachtlicher Entfernung vom Eingang. Außerhalb der Höhle kann man sie nur nachts beobachten, wird sie aber angeleuchtet, flieht sie sofort. In den Höhlen ist sie auch tagsüber aktiv. Im Juli kann man die eiertragenden Weibchen sowie Tiere beobachten, die sich zur Paarung versammeln.

133 PERICLIMENES AMETHYSTEUS

Gebänderte Partnergarnele

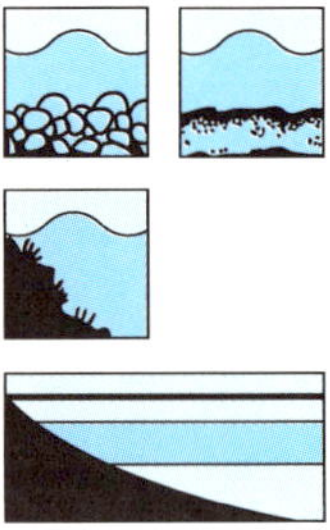

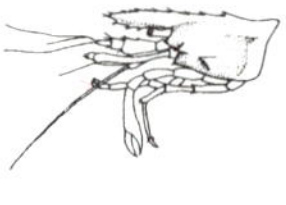

Klasse: Crustacea
Ordnung: Decapoda
Familie: Palaemonidae
Verbreitung: Mittelmeer.
Lebensraum: Auf Detritusböden in der Nähe von Seeanemonen, in wenigen Metern bis in 10 - 15 m Tiefe.
Beschreibung: Länglicher und seitlich zusammengedrückter Körper, der dem einer Garnele ähnelt. Das spitz zulaufende Rostrum ist nach oben gezogen und oben wie unten gezähnt. Die letzten drei Beine sind dünn. Das erste Brustbeinpaar endet in einer Zange, deren Rand schneidend glatt ist. Das transparente Tier hat zwei dicke, helle »V«-förmige Bänder auf dem Carapax und helle Flecken auf den Körperseiten. Die Zangen des zweiten Beinpaars sind gelblich und mit einem violetten Streifen versehen. Die Beine sind blau gestreift. Größe: Bis zu 25 - 30 cm Länge.
Unterscheidungsmerkmale: Oben und unten gezähntes Rostrum; violetter, »V«-förmiger Fleck auf dem Carapax.
Biologie: Diese Art lebt gewöhnlich zwischen den Tentakeln von Anemonen: Siebanemone, Wachsrose, Sand-Goldrose und Felsengoldrose. Die Garnele wird so vor Freßfeinden geschützt, die Anemone scheint zumindest keinen Nachteil durch diese Lebensgemeinschaft zu haben. Die Partner-Garnele schützt sich vor den Nesselzellen der Anemonen, indem sie nach jeder Häutung deren Schleim auf ihren Körper verteilt.

134 MYRIAPORA TRUNCATA
Falsche Koralle

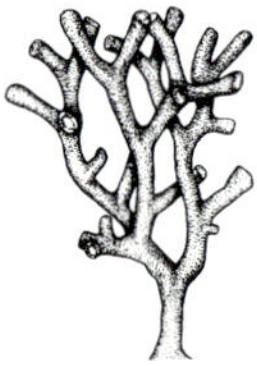

Klasse: Bryozoa
Ordnung: Ascophora
Familie: Myriozoidae
Verbreitung: Mittelmeer
Lebensraum: Schwach erhellte felsige Böden, in Felsspalten und Höhlen, in wenigen Metern bis in 100 m Tiefe.
Beschreibung: Sehr charakteristische bäumchenförmige Kolonie, die sich deutlich gegabelt (dichotom) in alle Richtungen verzweigt. Ihre im Querschnitt runden Zweige sind kräftig und untersetzt, die breiteren Spitzen erscheinen gestutzt. Häufig kann man einen kurzen, gedrungenen Stumpf erkennen, der am Substrat haftet. Von der Nähe betrachtet erscheinen die Zweige mit kleinen Poren übersät, die den Öffnungen der Einzeltiere (Zooiden) entsprechen. Die Färbung reicht von mehr oder weniger leuchtend rot bis hin zu orange; sie verliert sich, sobald das Moostier aus dem Wasser geholt wird. Größe: Kann 10 cm Höhe überschreiten.
Unterscheidungsmerkmale: Dichotome Verzweigung; kurze, gedrungene Zweige; Zahlreiche Poren auf den Zweigen.
Biologie: Während die Eier dieses Moostieres das ganze Jahr über zu sehen sind, sind Embryonen und Larven nur im Februar und März gesichtet worden. Die Falsche Koralle zählt zu den typischsten Organismen schattiger Felsböden. Obwohl sie sich dichotom verzweigt und mit Polypen ausgestattet ist, halten sie viele wegen ihrer Farbe und Form für eine Koralle. Ihre Polypen sind farbgleich mit dem Skelett.

135 PENTAPORA FASCIALIS
Elchgeweih-Moostierchen

Klasse: Bryozoa
Ordnung: Cheilostomata
Familie: Hipporinidae
Verbreitung: Mittelmeer.
Lebensraum: Felsige Böden (Korallengrund) oder schwach erhellte Detritusböden, in 20 bis 100 m Tiefe.
Beschreibung: Kolonie von variabler Gestalt, die aber in der Regel aufrecht steht und abgeflachte, mehr oder minder breite und unregelmäßig gelappte Zweige besitzt. Ein ganz charakteristisches Merkmal ist die Form der endständigen Zweige, die an Elchgeweihe erinnern. Die unteren Zweigabschnitte hingegen scheinen ineinander zu verschmelzen und bilden so eine lamellenförmige, kompakte und einheitliche Struktur. Die lebende Kolonie ist von sehr schöner, intensiv rosa-orangefarbener Farbe, die sich im trockenen Zustand aber verliert. Die Kolonie kann bis zu 10 - 15 cm hoch werden.
Unterscheidungsmerkmale: Flache, gelappte Zweige; obere Zweigenden in Form eines Elchgeweihs; die unteren Zweigabschnitte sind häufig ineinander verschmolzen.
Biologie: Diese Spezies legt ganzjährig Ovizellen ab, in diesen Strukturen wird der Embryo ausgebrütet, bis er sich im Winter oder Frühling zur Larve entwickelt. In dieser Zeit scheint die Kolonie außerdem in eine Phase schnelleren Wachstums einzutreten. Betrachtet man die Kolonie von der Nähe, so erscheint sie durch die abstehenden Tentakel der einzelnen Individuen haarig.

136 SERTELLA SEPTENTRIONALIS
Band-Moostierchen

Klasse: Bryozoa
Ordnung: Cheilostomata
Familie: Sertellidae
Verbreitung: Mittelmeer, im Ost-Atlantik von den Britischen Inseln bis zu den Azoren.
Lebensraum: Felsige Böden, harte Substrate oder in *Posidonia*-Wiesen, in 10 - 15 m bis in über 50 m Tiefe.
Beschreibung: Die Kolonie besteht aus lamellenförmigen Erweiterungen, die von einem kurzen Stengel ausgehen, aufrecht stehen und vor allem an den Rändern gewellt sind. Die basale Oberfläche ist von verdickten Nähten durchzogen. Die Blattflächen sind dicht mit elliptischen, etwas längeren als breiten Fensterchen perforiert. Die einzelnen Zooiden sind nur auf einer (vor allem auf der inneren) Seite der Kolonie angeordnet. Die lebende Kolonie ist lachsrosa, mit dem Tod der Tiere verschwindet die Farbe. Größe: Bis zu 10 cm breit.
Unterscheidungsmerkmale: Becherförmige Kolonie, die gestärkter Spitze ähnelt und aus aufrechten lamellenförmigen und gewellten Strukturen besteht.
Biologie: Koloniebildender Organismus mit Kalkskelett, das sehr zerbrechlich ist und schon durch einen leichten Stoß zerstört werden kann. Die älteren Teile der Kolonie tragen spezialisierte Zooiden, sogenannte Avicularien, die Vogelschnäbeln ähneln und die Kolonie vor dem Überwachsen und Verstopfen durch kleine Organismen schützen. Die Embryonen werden in den Herbst- und Wintermonaten ausgebrütet.

137 SMITTINA CERVICORNIS
Geweih-Moostiere

Klasse: Bryozoa
Ordnung: Cheilostomata
Familie: Smittinidae
Verbreitung: Mittelmeer.
Lebensraum: Felsige Böden oder schwach erhellte harte Substrate, in 20 - 25 m bis in über 50 m Tiefe.
Beschreibung: Mehr oder weniger buschförmige Kolonie mit sehr ausgeprägter Verzweigung. Knapp über dem kurzen, deutlich erkennbaren Stamm zweigen die Äste zwar dichtom, aber dennoch unregelmäßig ab. Der Habitus von *P. cervicornis* erinnert zwar ein wenig an den kleiner Gorgonien, die Starrheit der Struktur sowie die auf mehrere Ebenen ausgerichtete Verzweigung schließen eine Verwechslung jedoch aus. Die im Querschnitt fast zylindrischen oder ovalen oberen Zweigabschnitte erinnern an ein Hirschgeweih. Die Zweige sind mit winzigen Stacheln besetzt und fühlen sich deshalb rauh an. Färbung: gelb oder gelb-braun. Größe: Bis zu 10 cm hoch.
Unterscheidungsmerkmale: Buschförmige Kolonie, deren obere Zweigabschnitte Hirschgeweihen ähneln; halbrunde oder ovale Zweige.
Biologie: Über die Biologie dieser Art gibt es nur wenig Erkenntnisse. Die Ovizellen sind mit zahlreichen Poren bedeckt. Betrachtet man die Kolonie aus der Nähe, so läßt sich meistens der trichterförmige Tentakelfächer erkennen. Hauptbestandteile der Nahrung sind Bakterien und Phytoplankton.

138 SCHIZOBRACHIELLA SANGUINEA
Rotbraunes Krustenmoostierchen

Klasse: Bryozoa
Ordnung: Ascophora
Familie: Schizoporellidae
Verbreitung: Mittelmeer (vor allem im westlichen Becken), im Ost-Atlantik von Portugal bis zu den Britischen Inseln.
Lebensraum: Felsige Böden oder harte Substrate verschiedenster Natur, in 10 bis 50 m Tiefe.
Beschreibung: Diese vielgestaltige Kolonie bildet ein- oder mehrblättrige Verkrustungen aus, die zum Teil aufrecht stehen und ineinander verschlungen oder zum Teil zu röhrchenförmigen Erweiterungen zusammengerollt sind. Die ovalen oder rechteckigen Zooiden sind in Reihen angeordnet. Die glockenförmige, stachellose Öffnung weist zwei flache Trichter und eine tiefe mittige Senkung auf. Avicularien sind nur spärlich vorhanden. Lebende Kolonien sind rot oder dunkelorange gefärbt; bei toten Exemplaren verschwindet die Farbe nicht, sondern wandelt sich in dunkelbraun um. Größe: Die Kolonie kann mehrere cm^2 bedecken.
Unterscheidungsmerkmale: Ein- oder mehrblättrige Kolonien; die Blätter sind teilweise röhrchenförmig und stehen aufrecht; die vordere Wandung ist perforiert.
Biologie: Die kugeligen, leicht hervorstehenden Ovizellen sind mit den Zooiden verbunden und werden teilweise von deren Deckel (Operculi) verschlossen. Embryonen und Larven sind ganzjährig präsent; ihre Ansiedlung am Substrat wurde im Frühling und zu Sommerbeginn beobachtet.

139 ELECTRA POSIDONIAE
Posidonia-Moostierchen

Klasse: Bryozoa
Ordnung: Cheilostomata
Familie: Electrinidae
Verbreitung: Mittelmeer.
Lebensraum: *Posidonia*-Wiesen, 1 m bis 35 m Tiefe.
Beschreibung: Trotz der geringen Größe der einzelnen Zooiden bildet dieses Moostier (Bryozoa) stattliche Kolonien aus. Die verkrustenden Kolonien bestehen aus vielen regelmäßigen Zellen, die längs der *Posidonia*-Blattflächen in zwei oder mehreren Reihen angeordnet sind; von den Längsreihen können auch Querreihen ausgehen. Der verkalkte Teil ist glatt, leicht nach außen gewölbt und mit Poren besetzt. Am Rand eines jeden Zooid-Feldes sitzen 1 - 3 Stacheln; der in der Mitte stehende Stachel ist in der Regel der auffälligste. Färbung: weiß. Größe: Die Zooiden sind 1 mm groß, die ganze Kolonie aber kann einige Quadratzentimeter der *Posidonia*-Blattfläche bedecken.
Unterscheidungsmerkmale: Kolonie, die aus zwei oder mehreren länglichen Zellreihen besteht.
Biologie: Wie der Name schon verdeutlicht, lebt diese Spezies auf den Blättern der von *Posidonia oceanica* (siehe Tafel 22); dort läßt sie sich vornehmlich auf den Rändern der Blattaußenfläche nieder. Ihre Larven wurden von Januar bis Juli im Plankton gefunden. Deren Ansiedlung auf dem Substrat erfolgt meistens in den Spätherbst- und Wintermonaten, also gleichzeitig mit der Entwicklung neuer *Posidonia*-Blätter.

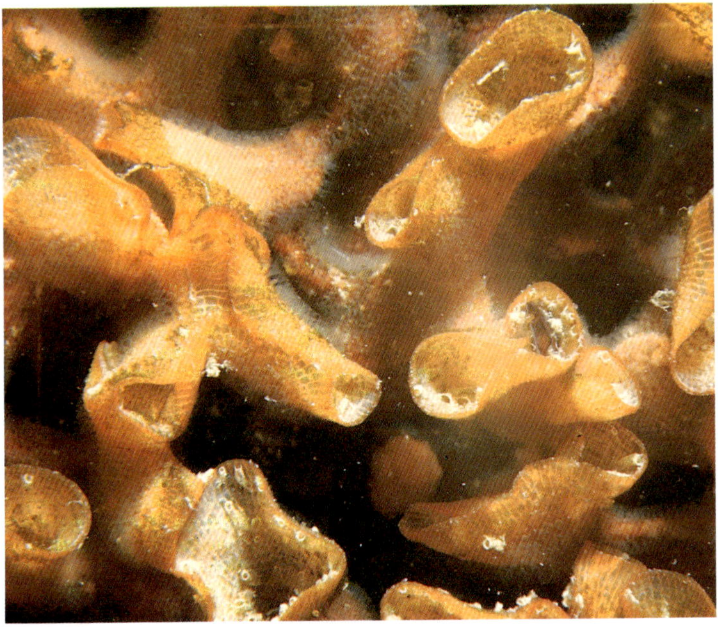

140 ANTEDON MEDITERRANEA
Mittelmeer-Haarstern

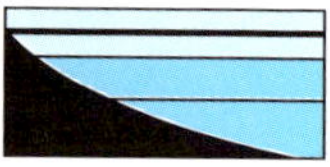
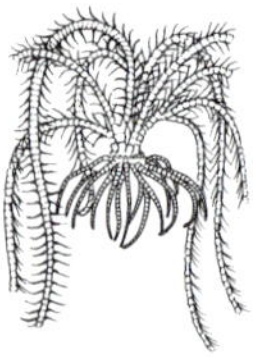

Klasse: Crinoidea
Ordnung: Articolata
Familie: Antedonidae
Verbreitung: Mittelmeer.
Lebensraum: Auf felsigen Böden mit reichem Algenbewuchs, auf sandigen oder schlammigen Böden und in *Posidonia*-Wiesen, in 15 bis 80 m Tiefe.
Beschreibung: Der Körper besteht aus einem kleinen, becherförmigen, zentralen Kegel, von dem ungefähr zehn Arme ausgehen, die reich mit gefiederten Seitenästen (Pinnulae) ausgestattet sind. Die Körperunterseite trägt zudem bis zu 40 kurze Anhänge (Cirren). Die Färbung variiert stark: Man kann roten, orangen, gelben, weißen oder rosaroten Exemplaren begegnen. Die Arme sind gestreift. Größe: Bis zu 20 - 25 cm Durchmesser.
Unterscheidungsmerkmale: Feine, lange und gefiederte Arme; ans Substrat geklammerte Cirren; kelchartiger Körper.
Biologie: Meistens sieht man diese Spezies mit ihren greiffähigen Cirren am Substrat haften. Auf der Körperoberseite in der Mitte der Arme befindet sich der Mund, der immer leicht in die Höhe steht. Die Mittelmeer-Haarsterne meiden das Licht und sind deshalb eher nachts oder in dämmerigen Gebieten, wo sie sich auch in großer Zahl aufhalten können, zu beobachten. Diese Art ist getrenntgeschlechtlich, Vermehrung im Frühling und im Sommer; die Eier bleiben bis zum Schlüpfen der Larven an den Armen befestigt.

141 HOLOTHURIA TUBULOSA
Meergurke

Klasse: Holothuroidea (Seegurken)
Ordnung: Aspidochirota
Familie: Holothuriidae
Verbreitung: Mittelmeer, im Ost-Atlantik von Portugal bis zum Golf von Gascogne *(H. tubulosa)* oder bis nach Schottland *(H. forskali)*.
Lebensraum: Auf sandigen oder felsigen Böden und zwischen *Posidonia*-Wiesen, in wenigen Metern bis in 100 m Tiefe.
Beschreibung: Länglicher, zylindrischer Körper mit einer zähen, dicken Hülle (Integument) oder mit einer weichen *(H. forskali)*. Entlang der Bauchseite liegen zahlreiche, in mehreren Reihen angeordnete Füßchen. Der Rücken ist mit warzigen Auswüchsen bedeckt, die in einer kleinen Papille oder in 7 kegelförmigen Papillen *(H. forskali)* enden. Bei Beunruhigung stößt *H. forskali* weiße oder rosafarbene Fäden (Cuvier-Röhrchen) aus. *H. tubulosa* ist rötlich-braun oder violett gefärbt, *H. forskali* ist bauchseitig gelb, der Rücken ist schwarz und mit weißen Papillen ausgestattet. Größe: *H. tubulosa* (Foto Mitte): bis zu 30 cm lang; *H. forskali* (Foto unten): 25 cm.
Unterscheidungsmerkmale: *H. forskali*: weiches Integument; Cuvier-Röhrchen; *H. tubulosa*: keine Cuvier-Röhrchen; zähes Integument.
Biologie: Holothurien sammeln mit ihren kurzen Tentakeln Nahrung am Boden. Die Fortpflanzung erfolgt bei *H. tubulosa* im Sommer, bei *H. forskali* im Winter.

142 ASTROPECTEN ARANCIACUS

Großer Kammseestern

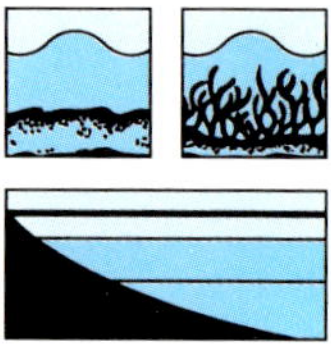

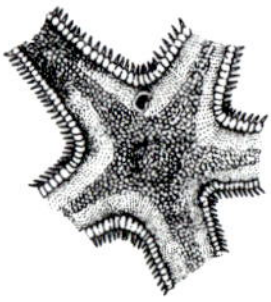

Klasse: Asteroidea
Ordnung: Phanerozonia
Familie: Astropectinidae
Verbreitung: Mittelmeer, Atlantischer Ozean.
Lebensraum: Auf sandigen Böden oder an den Ausläufern von *Posidonia*-Wiesen, in wenigen Metern bis in 20 - 25 m Tiefe und tiefer *(A. spinulosus)*.
Beschreibung: Typisch sternförmiger Körper, der in fünf dreieckige Arme übergeht. Am seitlichen Rand der Arme befinden sich kräftige Stacheln, die mit den dicken Marginalplatten auf der Bauch- sowie Rückenseite verbunden sind; *A. aranciacus* verfügt über mehr (4 - 7) und dickere Stacheln. Auf der Rückenseite (= Ober- oder Aboral-Seite) kann man zwischen zwei Armen eine große, farblich hell abgesetzte Platte erkennen (Madreporenplatte); sie steht mit dem Ambulacralgefäßsystem in Verbindung. Dieser Seestern ist rötlich oder orangefarben und hat scharlachrote Flecken auf dem Rücken; die Bauchseite (Mundseite) ist weißlich. Bei *A. spinulosus* sind die Stachelspitzen blau. Größe: *A. aranciacus*: bis zu 50 - 60 cm Durchmesser; *A. spinulosus*: bis zu 10 - 15 cm.
Unterscheidungsmerkmale: *A. aranciacus*: dreieckige Arme mit vielen seitlichen Stacheln; *A. spinulosus*: an den Spitzen abgerundete, dreieckige Arme; wenige kurze Stacheln.
Biologie: Tagsüber zumeist im Sand vergraben. Sie ernähren sich von Mollusken, vor allem Gehäuse- und Nacktschnecken, die sie nachts jagen.

143 CHAETASTER LONGIPES

Zarter Seestern

Klasse: Asteroidea
Ordnung: Phanerozonia
Familie: Chetasteridae
Verbreitung: Mittelmeer, im Ost-Atlantik von Großbritannien über die westafrikanische Goldküste und die Azoren bis zu den Ascension-Inseln.
Lebensraum: Auf Fels-, Sand-, Schlamm- oder Detritusböden oder zwischen *Posidonia*-Wiesen, 25 bis über 1000 m Tiefe.
Beschreibung: Von einer sehr kleinen Scheibe gehen lange, schmale und zylindrische Arme ab, die in einer dicken, halbkugeligen Kalkplatte enden. Der ganze Körper ist mit Platten bedeckt. Die Platten werden von feinen, in Bündeln zusammenstehenden Stacheln mit hyalinweißen Spitzen überstiegen. Färbung: gelb oder ein mehr oder weniger blasses Orange. Größe: Bis zu 30 cm Durchmesser.
Unterscheidungsmerkmale: Lange, feine und zylindrische Arme; von stacheligen Platten bedeckter Körper.
Biologie: Die Kenntnisse über Biologie und Ökologie dieser seltenen Spezies sind spärlich. Oft wird sie aber mit *Ophidiaster ophidianus* oder *Echinaster sepositus* verwechselt. *C. longipes* pflanzt sich von Oktober bis November fort; die kleinen Eier werden sofort von den Männchen befruchtet. Die etwa 12 mm großen Jungtiere unterscheiden sich von den erwachsenen Tieren durch kürzere und ungleiche Arme, außerdem besitzen sie mehr Stacheln. Die Nahrung besteht aus Mollusken und Detritus.

144 SPHAERODISCUS PLACENTA
Fünfeckiger Stern

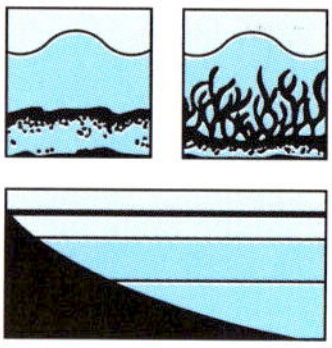

Klasse: Asteroidea
Ordnung: Phanerozonia
Familie: Goniasteridae
Verbreitung: Mittelmeer, im Ost-Atlantik vom Golf von Gascogne bis Senegal.
Lebensraum: Detritus- oder Sandböden, auch in der Nähe von *Posidonia*-Wiesen, in 10 - 15 m bis in 1000 m Tiefe.
Beschreibung: Aufgrund seiner ausgeprägten fünfeckigen Form sowie seiner ineinander verschmolzenen Arme, die man nur bauchseitig voneinander unterscheiden kann, ist dieser Seestern leicht erkennbar. Der Körper ist robust und steif, die Körperoberflächen sind eben und entlang der Ränder, die von dicken Marginalplatten gebildet werden, leicht nach außen gewölbt. Die Ambulacralfüßchen dieser Spezies befinden sich nicht nur in der Umgebung der Ambulacralfurche der Arme; sie sind auch zwischen den Körnchen verteilt, die die Platten bedecken. Die Färbung reicht von gelb über bräunlich zu rot. Die Mundseite ist heller. Größe: Bis zu 17 cm Durchmesser.
Unterscheidungsmerkmale: Harter, fünfeckiger Körper, dessen Arme miteinander verbunden sind; flache Körperoberfläche.
Biologie: Bislang weiß man nur wenig über die Biologie dieser Spezies. Hinsichtlich der Ernährung lassen Beobachtungen im Aquarium und in der Natur die Vermutung zu, daß es sich um einen Suspensionsfresser handelt.

145 OPHIDIASTER OPHIDIANUS
Violettroter Seestern

Klasse: Asteroidea
Ordnung: Phanerozonia
Familie: Ophidiasteridae
Verbreitung: Mittelmeer (häufiger in den südlichen Regionen), im Ost-Atlantik von Portugal bis St. Helena.
Lebensraum: Felsige Böden, in wenigen Metern bis in 100 m Tiefe.
Beschreibung: Der Körper besteht aus einer kleinen Scheibe mit langen, beweglichen, zylindrischen Armen; oft sind die Arme an ihrer Basis schmaler. Durch die einheitliche Körnung der rückenseitigen Platten fühlt sich der Seestern glatt an. Auf den Armen sind diese Platten in längslaufenden Reihen angeordnet. Die Ambulacralfurche wird auf der Mundseite von Ambulacralfüßchen umstanden, die der Fortbewegung dienen; die Füßchen wiederum werden von zahlreichen, an den Spitzen abgerundeten Stacheln begleitet. Färbung: in der Regel dunkelkarminrot oder rot mit violetten Flecken oder orange mit roten Flecken; die Mundseite ist heller, die Füßchen sind gelb. Größe: Bis zu 35 cm Durchmesser.
Unterscheidungsmerkmale: Lange, zylindrische, bewegliche Arme, die an der Basis schmaler sind; die Oberfläche fühlt sich glatt an.
Biologie: Das Reifen der Gameten und der Ausstoß von Eiern wurden im September beobachtet. Ihre Nahrung besteht vermutlich - analog zur Gattung Ophidiaster – aus der Haut organischer Materie, die sich auf den Substraten bildet.

146 HACELIA ATTENUATA

Kleiner Seestern

Klasse: Asteroidea
Ordnung: Phanerozonia
Familie: Ophidiasteridae
Verbreitung: Mittelmeer (vermutlich nicht im östlichen Becken), im Ost-Atlantik von Portugal bis zu den Azoren.
Lebensraum: Auf gering erhellten felsigen Böden oder in Höhlen, in wenigen Metern bis in 150 m Tiefe.
Beschreibung: Der Körper besteht aus einer kleinen Scheibe mit langen Armen, die sich gegen die Spitze hin verjüngen und so eine typische Kegelform bilden. Der einheitlich gekörnte Körper ist mit leicht vertieften Platten bedeckt, die entlang der Arme in regelmäßigen Reihen weiterlaufen. Färbung: rot oder gelb-orange, die Platten sind häufig wesentlich dunkler, so daß sich eine regelmäßige Zeichnung ergibt. Die Mundseite ist gelb mit intensiverer Tönung in der Umgebung der Ambulacralfurchen. Durchmesser: 25- 30 cm.
Unterscheidungsmerkmale: Lange, spitze Arme in Form eines langgezogenen Kegels; dunkle, in Reihen angeordnete Platten.
Biologie: Diese lichtscheue Art kann man in Höhlen, Felsspalten oder nachts finden. Sie pflanzt sich zwischen Juni und September fort. Ihre Nahrung besteht aus Schwämmen verschiedener Gattungen; deshalb ist sie relativ häufig in Höhlen anzutreffen, weil diese von vielen Poriferen besiedelt sind. Da sie warme Gewässer bevorzugt, ist sie an den norditalienischen Küsten selten zufinden.

147 ASTERINA GIBBOSA

Polsterstern, Fünfeckstern

Klasse: Asteroidea
Ordnung: Spinulosa
Familie: Asterinidae
Verbreitung: Mittelmeer, im Ost-Atlantik von Schottland über die Azoren bis zu den Kanaren.
Lebensraum: Auf felsigen oder steinigen Böden, auf Sand oder Schlamm und zwischen *Posidonia*-Wiesen, von 0 bis in über 100 m Tiefe. Auch in Lagunen verbreitet.
Beschreibung: Kleiner Seestern mit breitem, fünfarmigem Körper; die Arme sind mehr oder minder entwickelt, teilweise sehr kurz und weisen eine stumpfe Spitze auf. Die Körperoberfläche ist mit Platten besetzt, die kleine Stacheln tragen; sie lassen den Stern bei Berührung rauh erscheinen. Die Madreporenplatte befindet sich fast in der Mitte des Körpers. Färbung: entweder grünlich-grau oder rötliche Ober- und hellere Unterseite. Der Körperrand ist oft gelb oder orange. Durchmesser: Bis zu 6 cm.
Unterscheidungsmerkmale: Breiter, sternförmiger Körper mit kurzen Armen, die sich zu einer stumpfen Spitze verjüngen; rauhe Körperoberfläche.
Biologie: Der Polsterstern ist ein Zwitter; die anfangs männlichen Jungtiere verwandeln sich später in Weibchen. Die Befruchtung ist äußerlich. Die Weibchen legen ihre Eier in kleinen Häufchen ab. Der Polsterstern ernährt sich von Mollusken, Schlangensternen, Schwämmen, koloniebildenden Seescheiden und Mikroorganismen.

148
ECHINASTER SEPOSITUS
Purpurstern

Klasse: Asteroidea
Ordnung: Spinulosa
Familie: Echinasteridae
Verbreitung: Mittelmeer, im Ost-Atlantik von Großbritannien bis an die westafrikanische Goldküste.
Lebensraum: Auf felsigen, sandig-schlammigen oder Detritusböden und in *Posidonia*-Wiesen, von 0 bis in 250 m Tiefe.
Beschreibung: Kleiner Körper, von dem 5 (manchmal auch mehr) lange, fast drehrunde und spitz zulaufende Arme abgehen. Die Körperoberfläche erscheint weich, fühlt sich aber aufgrund von Körnchen, die in dem reich mit schleimproduzierenden Drüsen ausgestatteten Integument eingebettet sind, rauh an. Dreht man den Stern um, so kann man die engen, verschließbaren Ambulacralfurchen sehen. Die Färbung auf der Unterseite (= Mundseite) reicht von dunkelrot bis rotorange und wird auf der Aboralseite (= Rückenseite) heller. Die Füßchen sind rot oder gelb und tragen rote Saugnäpfe. Größe: Bis zu 25 - 30 cm Durchmesser.
Unterscheidungsmerkmale: Weiches Integument mit fühlbaren Pusteln; drehrunde, spitz zulaufende Arme.
Biologie: Diese sich nur langsam bewegende Spezies ernährt sich vorwiegend von Schwämmen, Würmern oder Suspensionsmaterie. Die Fortpflanzung findet von Frühling bis Herbst statt. Getrenntgeschlechtlich, doch gibt es auch einige Zwitter. Vor der Befruchtung, richten sie sich die Männchen auf ihren Armen auf.

149
COSCINASTERIAS TENUISPINA
Dornenstern

Klasse: Asteroidea
Ordnung: Forcipulata
Familie: Asteriidae
Verbreitung: Mittelmeer, im Ost-Atlantik vom Golf von Gascogne bis nach Kap Verde.
Lebensraum: Auf felsigen Böden in geschützter Lage und mit reichen Algenbeständen sowie in *Posidonia*-Wiesen, in wenigen Metern bis in über 100 m Tiefe.
Beschreibung: Der Dornenstern besitzt einen unregelmäßig geformten Körper mit 6 - 12 relativ ungleichen, zylindrischen, aber leicht abgeflachten Armen, die spitz zulaufen. Der Körper ist mit robusten Platten und vielen spitzen Stacheln bedeckt. Die Stacheln auf der Aboralseite sind jeweils von einem Wall überkreuzter, kleiner Greifzangen (Pedizellarien) umgeben. In der Mitte der Körperscheibe kann man 2 - 4 Madreporenplatten erkennen. Die Färbung variiert von weißlich zu rostfarben mit rot-braunen, purpurnen oder bläulichen Flecken. Größe: Bis zu 18 - 20 cm Durchmesser.
Unterscheidungsmerkmale: Stachelige Oberfläche; 6 - 12 unterschiedlich lange Arme.
Biologie: Die Vermehrung kann nicht nur geschlechtlich vollzogen werden, sondern auch ungeschlechtlich durch die Spaltung des Körpers in zwei ungleiche Teile. Nahrung: v. a. tote Organismen, die im außerhalb des Körpers liegenden Magen verdaut werden.

150 MARTHASTERIAS GLACIALIS

Eisstern

Klasse: Asteroidea
Ordnung: Forcipulata
Familie: Asteriidae
Verbreitung: Mittelmeer, im Ost-Atlantik von Norwegen über die Azoren bis nach Südafrika.
Lebensraum: Fels- und Detritusböden, zwischen Algen und *Posidonia*-Wiesen, von der Wasseroberfläche bis in 180 m Tiefe.
Beschreibung: Seestern mit robustem Körper und fünf, fast drehrunden, spitz zulaufenden Armen. Die Arme sind mit dicken, in Längsreihen angeordneten Höckern bedeckt; auf den Höckern sitzen die für diese Spezies charakteristischen kräftigen Stacheln. Jeder Stachel ist an seiner Basis von einem Pedizellarienkranz (= kleine Greifzangen) umgeben. Sehr variable Färbung von grün über rot bis braun mit hellen Flecken. Die Stachelspitzen sind oft violett. Durchmesser bis zu 80 - 85 cm.
Unterscheidungsmerkmale: Sehr großer, fünfarmiger Seestern; die Arme sind mit kräftigen, in Längsreihen angeordneten Stacheln bedeckt.
Biologie: Der Eisstern ist der größte Seestern des Mittelmeers. Hauptsächlich ernährt er sich von Muscheln, deren Schale er mit seinen Armen öffnet. Ist die Muschel weit genug geöffnet, stülpt der Eisstern seinen Magen heraus, und verdaut sie weitgehend außerhalb des Körpers. Weiterhin ernährt er sich von Seeigeln, Krebsen und Resten toter Organismen. Die Fortpflanzung erfolgt von November bis Februar.

151 ASTROSPARTUS MEDITERRANEUS

Gorgonenhaupt

Klasse: Ophiuroidea
Ordnung: Euryalae
Familie: Gorgonocephalidae
Verbreitung: Mittelmeer, im Ost-Atlantik von Portugal bis zum Weißen Kap.
Lebensraum: Auf Fels- oder Detritusböden, auf sandig-schlammigen Böden, in 30 m bis in 800 m Tiefe. Manchmal auch in 10 - 15 m Tiefe anzutreffen.
Beschreibung: Seine seltsame Gestalt macht diesen Schlangenstern unverwechselbar. Der zentrale Körper ist polygonal und weist auf der Aboralseite strahlenförmige Rippen auf, die in den Armen weiterlaufen. Die Arme verzweigen sich mehrmals und bilden so ein besonders an den Extremitäten stark verschlungenes Geflecht. Scheibe und Arme sind einheitlich mit kleinen Körnchen bedeckt. Gräulich oder beige, die Verzweigungen sind heller. Durchmesser bis zu 40 cm.
Unterscheidungsmerkmale: Stark verzweigte und in alle Richtungen bewegliche Arme.
Biologie: Diese nachtaktive und lichtscheue Spezies ruht tagsüber mit gegen die Mundseite angezogenen Armen. Nachts wechselt sie ihren Standort und wandert zumeist an die oberen Zweige der Gorgonien, manchmal auch auf Schwämme. Dort breitet sie ihre verzweigten Arme aus, mit denen sie kleine planktonische Organismen abfängt. Vermutlich bevorzugen ihre Larven und Jungtiere oberflächliche Gewässer und Lebensräume wie die *Posidonia*-Wiesen.

152 OPHIOTRIX FRAGILIS

Zerbrechlicher Schlangenstern

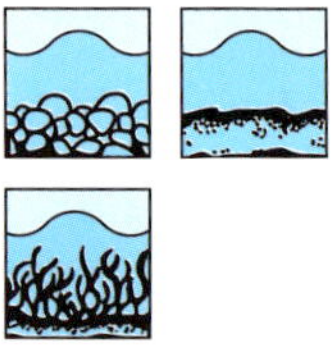

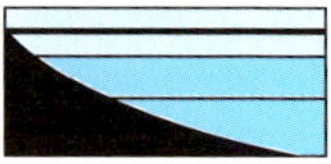

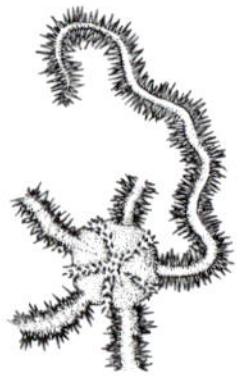

Klasse: Ophiuroidea
Ordnung: Ophiurae
Familie: Ophiothricidae
Verbreitung: Mittelmeer, im Ost-Atlantik von Skandinavien bis Guinea.
Lebensraum: Auf Fels-, Detritus- Stein- oder sandig-schlammigen Böden, *Posidonia*-Wiesen, von der Wasseroberfläche bis in über 500 m Tiefe. Auch in Lagunen vorkommend.
Beschreibung: Der Körper besteht aus einer rundlichen oder fast fünfeckigen Scheibe, von der 5 dünne, sehr zerbrechliche Arme abgehen. Auf den Armen befinden sich zahlreiche durchscheinende Stacheln, die fast immer aufgerichtet sind. Die Armstacheln nehmen bis zu den ersten 4 - 5 Segmenten an Länge zu, werden dann aber gegen die Spitze hin kleiner. Inmitten der größtenteils glatten Oralseite der Scheibe befindet sich der sternförmige Mund. Färbung ist variabel und reicht von braun, grün, blau, orange, rot, rosa bis hin zu violett. Durchmesser bis zu 10 - 12 cm.
Unterscheidungsmerkmale: Dünne, mit zahlreichen Stacheln besetzte Arme; rundliche oder fast fünfeckige Scheibe.
Biologie: Diese Schlangensterne sind passive Filtrierer: Mit dem Schleimsekret ihrer Füßchen und den Stacheln ihrer Arme, die senkrecht im Wasser stehen, fangen sie kleine Invertebraten und winzigen Detritus ab. Die Nahrungsaufnahme scheint in der Periode der Fortpflanzung (Frühling bis Herbst) unterbrochen zu werden.

153 OPHIODERMA LONGICAUDUM

Brauner Schlangenstern

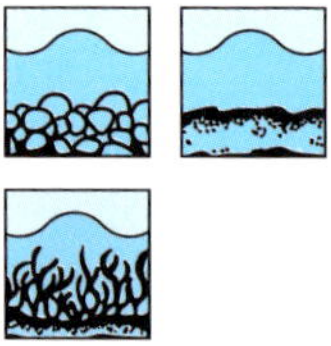

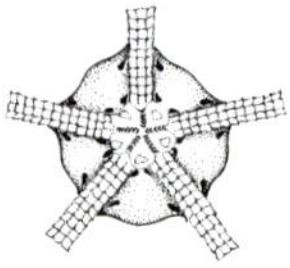

Klasse: Ophiuroidea
Ordnung: Ophiurae
Familie: Ophiodermatidae
Verbreitung: Mittelmeer, im Ost-Atlantik von Großbritannien über Angola bis zu den Azoren.
Lebensraum: Auf felsigen, steinigen und schlammigen Böden oder zwischen *Posidonia*-Wiesen und Algen; von der Wasseroberfläche bis in 100 m Tiefe.
Beschreibung: Die fast fünfeckige Körperscheibe ist in 5 sehr lange, drehrunde Arme ausgezogen. Eines der Hauptmerkmale dieser Spezies bilden die an jedem Armursprung der Oralseite gelegenen 4 genital-respirativen Einkerbungen. Jedes Armsegment trägt 9 kurze Stacheln mit stumpfer Spitze. Dieser Schlangenstern ist auf der Oberseite einheitlich schwarz-braun gefärbt, die Unterseite ist etwas heller. Die Körperscheibe kann gefleckt, die Arme können geringelt sein. In tiefen Gewässern scheint die Färbung intensiver und lebhafter zu werden. Durchmesser bis zu 25 - 28 cm.
Unterscheidungsmerkmale: Dicht mit Körnchen bedeckte Körperscheibe; 2 Paar Geschlechts-/Atmungseinkerbungen an jeder Armbasis; sehr lange, zylindrische Arme, die pro Segment 9 Stacheln tragen.
Biologie: Diese Spezies ist zwar weit verbreitet, da sie aber sehr lichtscheu ist und sich meist unter Steinen und in Felsspalten aufhält, sieht man sie nur selten. Fortpflanzung im Frühling und Sommer.

154 STYLOCIDARIS AFFINIS

Kleiner Lanzenseeigel

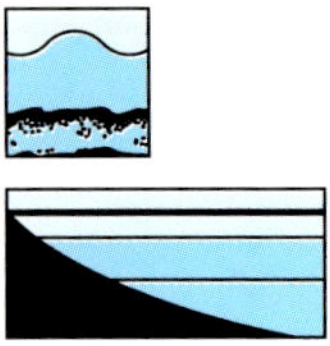

Klasse: Echinoidea
Ordnung: Cidaroidea
Familie: Cidaridae
Verbreitung: Mittelmeer, im Ost-Atlantik von Westafrika bis zu den Kapverdischen Inseln.
Lebensraum: Auf Schlamm-, Detritus- oder korallinen Böden, in 30 m bis in 1000 m Tiefe.
Beschreibung: Aus einem robusten Panzer bestehender, fast kugeliger Körper, mit wenigen, großen Primärstacheln (= Radiolen). Diese sind an ihrer Basis von kleinen Sekundärstacheln umgeben, ihre Rinde ist geriffelt und mit einem dichten Flaum bedeckt. Der Panzer ist rötlich gefärbt, die Radiolen sind gräulich mit mehr oder weniger sichtbaren braunen Querbändern. Der vom Panzer entblößte Körper ist gelblich-weiß. Der Lanzenseeigel *Cidaris cideris* ist ähnlich, jedoch gelb-grün und mit langen Radiolen, die den doppelten Schalendurchmesser erreichen können. Durchmesser bis zu 4 - 5 cm.
Unterscheidungsmerkmale: Wenige, lange Stacheln; Ambulacralzonen mit kleinen Sekundärstacheln ausgestattet.
Biologie: Die sexuelle Reife wird vermutlich im zweiten Lebensjahr erreicht. Eiertragende Weibchen wurden von Mai bis Juni beobachtet. Der Lanzenseeigel ernährt sich wahrscheinlich von Bryozoen, Mollusken, Foraminiferen und Schwämmen. Die Radiolen sind oft von verkrustenden Organismen bedeckt.

155 CENTROSTEPHANUS LONGISPINUS

Diademseeigel

Klasse: Echinoidea
Ordnung: Diadematoida
Familie: Diadematidae
Verbreitung: Mittelmeer, im Ost-Atlantik von Marokko über den Golf von Guinea bis zu den Azoren.
Lebensraum: Auf schlammigen oder auch steinigen Böden (Korallengrund), in 10 bis 200 m Tiefe.
Beschreibung: Harter, runder Panzer, dessen Ambulacralplatten gleichmäßig mit 3 Porenpaaren versehen sind. Die sehr langen, dünnen Primärstacheln sind innen hohl und befinden sich auf den Interambulacral- und den Ambulacralzonen. Die Aboralseite ist mit kleinen, keulenförmigen und sehr beweglichen Stacheln in lebhaftem Rot ausgestattet. Der Panzer wird von einem violett-braunen Integument bedeckt. Primärstacheln mit abwechselnd weißlichen, violetten oder schwarzen Binden. Panzer bis zu 3 - 4 cm.
Unterscheidungsmerkmale: Äußerst lange und feine Primärstacheln; rote, keulenförmige und sehr bewegliche Stacheln auf der Aboralseite.
Biologie: Im Mittelmeer einziger Vertreter der eher in tropischen Gewässern verbreiteten Familie der Diademseeigel, nachtaktiv und lichtscheu. Fällt Schatten auf das Tier, orientiert es seine Stacheln augenblicklich gegen den Verursacher der Störung. Es ernährt sich vermutlich von Schwämmen und Algen. Die leicht brechenden Stacheln führen beim Menschen zu schmerzhaften Entzündungen.

156 ARBACIA LIXULA
Schwarzer Seeigel

Klasse: Echinoidea
Ordnung: Diadematoidea
Familie: Arbaciidae
Verbreitung: Mittelmeer, im Ost-Atlantik an der portugiesischen Küste.
Lebensraum: Auf reich mit korallinen Algen bewachsenen Felsböden, von der Wasseroberfläche bis in 40 m Tiefe.
Beschreibung: Leicht zusammengedrückter oder fast kegelförmiger Panzer. Auf den Interambulacralzonen sind mehrere Höckerreihen angeordnet, die Ambulacralzonen weisen nur zwei Reihen kleinerer Höcker auf. Die kräftigen Primärstacheln sind spitz, gegen den Mund hin stumpfen sie ab. Färbung: schwarz. Der Panzer ist rosa oder grau. Größe: Der Panzer erreicht bis zu 5 - 6 cm Durchmesser.
Unterscheidungsmerkmale: Schwarze Farbe; sehr große Mundöffnung.
Biologie: Diese Spezies ist zwar durchaus in der Lage, starke Besonnung zu ertragen, trotzdem ist sie eher nachts aktiv und begibt sich dann in Oberflächengewässer, um überkrustende Algen (Corallinaceen) zu suchen. Diese schabt sie mit ihren 5 spitzen Zähnen, die den äußeren Teil des Kieferapparates (der sogenannten »Laterne des Aristoteles«) bilden, ab. In manchen Gebieten pflanzt sich dieser Seeigel das ganze Jahr über fort.

157 SPHAERECHINUS GRANULARIS
Violetter oder Purpur-Seeigel

Klasse: Echinoidea
Ordnung: Diadematoidea
Familie: Toxopneustidae
Verbreitung: Mittelmeer, im Ost-Atlantik vom Ärmelkanal über den Golf von Guinea bis zu den Azoren.
Lebensraum: Auf felsigen, sandigen, schlammigen Böden, Korallengrund oder in *Posidonia*-Wiesen, in wenigen Metern bis in 100 m Tiefe.
Beschreibung: Kugeliger, relativ hoher Panzer, dessen Unterseite nach innen gewölbt ist. Die Ambulacralplatten sind mit 4 - 5 Porenpaaren und 2 Primärhöckern ausgestattet, die Interambulacralplatten mit 4 - 8 Primärhöckern in der Äquatorialregion. Die Spitzen der kurzen Primärstacheln sind relativ stumpf. Das Tier ist in der Regel violett, selten rötlich gefärbt, die Stachelspitzen sind weiß. Manchmal sind die Stacheln auch einheitlich weiß. Der Panzer ist hellviolett. Größe: Der Panzer erreicht bis zu 12 - 13 cm Durchmesser.
Unterscheidungsmerkmale: Viele kurze, relativ stumpfe Stacheln; weiße Stachelspitzen; kugeliger Panzer, der unten nach innen gewölbt ist.
Biologie: Fortpflanzungsperiode: ganzjährig, v. a. im Frühling und Sommer. Die Jungtiere scheinen größere Tiefen vorzuziehen, aus denen sie im Laufe ihres Wachstums wieder emporsteigen. Der Purpur-Seeigel ist dämmerungs- und nachtaktiv und ernährt sich von Detritus sowie von Algen, wobei er die Rhizome und Wurzeln von *Posidonia* bevorzugt.

158 ECHINUS MELO
Melonen-Seeigel

Klasse: Echinoidea
Ordnung: Diadematoidea
Familie: Echinidae
Verbreitung: Mittelmeer (im östlichen Mittelmeer selten), im Ost-Atlantik von Irland bis zu den Kapverdischen Inseln.
Lebensraum: Fels- oder koralline Böden, in 20 - 30 m bis in 100 m Tiefe.
Beschreibung: Sehr großer, halbkugeliger oder leicht kegelförmiger Panzer; betrachtet man ein lebendes Exemplar von oben, so erscheint seine Form fünfeckig. Die Interambulacralplatten sind abwechselnd mit und ohne Primärhöcker; durch dieses Merkmal läßt sich übrigens *E. melo* von der Art *E. acutus*, die auf allen Platten Höcker trägt, unterscheiden. Der spärlich, mit kurzen Stacheln ausgestattete Panzer ist beim lebenden Tier grünlich oder gelblich; die Stacheln sind grün. Auf dem Panzer sind deutlich abwechselnd weiße und braune Längsstreifen zu sehen, die den Seeigel in Scheibchen aufzuteilen scheinen. Der für felsige Böden typische *E. acutus* ist rosa oder rot und besitzt rötliche Stacheln mit weißen oder gelblichen Stachelspitzen. Durchmesser bis zu 14,5 cm.
Unterscheidungsmerkmale: halbkugeliger Körper; wenige und kurze Stacheln, Interambulacralplatten, die in regelmäßigem Wechsel mit und ohne Höcker sind.
Biologie: Omnivore (allesfressende) Spezies. Vermutlich pflanzt sie sich im Frühling (März - April) fort.

159 PARACENTROTUS LIVIDUS
Steinseeigel

Klasse: Echinoidea
Ordnung: Diadematoidea
Familie: Echinidae
Verbreitung: Mittelmeer, im Ost-Atlantik von Schottland über den Rio de Oro bis zu den Kanaren.
Lebensraum: Auf algenbedeckten Felsböden, auf Sand- und korallinen Böden und zwischen Posidonien, von der Wasseroberfläche bis in 80 m Tiefe.
Beschreibung: Leicht zusammengedrückter Panzer, dessen Ambulacralplatten jeweils mit 5 Porenpaaren sowie einem Primärhöcker versehen sind. Die nicht sehr dicht beieinander stehenden Stacheln sind kräftig und spitz. Die Mundöffnung ist enger als bei *Arbacia lixula* (siehe Tafel 156). Sehr variable Färbung von rötlich, braun, violett bis grün. Die Basis der Stacheln ist bläulich. Der Panzer ist grün, um den Mund herum aber violett. Größe: Bis zu 7 cm Durchmesser.
Unterscheidungsmerkmale: Ambulacralplatten mit 5 Porenpaaren; sehr variable Färbung; enge Mundöffnung.
Biologie: Diese lichtscheue Spezies bedeckt sich tagsüber mit Muscheln, Detritus und Algenstücken, die sie mit ihren Füßchen festhält. Nachts begibt sie sich auf die Suche nach Nahrung, die aus Algen und Posidonien sowie Aufwuchsorganismen besteht. Der Steinseeigel pflanzt sich ganzjährig, vorwiegend aber im Sommer, fort. Seine Eier bzw. Keimdrüsen werden bei Feinschmeckern hochgeschätzt und haben diesen Seeigel zur begehrten Delikatesse werden lassen.

160 SPATANGUS PURPUREUS
Violetter Herzigel

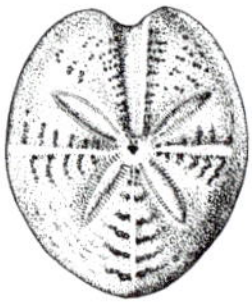

Klasse: Echinoidea
Ordnung: Spatangoidea
Familie: Spatangidae
Verbreitung: Mittelmeer und Ost-Atlantik.
Lebensraum: Sand- und Detritusböden, bis in 900 m Tiefe.
Beschreibung: Herzförmiger Panzer, der länger als breit ist. Die Aboralseite ist nach außen gewölbt, die Oralseite ist flach. Vorderseitig kann man eine breite Einbuchtung erkennen. Typisch für die Aboralseite des Skelettes ist eine Zeichnung in Form eines Blütenblatts, dessen mehr oder weniger breite und in sich geschlossene Blätter spitz zulaufen; diese 4 Blätter entsprechen den Ambulacralflächen. Auf der Oralseite sind die Stacheln zwar besser ausgebildet, fehlen dort aber meistens auf den Ambulacralflächen. Die Stacheln auf der Aboralseite sind groß und nach hinten gebogen. Während die Mundöffnung eine abgerundete Lippe aufweist, ist die Afteröffnung in Querrichtung erweitert. Färbung: dunkelviolett mit weißlichen Stacheln. Größe: Bis zu 12 cm lang.
Unterscheidungsmerkmale: Herzförmige Schale; blütenartiges Muster mit spitz zulaufenden, mehr oder weniger breiten Blättern.
Biologie: Das Tier lebt auf Weichböden, in die es sich tagsüber eingraben kann. Die Nahrungssuche erfolgt nachts mit Hilfe der lappigen Extremitäten. Der Violette Herzigel gehört zur Unterklasse der irregulären Seeigel (Irregularia).

161 ECHINOCARDIUM CORDATUM
Kleiner Herzigel

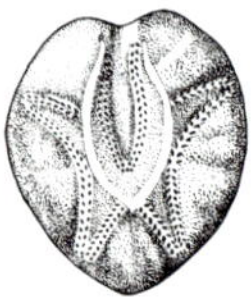

Klasse: Echinoidea
Ordnung: Spatangoidea
Familie: Loveniidae
Verbreitung: Mittelmeer, im Ost-Atlantik von Norwegen bis Marokko, West-Atlantik und Pazifischer Ozean.
Lebensraum: Sandböden, in wenigen Metern bis in 250 m Tiefe.
Beschreibung: Längerer als breiter, herzförmiger Panzer, dessen Umriß ein wenig eckig ist. Die breite und tiefe vordere Rinne ist bis zum Apikalapparat verlängert. Die Petalodien sind dreieckig, wobei die hinteren zwei fast parallel zueinander stehen. Die Hauptachse der ovalen Afteröffnung steht senkrecht. Die Mundöffnung ist in der Mitte verengt. Stacheln und Höcker sind fein und gleichförmig. Färbung: gelblich-grau. Größe: Bis zu 9 cm lang.
Unterscheidungsmerkmale: Herzförmiger Panzer mit leicht eckiger Kontur und kleinen pelzartigen Stacheln.
Biologie: Die Fortpflanzungsperiode variiert je nach Region: Bei Neapel von Oktober bis April; in der Bretagne von Juni bis Juli; in Schottland von Mai bis August. Die Männchen erlangen die sexuelle Reife früher als die Weibchen. Der Kleine Herzigel gräbt eine etwa 10 - 20 cm tiefe Nische ins Sediment, in der er dauerhaft bleibt; aus seinem Versteck ragen nur die langen, gefiederten Füßchen heraus, mit denen er organische Detrituspartikel einsammelt.

162 CLAVELINA LEPADIFORMIS
Große Keulenseescheide

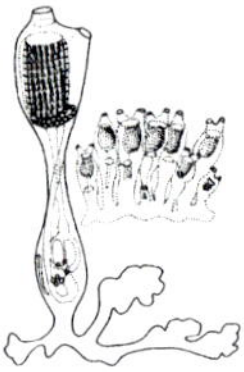

Klasse: Ascidiacea
Ordnung: Aplousobranchiata
Familie: Clavelinidae
Verbreitung: Mittelmeer (außer im östlichen Becken), im Ost-Atlantik von Norwegen bis Gibraltar.
Lebensraum: Felsige Böden und harte Substrate, auch in Lagunengewässern, in wenigen Metern bis in 50 m Tiefe.
Beschreibung: Koloniebildende Askidie. Die Einzeltiere hängen basal über einen gemeinsamen Ausläufer zusammen. Die typisch keulenförmigen, mit einem langen Fuß ausgestatteten Individuen sind transparent und glasartig. Der Einzelkörper besteht aus dem Kiemen- oder Branchial-Bereich, der etwa die Hälfte der Körperlänge einnimmt und weiß oder gelb gefärbt ist, und aus dem röhrenförmigen Endostyl, das entlang der Kiemen verläuft. Am oberen Körperende kann man die Einströmöffnung erkennen; die Ausströmöffnung sitzt seitlich. Größe: Bis zu 6 cm Länge.
Unterscheidungsmerkmale: Kolonie aus mehreren transparenten, keulenförmigen Individuen mit langem Stiel.
Biologie: Die sexuelle Vermehrung findet vorwiegend im Sommer statt. Die Larven werden in der Ausströmöffnung ausgebrütet, in der sie sich mittels klebriger Papillen festheften. Bei ungünstigen Bedingungen kann sich diese Spezies auch ungeschlechtlich fortpflanzen. Die Große Keulenseescheide ernährt sich von Plankton und organischen Partikeln.

163 APLIDIUM CONICUM
Kegelseescheide

Klasse: Ascidiacea
Ordnung: Aplousobranchiata
Familie: Polyclinidae
Verbreitung: Mittelmeer (häufiger in der Adria und im südlichen und östlichen Becken).
Lebensraum: Hartböden verschiedener Natur (z. B. Stein- oder Detritusböden), in 5 - 10 m bis in über 50 m Tiefe.
Beschreibung: Koloniebildende Seescheide von gallertartiger, aber fester, massiver Konsistenz, deren Gestalt an einen dicken Kegel erinnert. Sie ist einem Schwamm ähnlich und wie ein solcher mit dicken Ausströmöffnungen, den Egestionsöffnungen, übersät, die wiederum von zahlreichen kleineren Öffnungen, die den Einstromöffnungen der einzelnen Individuen der Kolonie entsprechen, umgeben sind. Die Mundöffnung ist mit 6 kurzen, spitzen Lappen ausgestattet, und in ihrem Inneren befinden sich zahlreiche Tentakel, die den Eintritt von zu großen Partikeln verhindern. Färbung: leuchtend orange. Die Lappen der Mundöffnung sind schwarz getupft. Größe: Bis zu 10 - 15 cm Höhe.
Unterscheidungsmerkmale: Kegelform; zahlreiche Öffnungen auf der äußeren Oberfläche; gallertartige, aber feste Konsistenz.
Biologie: Über die Biologie dieser Seescheide ist wenig bekannt. Die Fortpflanzung dürfte sowohl auf sexuellem wie asexuellem Wege erfolgen. Die Entwicklung der Larven findet vermutlich innerhalb der Kolonie statt.

164 APLIDIUM PROLIFERUM

Kolonienbildende Keulenseescheide

Klasse: Ascidiacea
Ordnung: Aplousobranchiata
Familie: Polyclinidae
Verbreitung: Mittelmeer, im Ost-Atlantik von den Britischen Inseln bis Gibraltar.
Lebensraum: Auf gering erhellten felsigen Böden oder harten Substraten und in *Posidonia*-Wiesen; in wenigen Metern bis in 30 m Tiefe.
Beschreibung: Koloniebildende Seescheide von variabler Gestalt; sie ist in der Lage, dicke, flache Überzüge auszubilden. In der Regel formt sie aber pilzförmige Kolonien, die mit einem Stiel versehen sind, und besitzt eine Art stockförmigen Fuß, der den größeren Teil der Kolonie stützt. Die Mundöffnung ist mit sechs Lappen ausgestattet, die Afteröffnung besitzt ein einfaches, gut ausgebildetes Zünglein. Die Färbung reicht von weiß über rötlich bis orange. Die einzelnen Zooiden sind als kleine rote Flecken unter dem Mantel (Tunica), der den Körper bedeckt, sichtbar. Das Zünglein der Afteröffnung ist gelb pigmentiert. Größe: Bis zu 4 - 5 cm Höhe.
Unterscheidungsmerkmale: Kolonie mit oft pilzförmiger Gestalt und einem gut ausgebildeten Fuß; transparente Tunica.
Biologie: Unklarheit besteht, wann bei dieser Seescheide die sexuelle Reife und die Produktion der Eier eintritt. Die Larven bleiben solange an in der Atrialöffnung haften, bis sie ein fortgeschrittenes Entwicklungsstadium erreicht haben. Die Fortpflanzung kann auch ungeschlechtlich erfolgen.

165 CIONA INTESTINALIS

Schlauch-Ascidie

Klasse: Ascidiacea
Ordnung: Phlebobranchiata
Familie: Cionae
Verbreitung: Weltweit.
Lebensraum: Harte Substrate verschiedener Natur, von der Wasseroberfläche bis in 500 m Tiefe. Häufig auch in Lagunen und Häfen.
Beschreibung: Der zylindrische, gallertartige und stark kontraktile Körper wird von einer dicken Tunica gebildet. Die terminale Einströmöffnung ist mit 8 Lappen ausgestattet; die im Gegensatz zur Einströmöffnung kürzere Ausströmöffnung besitzt 6 Lappen und sitzt seitlich. Der gut ausgebildete Kiemenkorb nimmt einen Großteil des Ascidienkörpers ein. Das Tier ist mittels kurzer Rhizoide am Substrat festgemacht. Die Farbe ist in der Regel durchscheinend weißlich oder grünlich-gelb. Jeder Siphonallappen trägt einen roten Fleck. Manchmal ist der Körper auch mit orangenen Bändern versehen. Größe: Bis zu 20 cm Länge.
Unterscheidungsmerkmale: Kontraktiler Körper von gallertartiger Konsistenz; rote Flecken auf den Siphonallappen.
Biologie: Eierlegenden Zwitter. Die Fortpflanzung erfolgt praktisch ganzjährig, verstärkt in den Sommermonaten. In geschützten Gebieten wie beispielsweise Häfen breitet sie sich auch in den Wintermonaten stark aus. Das Wachstum der Larven verläuft äußerst schnell. Die Schlauch-Ascidie erträgt auch verschmutzte Gewässer und variable Salinität.

166 PHALLUSIA MAMILLATA
Warzen-Ascidie

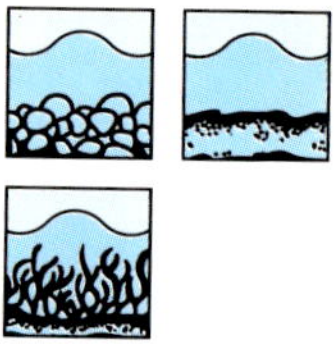

Klasse: Ascidiacea
Ordnung: Phlebobranchiata
Familie: Ascidiidae
Verbreitung: Mittelmeer, im Ost-Atlantik von Gibraltar bis zum Ärmelkanal.
Lebensraum: Auf Fels- und Detritusböden oder auf harten Substraten, auf schlammigen Böden oder zwischen Posidonien, in 1 bis 180 m Tiefe.
Beschreibung: Eiförmiger Körper, der mittels seiner breiten Basis am Substrat haftet. Die dicke Tunika ist von knorpeliger Konsistenz. Charakteristisch für die äußere Oberfläche sind die dicken, rundlichen Höcker, die sich unregelmäßig auf dem ganzen Körper ausstülpen. Während die Einströmöffnung terminal positioniert ist, sitzt die Ausströmöffnung etwa im oberen Drittel oder auf der Hälfte des Körpers. Unterhalb der Einströmöffnung befinden sich etwa 100 Tentakel mit einem kleinen Höcker, die den Eintritt von zu großen Partikeln verhindern. Färbung: durchscheinend weiß, manchmal etwas dunkler und mit bläulichen Reflexen. Größe: Bis zu 15 cm lang.
Unterscheidungsmerkmale: Ovaler Körper mit dicken, rundlichen Tuberkeln; knorpeliger Mantel.
Biologie: Fortpflanzung ganzjährig. Durch ihren reich bewimperten Kiemenkorb zählt die Warzen-Ascidie zu den effizientesten Filtrierern. So ist zum Beispiel ein kleines Tier in der Lage, in nur 24 Stunden über 170 l Wasser zu filtrieren.

167 BOTRYLLUS SCHLOSSERI
Sternascidie

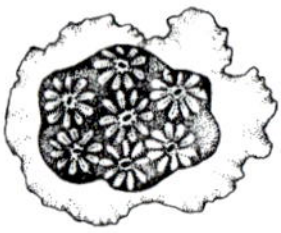

Klasse: Ascidiacea
Ordnung: Stolidobranchiata
Familie: Botryllinae
Verbreitung: Mittelmeer, im Ost-Atlantik von Norwegen bis Portugal, West-Atlantik.
Lebensraum: Harte Substrate, von 0 bis in über 100 m Tiefe.
Beschreibung: Koloniebildende Seescheide, die feine, verkrustende Überzüge oder fleischige, kugelige Klumpen bildet. Die stets glatte Oberfläche besteht aus auffälligen Stukturen in Form von Blumenblättern, die sie leicht erkennbar machen. Die Blumenblätter (3 - 16) entsprechen den einzelnen Individuen (Zooiden) und sind rings um eine gemeinsame Ausströmöffnung angeordnet. Die Färbung reicht von weiß, schwarz, braun, rot, violett bis grün. Die Gesamterscheinung der Sternascidie ähnelt *Botrylloides leachi* (Mäander-Seescheide); ihre Kolonien sind aber von längerer oder fingerförmiger Gestalt. Größe: Kann mehrere cm² bedecken.
Unterscheidungsmerkmale: Kolonie in Gestalt einer Blume, deren Zooiden rings um eine gemeinsame Ausströmöffnung angeordnet sind.
Biologie: In der Regel beginnt die Fortpflanzungsperiode im Herbst und endet im Frühling. Häufig vermehrt sich die Sternascidie auch ungeschlechtlich. Ihre Larven bleiben bis zur vollständigen Entwicklung in der Atrialöffnung. Nach ihrer Anheftung ans Substrat stirbt die Larve und hinterläßt einen Keim, aus dem sich eine ganze Kolonie entwickelt.

168 HALOCINTHYA PAPILLOSA

Rote Seescheide

Klasse: Ascidiacea
Ordnung: Stolidobranchiata
Familie: Pyuridae
Verbreitung: Mittelmeer, Ost-Atlantik (Portugal).
Lebensraum: Felsige Böden und *Posidonia*-Wiesen, in 10 - 15 m bis in über 100 m.
Beschreibung: Fast zylindrischer oder fäßchenförmiger Körper mit terminaler Einström- und seitlicher Ausströmöffnung. Beide Öffnungen sind stets deutlich sichtbar und von einem Kragen harter Borsten umgeben. Sind die Öffnungen geschlossen, formen sie ein Kreuz. Der Mantel (Tunica) ist zäh, sehr widerstandsfähig und fühlt sich rauh an. In der Regel ist diese Seescheide rot gefärbt, ihr Farbton hängt aber von der Intensität der Sonneneinstrahlung ab. Wird sie nur gering bestrahlt oder befindet sich eine Seite des Tieres im Schatten, so wird sie gelblich oder weiß. Größe: Bis zu 12 cm hoch.
Unterscheidungsmerkmale: Fäßchenförmiger Körper; deutlich erkennbare Ein- und Ausströmöffnungen; zähe Konsistenz.
Biologie: Die sexuelle Reife und das Laichen der Eier erfolgen im November. Bevor sich die Larve am Meeresgrund (bevorzugt an gering erhellten Standorten) niederläßt, durchläuft sie ein kurzes pelagisches Leben. Diese Ascidie ist mit einer kräftigen Muskulatur ausgestattet; auf Berührung reagiert sie sofort mit Ausstoß von Wasser und starker Kontraktion des Körpers.

169 MICROCOSMUS SPEC.

Mikrokosmos-Seescheide

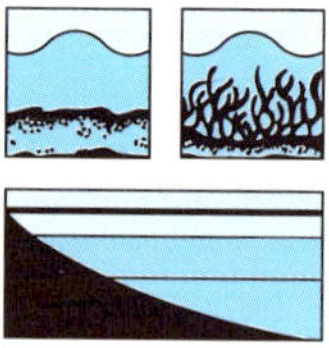

Klasse: Ascidiacea
Ordnung: Stolidobranchiata
Familie: Pyuridae
Verbreitung: Mittelmeer (im östlichen Becken selten oder überhaupt nicht vertreten), Ost-Atlantik (Portugal).
Lebensraum: Auf Fels- oder Detritusböden, harten Substraten und in *Posidonia*-Wiesen, wenige Meter bis in 200 m Tiefe.
Beschreibung: Diese Meerscheide besitzt einen massiven Körper, der mit kräftigen, an der Bauchseite gelegenen Rhizoiden am Substrat festgemacht ist. Die gut ausgebildete Einströmöffnung ist auch dann sichtbar, wenn das Tier zusammengezogen ist. Die dicke, zähe Tunica ist mit zahlreichen Runzeln und Furchen überzogen. Dadurch stellt sie ein optimales Substrat für viele verkrustende Organismen dar, die die tatsächliche Struktur der Seescheide dann verbergen. Die Mikrokosmos-Seescheide ist gräulich-braun gefärbt und weist rötliche Schattierungen auf. Die Innenseite der Öffnungen sind mit hell- und dunkelvioletten Bändern versehen. Ohne Tunica erscheint das Tier gelb. Größe: Bis zu 20 - 22 cm lang.
Unterscheidungsmerkmale: Hell- und dunkelviolette gestreifte Öffnungen; dicke, zähe Tunica; mit verkrustenden Organismen bedeckte Oberfläche.
Biologie: Die Larven dieser Art kann man zwischen Frühling und Herbst im Plankton finden, jedoch bleiben sie nur für wenige Stunden im offenen Gewässer. Im Gegensatz zu allen anderen Seescheiden ist die Mikrokosmos-Seescheide eßbar.

170

THALIA DEMOCRATICA

Ketten-Salpe

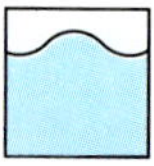

Verwandte Arten: *Doliolum spec.*
Klasse: Thaliaceae
Ordnung: Salpida, Doliolida
Familie: Salpidae, Doliolidae
Verbreitung: Mittelmeer, Ost-Atlantik.
Lebensraum: Pelagisch und in küstennahen Oberflächengewässern.
Beschreibung: Die Thaliaceen sind planktonische Tunicaten, die sich von den Ascidien (festsitzend!) nicht nur durch ihre Lebensweise unterscheiden, sondern auch durch die Lage ihrer zwei Siphone, die sich an den Polen des Körpers gegenüberliegen. Die Organismen der Salpen sind mit einer transparenten, gallertigen Tunica zellulöser Natur überzogen, die Organismen der Ordnung *Doliolida* besitzen keine Tunica. Am vorderen Pol befindet sich der Mund, am hinteren Pol die Kloaken- oder Atrialöffnung. Der Körper ist von dunklen Bändern umgeben (9 bei *Doliolum spec.* und 4 bei *T. democratica*), die den Muskelbändern entsprechen. Durch die Kontraktion dieser Ringmuskulatur wird Wasser aus der hinteren Öffnung gedrückt: dadurch werden die Tiere bei ihrer Schwimmbewegung nach vorne unterstützt. Die Färbung ist hellblau oder bläulich; durch die Transparenz ihres Körpers kann man die inneren Organe (Kiemen, Verdauungsapparat, Gonaden etc.) erkennen, die oft kontrastierend gefärbt sind (weiß, violett). Manche Arten besitzen ein Leuchtorgan, mit dem Bakterien über eine chemische Reaktion intensives Licht erzeugen. Größe: Die einzelnen Individuen sind bis zu 3 - 5 cm lang. Eine ganze Kolonie kann beachtliche Ausmaße erreichen.
Unterscheidungsmerkmale: Transparente, planktonisch lebende Organismen; Mund- und Kloakenöffnung liegen sich an den Körperextremitäten gegenüber; Ringmuskeln erscheinen als dunkle Bänder.
Biologie: Diese Organismen erfahren einen Generationswechsel: Aus dem befruchteten Ei geht ein ungeschlechtliches Individuum hervor (Oozoid), das mit einem Stolon ausgestattet ist. Von dem Stolon geht die Knospung aus, die weitere, jetzt aber geschlechtliche Individuen (Gonozoide) hervorbringt. Haben sich die Gonozoiden einmal durch die Fragmentation des Stolons (Salpen) oder durch den Verfall des Oozoiden (Dolioliden) losgelöst, beginnen sie ein autonomes Leben und bilden bis zu mehrere Meter lange Ketten aus Zwitterindividuen. Im Innern des Körpers eines jeden Individuums der Kolonie kommt es dann zur Befruchtung eines Eis. Das Ei entwickelt sich wiederum zu einem Oooiden und leitet – einmal befreit – einen neuen Reproduktionszyklus ein. Die Nahrung besteht aus abgefilterten planktonischen Organismen (Diatomeen, Radiolaren, Dinoflagellaten etc.), die mit dem Wasser von der Mundöffnung eingesaugt und anschließend über die Speiseröhre in den Verdauungstrakt geleitet werden. Die Thaliaceen kann man in den Winter- und Frühlingsmonaten am häufigsten beobachten.

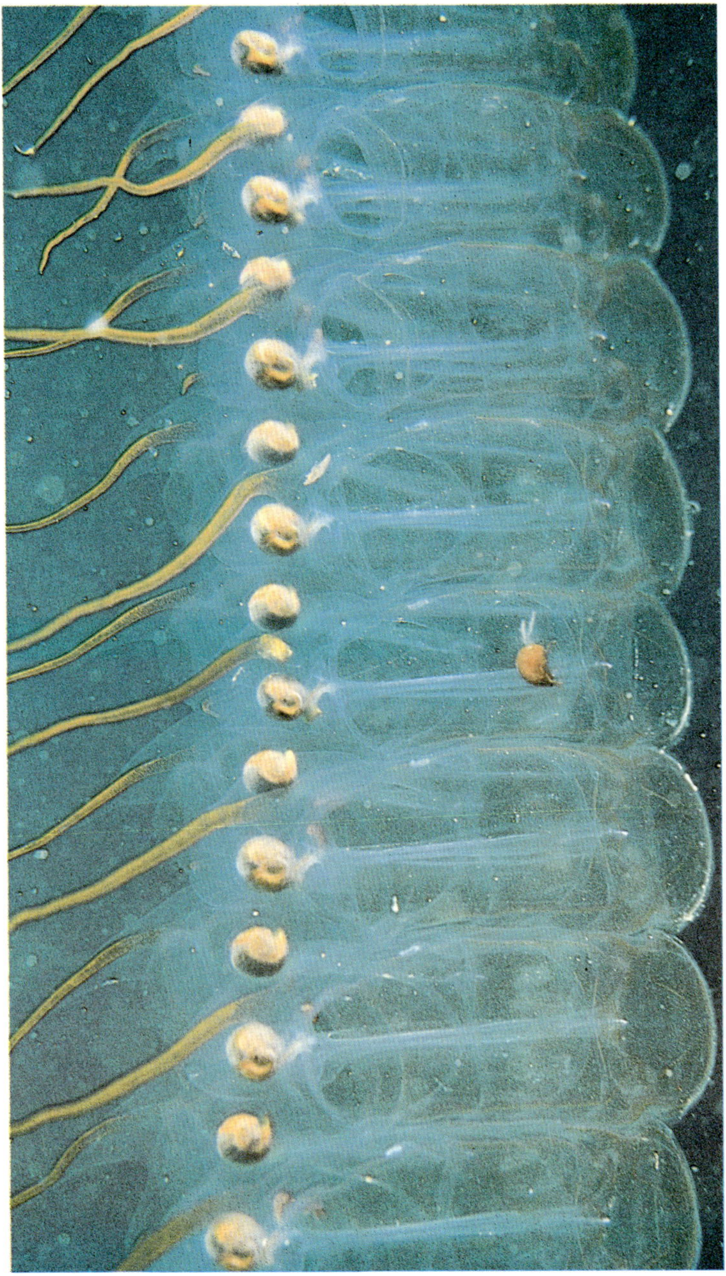

FISCHE

171 TORPEDO (TORPEDO) MARMORATA Marmorzitterrochen

Klasse: Chondrichthyes
Ordnung: Rajiformes
Familie: Torpedinidae
Verbreitung: Mittelmeer, Ost-Atlantik von England bis Südafrika.
Lebensraum: Auf Sand- oder Schlammböden, von wenigen Metern Tiefe bis in über 100 - 200 m. Er wurde auch schon in 350 m Tiefe gesichtet.
Beschreibung: Der Körper ist abgeflacht und kreisrund. Er endet mit einem großen Schwanz, der auf dem Rücken mit zwei Flossen und bauchseitig mit einer gut entwickelten Schwanzflosse ausgestattet ist. Hinter den kleinen Augen öffnen sich in leicht erhobener Position die Spritzlöcher mit den charakteristischen 6 - 8 Fransen. Bauchseitig kann man die elektrischen Organe durchscheinen sehen. Der Rücken ist einheitlich braun und dicht mit unregelmäßigen Flecken oder auffälligen Marmorierungen versehen, der Bauch weißlich. Größe: Bis zu 100 cm lang.
Unterscheidungsmerkmale: Scheibenförmiger Körper; rosettenförmig angeordnete Fransen um die Spritzlöcher; marmorierter Rücken.
Biologie: Der nachtaktive Zitterrochen lebt halbvergraben auf dem Meeresgrund. Er bedient sich beim Beutezug seiner elektrischen Organe, die mit starken elektrischen Entladungen die Beute, v. a. Fische, betäuben. Nach einer Tragzeit von 6 - 12 Monaten wirft das Weibchen 5 - 30 Jungtiere (Ovoviviparie).

172 DASYATIS PASTINACA
Gewöhnlicher Stechrochen

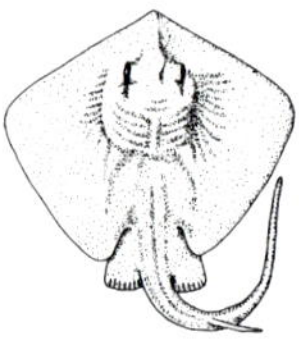

Klasse: Chondrichthyes
Ordnung: Rajiformes
Familie: Dasyatidae
Verbreitung: Mittelmeer, Schwarzes Meer, Ost-Atlantik von Norwegen bis Angola.
Lebensraum: Auf sandig-schlammigen und detritischen Böden, von der Wasseroberfläche bis in 200 m Tiefe. Kann auch in Brackgewässer vordringen.
Beschreibung: Abgeflachter, rautenförmiger Körper mit abgerundeten Körperkanten. Die Schnauze ist leicht zugespitzt. Rückenflossen fehlen, die Bauchflossen sind klein. Der Schwanz erreicht etwa die 1,5 fache Körperlänge. Er weist einen am Rücken entlanglaufenden Kiel und bauchseitig eine Hautfalte auf. Ungefähr auf der Mitte des Schwanzes sitzt ein nach hinten gebogener, kräftiger, spitzer Stachel mit gezackten Rändern. Die Haut ist tendenziell glatt. Der Rücken ist olivgrün mit rötlicher, gräulicher oder gelblicher Nuance. Der Bauch ist weiß, die Ränder der Brustflossen sind dunkel. Größe: Bis zu 250 cm lang.
Unterscheidungsmerkmale: Körper in Form einer viereckigen Scheibe; zugespitzte Schnauze; Schwanz mit Hautfalte bauchseitig und Kiel auf den Rücken.
Biologie: Der Fisch lebt am Boden, häufig eingegraben. Nahrung: Fische, Krebse, Cephalopoden, Muscheln. Ovoviviparie. Die Wunden, die sein Giftstachel verursachen kann, sind sehr schmerzhaft und erfordern sofortige ärztliche Hilfe.

173 **MURAENA HELENA**

Muräne

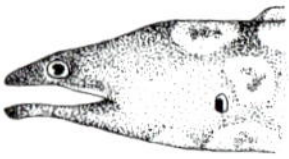

Klasse: Osteichthyes
Ordnung: Anguilliformes
Familie: Muraenidae
Verbreitung: Mittelmeer, im Ost-Atlantik von den Britischen Inseln bis Senegal.
Lebensraum: Küstennahe Felsböden mit zahlreichen Felsspalten und Höhlen, in wenigen Metern bis in 80 m Tiefe.
Beschreibung: Typisch aalförmiger, kräftiger Körper, der seitlich leicht und hinten stark zusammengepreßt ist. Der Kopf ist kurz, massiv und im Profil nach außen gewölbt. Das weite Maul ist mit zahlreichen spitzen, nach hinten gebogenen Zähnen versehen. Die auffälligen Nasenöffnungen sind röhrenförmig. Brust- und Bauchflossen fehlen. Die saumförmige Rückenflosse geht in Schwanz- und Afterflosse über. Färbung: gelb und weißlich gescheckt auf der schwärzlich-braunen Haut. Die dicke, schuppenlose Haut ist glatt. Größe: Bis zu 150 cm lang.
Unterscheidungsmerkmale: Fehlende Brust- und Bauchflossen; röhrenförmige Nasenöffnungen; kleine, ovale Kiemen; marmorierte Färbung.
Biologie: Das nachtaktive Tier bleibt tagsüber in Höhlen versteckt. Es ernährt sich von Kraken, Fischen und Krebsen, die es vor allem mittels seines Geruchssinns aufspürt. Die Muräne pflanzt sich im Sommer fort, indem sie Eier von etwa 5 mm Durchmesser laicht. Im Winter begibt sie sich in tiefere Gewässer.

174 **CONGER CONGER**

Meeraal

Klasse: Osteichthyes
Ordnung: Anguilliformes
Familie: Congridae
Verbreitung: Mittelmeer, Schwarzes Meer, im Ost-Atlantik von Norwegen bis Senegal, Kanaren und Azoren.
Lebensraum: Fels- oder auch Sand- und Schlammböden, von der Wasseroberfläche bis in 100 m Tiefe.
Beschreibung: Aalförmiger Körper, der vorne fast zylindrisch und kurz nach der Afteröffnung zusammengedrückt erscheint. Der Kopf ist gut ausgebildet und leicht eingedrückt. Die lange Schnauze weist eine breite, dicklippige Mundöffnung auf. Der Kiefer ist mit einer dichten Reihe großer Zähne ausgestattet, weiter innen sitzt eine zweite Reihe kleinerer, kegelförmiger, spitzer Zähne. Die Brustflossen sind gut entwickelt. Rücken- und Afterflosse bilden einen mit der Schwanzflosse verbundenen Flossensaum. Die Färbung variiert zwischen verschiedenen Grautönen. Die unpaaren Flossen sind schwarz umrandet. Größe: Kann 200 cm Länge überschreiten.
Unterscheidungsmerkmale: Brustflossen sind vorhanden; Rückenflosse beginnt unmittelbar hinter den Brustflossenspitzen; große Kieferzähne.
Biologie: Wie der Aal vermehrt sich diese Art an ganz bestimmten Laichplätzen in beachtlichen Tiefen (600 - 800 m). Die weidenblattförmige Larve lebt planktisch und wandelt sich beim Übergang zur bodenorientierten Lebensweise in die Adultform. Diese ernährt sich v. a. von Fischen.

175 LEPADOGASTER CANDOLLEI

Felsen-Ansauger

Klasse: Osteichthyes
Ordnung: Gobiesociformes
Familie: Gobiesocidae
Verbreitung: Mittelmeer, Schwarzes Meer, im Ost-Atlantik von den Britischen Inseln bis zu den Kanaren.
Lebensraum: Über felsigen oder steinigen Küstenzonen mit reichen Algenbeständen, bis in wenige Meter Tiefe.
Beschreibung: Nach vorne abgeflachter Körper; der langgestreckte Kopf ist mit einer langen, schaufelförmigen Schnauze ausgestattet, die an der Spitze abgerundet ist. Der Oberkiefer steht hervor, das Maul ist nach unten gebogen. Letzteres Merkmal hat den Fischen der Gattung *Lepadogaster* übrigens den Beinamen »Saugfisch« eingebracht. Rücken- und Afterflosse sind nicht mit der Schwanzflosse verbunden. Auf dem Bauch befindet sich das charakteristische Haftorgan, das aus 2 hintereinanderstehenden Scheiben besteht; seitlich davon sind die Bauchflossenstrahlen. Männchen sind auf dem Rücken rötlich gefärbt, auf dem Kopf sind lebhafte rote Flecken; die Weibchen sind grünlich-gelb. Bis zu 6 - 7 cm lang.
Unterscheidungsmerkmale: Rücken- und Afterflosse sind nicht mit der Schwanzflosse verbunden; vorderseitig abgeflachter Körper mit einer langen, schaufelförmigen Schnauze; aus zwei Scheiben bestehendes Haftorgan auf dem Bauch.
Biologie: Zwischen Frühling und Sommer legt der Fisch seine Eier in Häufchen ab. Die Eier werden bis zum Schlüpfen der Jungtiere von den Eltern bewacht.

176 LOPHIUS PISCATORIUS

Seeteufel oder Angler

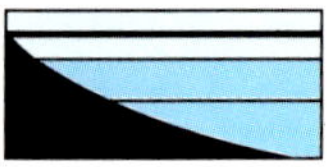

Klasse: Osteichthyes
Ordnung: Lophiiformes
Familie: Lophiidae
Verbreitung: Mittelmeer, Schwarzes Meer, im Ost-Atlantik von der Meeresenge von Gibraltar bis zur Barentssee.
Lebensraum: Über schlammigen, sandig-schlammigen oder detritischen Böden, in 15 - 20 m bis in über 500 m Tiefe.
Beschreibung: Kopf und vorderer Rumpf sind sehr breit und abgeflacht. Das extrem breite, ovale Maul ist oberständig. Der Seeteufel ist mit 2 Rückenflossen ausgestattet. Die erste Rückenflosse besteht aus wenigen, stacheligen und einzeln stehenden (d. h. nicht mit einer Flossenhaut verbundenen) Flossenstrahlen. Der vorderste Flossenstrahl trägt einen blattförmigen Anhang an der Spitze. Die Brustflossen werden von einer Art Arm gestützt. Die Haut ist nackt und schlaff. Der Rücken ist braun, weist violette und grüne Schattierungen sowie eine unregelmäßige, hellere Marmorierung auf. Der Bauch ist weißlich. Größe: Bis zu 200 cm lang.
Unterscheidungsmerkmale: Kopf und vorderer Rumpf sind breit und abgeflacht; weite Mundöffnung; vorragender Unterkiefer; aus einzeln stehenden Strahlen gebildete erste Rückenflosse; die vorderen Flossen tragen einen Hautlappen.
Biologie: Zum Beutefang vergräbt sich dieser Fisch im Sediment. Die Beute lockt er mit seinem beweglichen ersten Rückenflossenstrahl, der an einen Röhrenwurm erinnert, in seine Nähe. Nachts begibt er sich in Oberflächengewässer.

177 PHYCIS PHYCIS

Dunkler Gabeldorsch

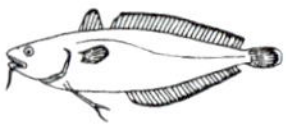

Klasse: Osteichthyes
Ordnung: Gadiformes
Familie: Gadidae
Verbreitung: Mittelmeer, im Ost-Atlantik vom Golf von Gascogne bis nach Mauritanien.
Lebensraum: Über felsigen und sandig-schlammigen Böden an Fels, in 10 - 20 m bis in 650 m Tiefe.
Beschreibung: Relativ hoher, sich aber deutlich nach hinten verjüngender Körper. Weites, bis hinter die Augen reichendes Maul. Der Unterkiefer ist kürzer als der Oberkiefer und mit einer Bartel ausgestattet. Die kleinen Zähne sind in Bändern angeordnet. Der Fisch besitzt zwei Rückenflossen: Die erste ist kurz, die zweite ist fast bis zur abgerundeten Schwanzflosse hin verlängert. Die Afterflosse ist symmetrisch zur zweiten Rückenflosse. Die Brustflossen sehen wie ein langer, gespaltener Faden aus. Färbung: dunkelbraun oder rötlich mit hellerer Bauchseite. Die unpaaren Flossen sind schwarz und weiß umrandet. Größe: Bis zu 65 cm lang.
Unterscheidungsmerkmale: Bis zum Ansatz der Afterflosse, aber nicht darüber hinaus verlaufende Bauchflosse; kurze erste Rückenflosse, die keine faserigen Strahlen aufweist.
Biologie: Diese nachtaktive Art lebt in der Nähe des Meeresbodens; tagsüber kann man sie in Grotten oder Felsspalten antreffen. Sie ernährt sich von kleinen Fischen und verschiedenen Invertebraten. Vermehrung von Januar bis Mai; die bis zu 4 cm langen Jungtiere leben pelagisch.

178 ZEUS FABER

Heringskönig oder Petersfisch

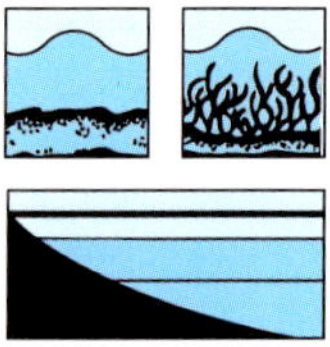

Klasse: Osteichthyes
Ordnung: Zeiformes
Familie: Zeidae
Verbreitung: Mittelmeer, Schwarzes Meer, im Ost-Atlantik von Norwegen bis in den Süden Afrikas.
Lebensraum: Sandige oder schlammige Böden, in der Nähe von *Posidonia*-Wiesen; 20 bis in etwa 400 m Tiefe.
Beschreibung: Hoher, ovaler Körper, der seitlich stark zusammengepreßt ist. Der Kopf ist langgestreckt, die Stirn fällt schräg ab. Die großen Augen sitzen hoch am Kopf und das Maul ist weit vorstreckbar. Die Rückenflosse und die Afterflosse werden an ihrer Basis von einer Reihe stacheliger Schuppen eingesäumt. Die Brustflossen sind klein, die Bauchflossen gut ausgebildet. Die Schwanzflosse erscheint fast geradlinig abgeschnitten. Färbung: grau-gold, wobei der Rücken heller ist; der Bauch glitzert silbern. Die Körperseiten sind gelblich gestreift und tragen als charakteristisches Merkmal einen großen schwarzen, weißgesäumten Fleck in der Mitte. Größe: Bis zu 60 cm lang.
Unterscheidungsmerkmale: Hoher, seitlich zusammengepreßter Körper; schwarzer, weißgesäumter Fleck in der Mitte jeder Körperseite; Rückenflosse mit langen vorderen Flossenstrahlen.
Biologie: *Zeus faber* ist ein Einzelgänger der kleine Schwarmfische jagt. Die Beute wird mit dem weit hervorstülpbaren Maul nach dem Saugschnapperprinzip gefangen.

179 SYNGNATHUS TYPHLE

Grasnadel

Klasse: Osteichthyes
Ordnung: Syngnathiformes
Familie: Syngnathidae
Verbreitung: Mittelmeer, Schwarzes Meer, im Ost-Atlantik von Gibraltar bis Skandinavien.
Lebensraum: Häufig zwischen *Posidonia-* und *Zostera-*Wiesen stehend oder über detritischen und sandig-schlammigen Böden, von der Wasseroberfläche bis in 20 - 30 m Tiefe.
Beschreibung: Verlängerter Körper, der sich in Schwanzrichtung verjüngt und mit zahlreichen knöchernen Hautringen bedeckt ist. Die mit einem Kamm versehene Schnauze ist langgezogen, flach und zeigt sich im Profil geradlinig. Das oberständige Maul besitzt einen stark ausgeprägten Unterkiefer. Die Rückenflosse beginnt etwa auf der Höhe der Körperhälfte und dehnt sich über 7 - 9 Ringe aus. After- und Schwanzflosse sowie Brustflossen sind klein. Färbung: ocker, braun, grau oder grünlich mit kleinen schwarzen oder bräunlichen Flecken. Größe: Kann länger als 35 cm werden.
Unterscheidungsmerkmale: Hohe, lange und flache Schnauze mit fast senkrechter Mundöffnung; das Auge ist kleiner als die Höhe der Schnauze.
Biologie: Die Männchen der Grasnadel sind an einer Bruttasche erkennbar. Sie tragen von März bis Juli die Eier und Embryonen. Das »Ausbrüten« der Eier dauert etwa vier Wochen. Die Nahrung besteht aus Invertebraten und Fischen.

180 HIPPOCAMPUS GUTTULATUS

Langschnäuziges Seepferdchen

Klasse: Osteichthyes
Ordnung: Syngnathiformes
Familie: Syngnathidae
Verbreitung: Mittelmeer, Ost-Atlantik von den Britischen Inseln bis zu den Kanaren, Azoren und Madeira.
Lebensraum: Zwischen *Posidonia*-Wiesen und Algen, in 1 - 2 m bis in 20 - 25 m Tiefe. Dringt auch in Lagunen vor.
Beschreibung: Kurzer, seitlich stark zusammengepreßter und bauchseitig ausgewölbter Körper, der abrupt in einen langen viereckigen Schwanz übergeht. Der ganze Körper ist mit knöchrigen Ringen bedeckt, die Stacheln und verzweigte Fasern tragen. Die lange Schnauze endet in einem kleinen Maul. Färbung: dunkelbraun oder schwarz-grünlich mit hellen Flecken. Es gibt auch Exemplare, die teilweise oder ganz rot bzw. gelb sind. Der Art sehr ähnlich ist das Kurzschnauzige Seepferdchen *(Hippocampus hippocampus)*. Dieses trägt keine Hauttentakel. Größe: Bis zu 15 - 16 cm lang.
Unterscheidungsmerkmale: Pferdeartiger Kopf; aus knöchrigen, mit Stacheln besetzten Ringen bestehender Körper; die Stacheln sind durch faserige Hautlappen verlängert.
Biologie: Die Art hält sich üblicherweise mit ihrem Schwanz an Algen fest. Mit ihrer Rückenflosse bewegt sie sich nur langsam voran. Bei der Paarung umschlingen sich die Partner mit den Schwänzen. Die befruchteten Eier entwickeln sich in 4 - 5 Wochen in einer Bauchtasche des Männchens. Das Seepferdchen ernährt sich von Krebsen und Fischen.

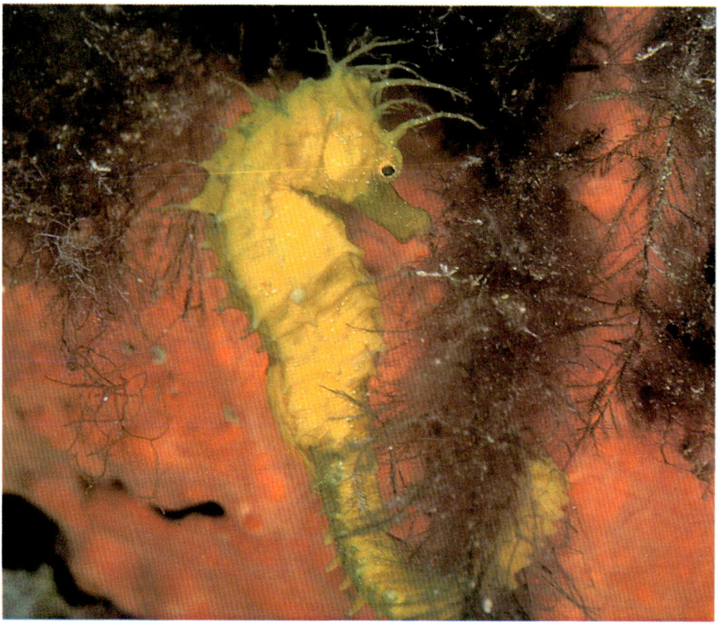

181

SCORPAENA PORCUS

Großer Brauner Drachenkopf

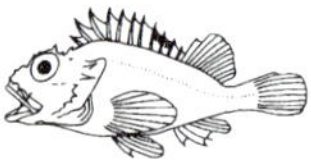

Verwandte Arten: *Scorpaena scrofa* (Großer Roter Drachenkopf), *Scorpaena notata* (Kleiner Roter Drachenkopf)
Klasse: Osteichthyes
Ordnung: Scorpaeniformes
Familie: Scorpaenidae
Verbreitung: Großer Brauner Drachenkopf (Foto oben): Mittelmeer, Schwarzes Meer, im Ost-Atlantik von den Britischen Inseln bis Senegal. Großer Roter Drachenkopf (Foto Mitte): wie zuvor erwähnt, im Schwarzen Meer aber nicht vorkommend. Kleiner Roter Drachenkopf (Foto unten): Mittelmeer, im Schwarzen Meer teilweise; im Ost-Atlantik vom Golf von Gascogne bis nach Senegal.
Lebensraum: Fels- oder Detritusböden, Algenbestände oder *Posidonia*-Wiesen, von der Wasseroberfläche bis in über 100 m Tiefe *(S. notata, S. porcus)*; bis in 370 m *(S. scrofa)*.
Beschreibung: Die drei Arten sind von ähnlicher Gestalt: Der Körper ist robust und gedrungen; der große Kopf ist mit Stacheln und Auswüchsen versehen; die Augen sind groß. Das breite, schräge Maul ist mit kleinen zottenförmigen Zähnen ausgestattet. Die Rückenflosse verfügt im vorderen Bereich über robuste, giftige Stachelstrahlen. Der Drachenkopf trägt gut ausgebildete Anhänge über den Augen; am Hinterhaupt befindet sich eine ausgeprägte Vertiefung. Körper und Flossen sind schwärzlich-braun gefärbt und mit verschiedengroßen hellen oder dunklen Flächen gescheckt. Die Schwanzflosse ist senkrecht mit drei dunklen Bändern durchzogen. Kopf, Unterkiefer und Körperseiten des Rotes Drachenkopfs sind mit zahlreichen, zum Teil ausgefransten Hautanhängen bedeckt. Färbung: rot, orange oder gelb mit braunen und schwarzen Flecken. Zwischen den letzten zwei Stachelstrahlen der Rückenflosse befindet sich oft ein schwarzer Fleck. Auf dem Kopf des Kleinen Drachenkopfes sitzen über den Augen nur wenige, kurze Hautanhänge. Färbung: tendenziell rot mit vielen kleinen dunklen Flecken auf den Flossen. Der hintere Abschnitt der stacheligen Rückenflosse ist fast immer mit einem auffälligen schwarzen Fleck versehen. Größe: Großer Brauner Drachenkopf: maximal 30 cm lang; Großer Roter Drachenkopf: maximal 50 cm lang; Kleiner Roter Drachenkopf: maximal 20 cm lang.
Unterscheidungsmerkmale: Großer Brauner Drachenkopf: Hautanhänge über den Augen; Großer Roter Drachenkopf: Hautanhänge am Unterkiefer; Kleiner Roter Drachenkopf: schwarzer Fleck auf der Rückenflosse, kurze Anhänge über den Augen, 3 lange Stacheln auf der Oberlippe.
Biologie: Die Drachenkopfe leben am Boden als Lauerjäger. Sie jagen nicht aktiv, sondern warten auf ihre Beute, nach der sie schnell schnappen, sowie sie in ihre Nähe kommt. Dabei hilft ihnen ihre gute Tarnfärbung, durch die sie auch für Taucher äußerst schwer zu erkennen sind. Sie pflanzen sich von Mai bis August fort und legen ihre Eier in Häufchen ab, die im Wasser treiben. Die dicken, robusten Rückenflossen- und Kiemendeckelstacheln sind mit einem Gewebe verbunden, das auf die Ausscheidung eines starken Gifts spezialisiert ist. Ein Stich dieser Fische ist äußerst schmerzhaft und verursacht Taubheit des gestochenen Gliedmaßes.

182 TRYGLOPORUS LASTOVIZA

Gestreifter Knurrhahn

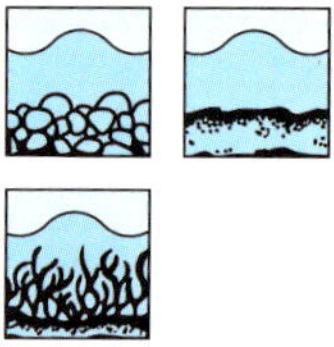

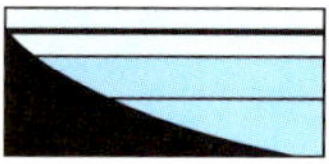

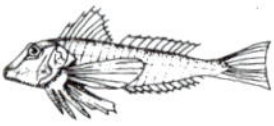

Klasse: Osteichthyes
Ordnung: Scorpaeniformes
Familie: Triglidae
Verbreitung: Mittelmeer, im Ost-Atlantik von Skandinavien bis zum Kap der Guten Hoffnung.
Lebensraum: Auf sandigen, schlammigen oder felsigen Böden und in *Posidonia*-Wiesen, in 20 bis über 200 m Tiefe.
Beschreibung: Schlanker Körper, der sich allmählich gegen den Schwanz hin verjüngt. Der breite Kopf ist mit knöchernen Platten bedeckt, das große Maul liegt unterwärts. Der Fisch hat 2 Rückenflossen. Charakteristisch sind seine Brustflossen, deren 3 untere Strahlen frei beweglich sowie mit Geruchs- und Geschmacksknospen ausgestattet sind. Die Seitenlinie trägt auffällige stachelige Schuppen. Der Rücken ist rötlich gefärbt, der Bauch etwas heller; der ganze Körper ist mit dunklen Flecken übersät. Die Brustflossen sind blau umrandet, mit Reihen blauer Flecken. Größe: Bis zu 40 cm lang.
Unterscheidungsmerkmale: Fast senkrechtes Schnauzenprofil; Präsenz zahlreicher schleimbildender Kanäle, die vertikal entlang der Flanken angeordnet sind; die ersten Brustflossenstrahlen sind frei beweglich.
Biologie: Dieser Knurrhahn bewegt sich sowohl schwimmend als auch mittels seiner freien Brustflossenstrahlen fort, mit denen er tastend auf dem Grund laufen kann. Er ernährt sich von Krebsen. Durch Aneinanderreiben seiner Kiemendeckelknochen kann er knurrende Laute erzeugen.

183 EPINEPHELUS GUAZA

Brauner Zackenbarsch

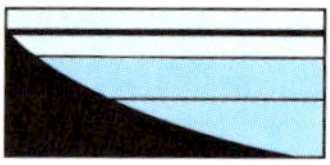

Klasse: Osteichthyes
Ordnung: Perciformes
Familie: Serranidae
Verbreitung: Mittelmeer, im Ost-Atlantik vom Golf von Gascogne bis Angola, West-Atlantik (Brasilien und Bermuda-Inseln).
Lebensraum: Vorwiegend auf felsigen Böden mit vielen Höhlen und Felsspalten, bis in etwa 100 m Tiefe.
Beschreibung: Massiger, gedrungener Körper von ovaler Form. Das weite, leicht oberständige Maul reicht bis hinter die Augen. Die Kiemendeckel sind entlang ihres Außenrands mit Stacheln versehen. Auf dem Vorderteil der Rückenflosse sitzen kräftige Stacheln. Die große Schwanzflosse ist hinten abgerundet. Der Braune Zackenbarsch ist normalerweise bräunlich gefärbt und trägt hellere Flecken sowie gestreifte Zeichnungen, die wie unregelmäßig verteilte Längsbänder aussehen. Aussehen variabel. Größe: Bis zu 150 cm lang.
Unterscheidungsmerkmale: Helle Flecken auf den Flanken; breiter Schwanz mit abgerundetem hinterem Rand; weite Mundöffnung.
Biologie: Der Braune Zackenbarsch pflanzt sich im Sommer fort. Die geschlechtsreifen Individuen versammeln sich dann an bestimmten Laichplätzen in etwa 15 - 30 m Tiefe. Zackenbarsche sind protogyne Zwitter, die erst als Weibchen geschlechtsreif werden und sich nach 10 - 12 Jahren in Männchen umwandeln.

184 SERRANUS CABRILLA

Kleiner Sägebarsch

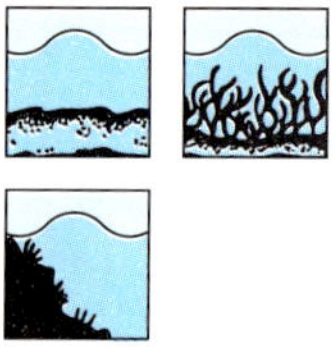

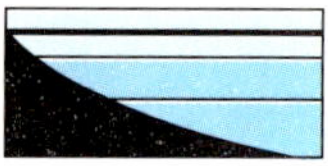

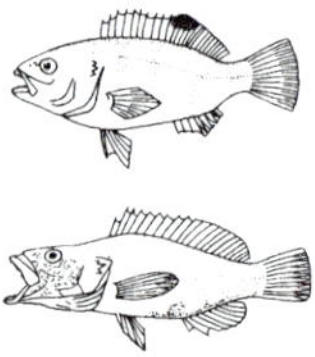

Verwandte Arten:
Serranus hepatus (Brauner Sägebarsch),
Serranus scriba (Schriftbarsch)

Klasse: Osteichthyes
Ordnung: Perciformes
Familie: Serranidae

Verbreitung: Kleiner Sägebarsch (Foto oben): Mittelmeer, im Ost-Atlantik von den Britischen Inseln bis Angola, Rotes Meer. Brauner Sägebarsch (Foto Mitte): Mittelmeer, im Ost-Atlantik von Portugal bis Senegal. Schriftbarsch (Foto unten): Mittelmeer, im Ost-Atlantik vom Golf von Gascogne bis Südafrika.

Lebensraum: Vowiegend auf felsigen oder sandigen Böden und in *Posidonia*-Wiesen (Kleiner Sägebarsch und Schriftbarsch); auf sandigen Böden oder in *Posidonia*-Wiesen (Brauner Sägebarsch). Von der Wasseroberfläche bis in 150 - 200 m, häufiger von 10 bis 40 m Tiefe.

Beschreibung: Die Gattung *Serranus* besitzt folgende Merkmale: Feststehende spitze Zähne; Kiemendeckel ist am freien Rand mit 3 Stacheln versehen; rauhe Kammschuppen. Der Körper des Kleinen Sägebarschs ist gestreckt und seitlich abgeflacht, der Kopf kegelförmig. Die Grundfärbung des Körpers ist gelblich-rötlich, auf den Flanken trägt er 8 - 9 dunkle Querbänder und 2 - 3 bläuliche Längsstreifen. Je nach Lebensalter und Umweltbedingungen kann die Färbung des Fisches variieren. Die Schwanzflosse ist abgerundet oder abgeschnitten. 5 dunkle, mehr oder weniger voneinander getrennte vertikale Bänder zieren seinen gelblich-braunen Körper. Auf der Rückenflosse befindet sich am Übergang von den Stachel- zu den Weichstrahlen ein schwarzer Fleck. Der Schriftbarsch besitzt einen langgestreckten, leicht abgeflachten Körper mit spitzem Kopfprofil. Der hintere Schwanzflossenrand ist gerade oder leicht nach außen gewölbt. Der Rücken ist rötlich-grau oder violett gefärbt, auf dem helleren Bauch ist ein mehr oder weniger verschwommener bläulicher Fleck zu sehen. Auf den Flanken befinden sich 5 - 7 dunkle vertikale Bänder, die sich zum Teil unterhalb der Seitenlinie verdoppeln. Deutliches Merkmal für diesen Fisch sind die bläulichen und rötlichen Linien an den Kopfseiten, die arabischen Schriftzeichen ähneln. Größe: Kleiner Sägebarsch: bis zu 40 cm lang; Brauner Sägebarsch: bis zu 25 cm; Schriftbarsch: bis zu 36 cm.

Unterscheidungsmerkmale: Die verschiedenen Arten sind vor allem durch die Färbung des Körpers unterscheidbar: Kleiner Sägebarsch: 7 - 9 vertikale Bänder und 2 - 3 Längsstreifen; Brauner Sägebarsch: schwarzer Fleck auf der Rückenflosse; Schriftbarsch: bläuliche Linien auf der Schnauze und bläulicher Fleck auf dem Bauch.

Biologie: Alle drei Arten der Gattung *Serranus* unterliegen einem synchronen Hermaphroditismus, d.h., die Individuen sind gleichzeitig männlich und weiblich, doch kommt es zu keiner Selbstbefruchtung, obwohl Spermien und Eier zugleich produziert werden. Die Fortpfanzung findet vom Frühling bis zum Sommer statt. Diese Barsche sind karnivor und ernähren sich von Fischen, Krebsen und Mollusken.

185 POLYPRION AMERICANUM

Wrackbarsch

Klasse: Osteichthyes
Ordnung: Perciformes
Familie: Serranidae
Verbreitung: Mittelmeer, im Ost-Atlantik von Norwegen bis Angola, West-Atlantik.
Lebensraum: Felsige oder sandig-schlammige Böden, in 30 - 40 m bis in über 400 m Tiefe.
Beschreibung: Hoher, kräftiger und seitlich leicht abgeflachter Körper. Die weite Mundöffnung ist mit einem stark hervorstehenden Unterkiefer ausgestattet. Der obere Teil des Kiemendeckels weist eine charakteristische quer verlaufende knöcherne Kante auf. Der Körper ist mit kleinen, rauhen Schuppen bedeckt. Bauch- und Brustflossen sind relativ klein. Die Schwanzflosse ist bei jungen Fischen abgerundet, bei erwachsenen fast gerade. Färbung: braun-violett mit unregelmäßigen hellen Flecken. Die bei den Jungtieren weißlichen Flossenränder wandeln sich bei den Adulttieren in ein einheitliches Braun. Größe: Von 80 cm Durchschnittslänge bis zu 200 cm Länge.
Unterscheidungsmerkmale: Stark vorstehender Unterkiefer; Dorn am freien Rand des Kiemendeckels.
Biologie: Die jungen Wrackbarsche halten sich bevorzugt nahe der Wasseroberfläche auf, wo sie sich im Schatten schwimmender Objekte versammeln. Die Adulttiere hingegen sind Einzelgänger und leben oft in der Nähe von Wracks. Der Fisch ernährt sich von Krebsen, Mollusken und Fischen.

186 DICENTRARCHUS LABRAX

Wolfs- oder Seebarsch

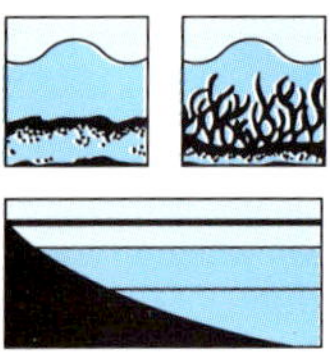

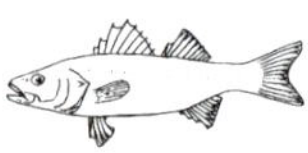

Klasse: Osteichthyes
Ordnung: Perciformes
Familie: Moronidae
Verbreitung: Mittelmeer, Schwarzes Meer, im Ost-Atlantik von Norwegen bis Senegal.
Lebensraum: Auf riffnahen Sand- und Detritusböden oder in *Posidonia*-Wiesen, von der Wasseroberfläche bis in 100 m Tiefe. Dringt auch in Lagunen ein und schwimmt gelegentlich in den Unterlauf von Flüssen.
Beschreibung: Spindelförmiger, seitlich abgeflachter Körper mit großem Kopf. Die Schnauze läuft spitz zu, die Mundöffnung ist groß. Der Vorderkiemendeckel trägt entlang seines unteren Randes dicke, nach vorn gerichtete Stacheln. Die vordere Rückenflosse ist mit kräftigen, spitzen Stachelstrahlen ausgestattet. Die ersten 3 Strahlen der Schwanzflosse sind stachelig. Auf den Flanken silbrig-grau, auf dem Rücken dunkel weiß gefärbt. Bis zu 1 m lang.
Unterscheidungsmerkmale: Stachelige Strahlen auf der ersten Rückenflosse; deutlich voneinander getrennte Rückenflossen; nach vorn gerichtete Stacheln auf dem Vorderkiemendeckel.
Biologie: Mit 2 (Männchen) oder 3 Jahren (Weibchen) erreicht diese Art ihre Geschlechtsreife. Von Januar bis März, nach ihrer Wanderung ins Brackwasser, versammeln sich zahlreiche Wolfsbarsche zur Fortpflanzung in Gruppen. Die Wolfsbarsche sind Räuber und jagen bevorzugt nachts.

187 ANTHIAS ANTHIAS
Roter Fahnenbarsch

Klasse: Osteichthyes
Ordnung: Perciformes
Familie: Serranidae
Verbreitung: Mittelmeer, im Ost-Atlantik von Portugal bis zum Kongo.
Lebensraum: Auf felsigen Böden in der Nähe von Felsspalten und Höhlen, in 15 - 20 m bis in 200 m Tiefe.
Beschreibung: Hoher, ovaler, seitlich abgeflachter Körper. Die Augen sind groß, die Schnauze ist kurz und die Mundöffnung weit und leicht nach oben gerichtet. Der dritte Stachelstrahl der Rückenflosse ist besonders groß und an seiner Spitze verbreitert. Die Bauchflossen sind sehr lang. Der untere Abschnitt der tief eingeschnittenen Schwanzflosse ist länger als der obere. Färbung: rot oder lebhaft rosa mit 3 gelben Linien auf dem Kopf und gelben Schattierungen auf den Flanken, die zum Rücken hin dunkler werden. Größe: Bis zu 27 cm lang.
Unterscheidungsmerkmale: Sichelförmige Schwanzflosse, bei der der untere Lappen länger ist als der obere.
Biologie: Der Rote Fahnenbarsch ist ein protogyner Zwitter, dessen Geschlechtsumwandlung nicht nur vom Erreichen der erforderlichen Größe abhängig zu sein scheint, sondern auch von dem Umstand, ob andere Männchen präsent sind oder nicht. Dieser nachtaktive, gesellige Fisch tendiert zur Bildung von Schwärmen mit einem einzigen dominanten Männchen. Er vermehrt sich von Juni bis September.

188 APOGON IMBERBIS
Meerbarbenkönig

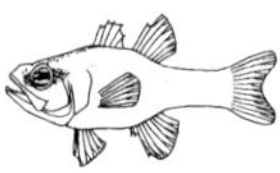

Klasse: Osteichthyes
Ordnung: Perciformes
Familie: Apogonidae
Verbreitung: Mittelmeer, im Ost-Atlantik von Marokko bis zum Golf von Guinea und den Azoren.
Lebensraum: Über felsigen (in Höhlen und Felsspalten) und schlammigen (im Winter) Böden, in 10 bis 200 m Tiefe.
Beschreibung: Gedrungener und kräftiger Körper. Der breite Kopf ist mit großen Augen ausgestattet. Das tiefsitzende Maul reicht bis unter die Augen. Die erste Rückenflosse ist kleiner als die zweite. Färbung: rot oder rosa. Auf dem Auge befinden sich zwei helle Längsstreifen. Die Spitzen der Rükkenflossen sowie der Schwanzflosse sind dunkel. Größe: Bis zu 10 - 15 cm lang.
Unterscheidungsmerkmale: Zwei voneinander getrennte Rückenflossen; rote Färbung; zwei helle Längsbänder auf den Augen.
Biologie: Tagsüber bleiben diese Fische in Felsspalten und Höhlen versteckt, wo sie kleine, vorwiegend aus Weibchen bestehende Gruppen bilden. In der Fortpflanzungszeit (von Juni bis September) nähern sich Männchen und Weibchen einander zu einem lebhaften Paarungsspiel. Der bis 20.000 Eier umfassende Laich wird vom Männchen im Maul gesammelt und acht Tage lang »ausgebrütet«. Die Jungfische schlüpfen nachts.

189 SERIOLA DUMERILI

Bernsteinmakrele

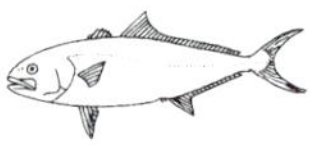

Klasse: Osteichthyes
Ordnung: Perciformes
Familie: Carangidae
Verbreitung: Mittelmeer, Ost- u. West-Atlantik, Indopazifik.
Lebensraum: Pelagische Art, in 20 bis 70 m Tiefe, die häufig in der Nähe von Untiefen und Inseln vorkommt.
Beschreibung: Gestreckter, seitlich leicht abgeflachter Körper. Der Kopf hat ein abgerundetes Profil. Der Unterkiefer steht gering vor. Das Maul ist mit zahlreichen kleinen, in Reihen angeordneten Zähnen ausgestattet. Der Fisch hat 2 Rückenflossen: Die erste ist kurz, die zweite sehr lang und liegt der kürzeren Afterflosse genau gegenüber. Vor der Afterflosse stehen 2 kleine Stacheln. Die Schwanzflosse ist stark eingeschnitten. Färbung: grau-blau mit rosafarbenen Reflexen auf dem Rücken und silbrigen auf dem Bauch. Beide Körperseiten sind von einem gelben Band durchzogen. Ein dunkler, schräger Strich verläuft von den Augen bis zum Genick. Die Jungtiere sind etwas gelber oder bernsteinfarben. Größe: Bis 190 cm lang und 80 kg schwer.
Unterscheidungsmerkmale: Kurze Brustflossen; Afterflosse kürzer als Rückenflosse; Strahlen der ersten Rückenflosse sind durch eine Membran verbunden.
Biologie: Die Jungtiere treten meist in Schwärmen auf und versammeln sich im Schatten von Treibgut. Die erwachsenen Fische bilden hingegen kleine Gruppen. Diese pelagisch lebende Art jagt aktiv Fische und Invertebraten.

190 SCIAENA UMBRA

Meerrabe

Klasse: Osteichthyes
Ordnung: Perciformes
Familie: Sciaenidae
Verbreitung: Mittelmeer, Schwarzes Meer, im Ost-Atlantik vom Ärmelkanal bis Senegal.
Lebensraum: Fels- und Sandböden, in *Posidonia*-Wiesen oder Ästuarien, in wenigen Metern bis in 180 m Tiefe.
Beschreibung: Hoher, leicht abgeflachter Körper mit typisch konvex gebogenem Rückenprofil. Die Schnauze ist kurz und abgerundet, das tiefsitzende Maul fast waagrecht. Unterkiefer mit 5 Poren. Die erste Rückenflosse besteht aus langen Stachelstrahlen. Die zweite Rücken- sowie die Afterflosse haben eine schuppige Basis. Der Hinterrand der Schwanzflosse ist in der Regel geradlinig. Färbung: einheitlich dunkelbraun mit metallischen Reflexen. Die schwarzen Bauch- und Afterflossen sind weiß gerandet. Die zweite Rückenflosse und der untere Teil der Schwanzflosse sind von einem schwarzen Rand umgeben. Größe: Bis zu 70 cm lang.
Unterscheidungsmerkmale: Weiter unten liegendes, fast horizontales Maul; 5 Poren auf dem Unterkiefer; Afterflosse und Bauchflossen sind schwarz und weiß umrandet.
Biologie: Diese nacht- und dämmerungsaktive Art lebt in kleinen Schwärmen, die sich vorwiegend in der Nähe von Höhlen aufhalten. Sie pflanzt sich von März bis August fort und nähert sich dann der Küste. Die Männchen können mit ihren Muskeln, die auf die Schwimmblase einwirken, laute Töne erzeugen.

191 # MULLUS BARBATUS
Rote Meerbarbe

Klasse: Osteichthyes
Ordnung: Perciformes
Familie: Mullidae
Verbreitung: Mittelmeer, Schwarzes Meer, im Ost-Atlantik von Skandinavien bis Senegal (Gestreifte Meerbarbe von der Nordsee bis nach Senegal).
Lebensraum: Rote Meerbarbe (Foto oben): Über Schlamm-, Sand- oder Kiesböden, von der Wasseroberfläche bis in etwa 500 m Tiefe; Gestreifte Meerbarbe (Foto Mitte): Über Fels- und Kiesböden, von der Wasseroberfläche bis in 400 m Tiefe.
Beschreibung: Das vordere Kopfprofil der Roten Meerbarbe ist mehr oder weniger steil. Die am Unterkiefer befindlichen Barteln sind entweder gleich lang oder kürzer als die Brustflossen. Die Färbung ist einheitlich rosarot. Die Gestreifte Meerbarbe hat ein schräges Schnauzenprofil; die Barteln sind länger als die Brustflossen. Sie ist rötlich gefärbt und mit roten und gelben Längsbändern versehen. Auf der ersten Rückenflosse sind 2 Querbinden zu erkennen.Größe: Rote Meerbarbe: bis zu 30 cm; Gestreifte Meerbarbe: bis zu 40 cm lang.
Unterscheidungsmerkmale: Das vordere Kopfprofil ist unterschiedlich; verschieden lange Barteln; einheitliche rosarote Färbung.
Biologie: Die in Schwärmen lebende Meerbarbe vermehrt sich vom Frühling bis zum Sommer. Die erwachsenen Fische ernähren sich von kleinen bodenlebenden Invertebraten, die sie mittels ihrer Barteln wahrnehmen.

192 # SPARUS AURATA
Goldbrasse

Klasse: Osteichthyes
Ordnung: Perciformes
Familie: Sparidae
Verbreitung: Mittelmeer, im Ost-Atlantik von Großbritannien bis Senegal.
Lebensraum: Über abwechselnd sandigen, felsigen und mit *Zostera* bewachsenen Böden, in 1 - 2 m bis in 30 - 40 m Tiefe.
Beschreibung: Ovaler, seitlich abgeflachter Körper mit konvex gewölbtem Kopfprofil. Die kräftigen, mahlzahnartigen Zähne können mühelos auch Schalen von Muscheln und Krebsen aufbrechen. Die Schwanzflosse ist gegabelt. Färbung: grau mit blau-goldenen Reflexen auf dem Rücken und silbernen Reflexen auf dem Bauch. Zwischen den Augen befindet sich ein Goldband, das von einer schwarzen Binde umrandet wird. Auf der Höhe der Brustflosse sitzt ein mehr oder weniger deutlich erkennbarer roter Fleck. Größe: Bis zu 70 cm lang.
Unterscheidungsmerkmale: Ovaler, seitlich abgeflachter Körper; mahlzahnförmige Zähne; schwarz umrandetes Goldband zwischen den Augen.
Biologie: Die Goldbrasse pflanzt sich von Oktober bis Dezember fort; sie ist ein protandrischer Zwitter. Die kleineren Exemplare (1 - 2 Jahre alt) sind Männchen, alle Goldbrassen, die 25 - 30 cm Länge überschreiten, Weibchen. Die Nahrung besteht aus Mollusken, Krebsen, Würmern und Stachelhäutern.

193 SPONDYLIOSOMA CANTHARUS

Streifenbrasse

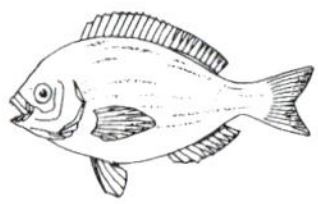

Klasse: Osteichthyes
Ordnung: Perciformes
Familie: Sparidae
Verbreitung: Mittelmeer, Schwarzes Meer (teilweise), im Ost-Atlantik von Skandinavien bis Angola.
Lebensraum: Über felsigen, sandigen oder mit Posidonien bewachsenen Böden, von 10 - 15 m bis in 150 m Tiefe.
Beschreibung: Ovaler, seitlich abgeflachter Körper. Das Kopfprofil ist gerade oder leicht konvex gewölbt. Die kurze Schnauze endet in einem etwas nach oben gebogenen Maul. Die lange Rückenflosse kann vollständig an den Rücken angelegt werden. Die Brustflossen sind so lang wie der Kopf. Die Schwanzflosse ist leicht eingeschnitten. Färbung: Der Rücken ist grau-braun; die Flanken sind silbrig und mit etwa 15 goldenen Längsstreifen versehen. Rücken- und Afterflosse sowie Bauchflossen sind schwärzlich. Größe: Bis zu 60 cm lang.
Unterscheidungsmerkmale: Kleine Vertiefung über den Augen; kleine, konische, in mehreren Reihen angeordnete Zähne; alle Knochenfische können die Rückenflosse anlegen; feine goldene Streifen auf den Flanken.
Biologie: Diese Art tritt in Schwärmen von teils beachtlichen Ausmaßen auf. Sie pflanzt sich von Februar bis Mai fort und legt ihre Eier in einem Sandloch ab, das vom Männchen gegraben wird. Dem Männchen kommt auch die Aufgabe zu, die Eier bis zum Schlüpfen zu bewachen. *Spondyliosoma cantharus* ist ein protandrischer Zwitter.

194 PAGRUS PAGRUS PAGRUS

Sackbrasse

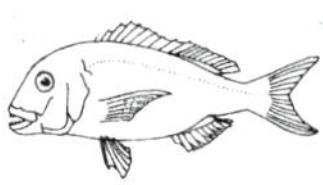

Klasse: Osteichthyes
Ordnung: Perciformes
Familie: Sparidae
Verbreitung: Mittelmeer, im Ost-Atlantik von den Britischen Inseln bis nach Marokko.
Lebensraum: Über felsigen oder sandigen Böden, in 10 - 15 m bis in 200 m Tiefe.
Beschreibung: Ovaler, seitlich abgeflachter Körper mit hohem Rücken. Das stark nach außen gewölbte Kopfprofil ist in Augenhöhe am stärksten gebogen. Die Schnauze ist kurz und abgerundet. Das Maul verfügt über kräftige, manchmal hervorstehende Fangzähne (4 obere und 6 untere) und über 2 Mahlzahnreihen. Sehr lange Rückenflosse, lange Brustflossen und gegabelte Schwanzflosse. Färbung: lebhaft rosa mit silbernen Reflexen. Der Bauch ist silbrig. Die Flossen sind rosa (die Schwanzflosse trägt weiße Punkte), die Augen sind rötlich. Größe: Bis zu 80 cm lang.
Unterscheidungsmerkmale: Ovaler, hoher Körper; kurze und abgerundete Schnauze; gut ausgebildete Fangzähne.
Biologie: Bei etwa 24 cm Länge erreicht der Fisch die Geschlechtseife. Von April bis Juni pflanzt er sich fort und steigt dann von den tieferen Wasserschichten, in denen er überwintert, in Küstengewässer auf. Die Jungtiere bleiben im Flachwasser und hier vorzugsweise bei *Posidonia*-Wiesen, in denen sie leichter Beute machen können und bessere Rückzugsmöglichkeiten haben. Omnivor.

195 DIPLODUS ANNULARIS

Ringelbrasse

Verwandte Arten: *Diplodus sargus* (Große Geißbrasse), *Diplodus puntazzo* (Spitzbrasse), *Diplodus vulgaris* (Zweibinden-Brasse)

Klasse: Osteichthyes
Ordnung: Perciformes
Familie: Sparidae

Verbreitung: Mittelmeer, Schwarzes Meer (Spitzbrasse, Ringelbrasse, Große Geisbrasse), im Ost-Atlantik in verschiedenen Gebieten (Spitzbrasse, Ringelbrasse, Zweibinden-Brasse).

Lebensraum: Über felsigen, auch mit Sand vermischten Böden, in der Nähe von *Posidonia*-Wiesen, von der Wasseroberfläche bis in über 50 m Tiefe. Die Ringelbrasse kommt auch in Lagunen vor.

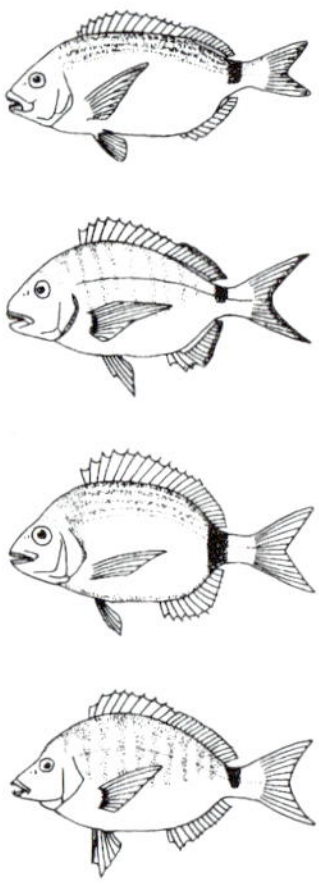

Beschreibung: Diese Arten besitzen einen seitlich abgeflachten Körper mit relativ hohem Rücken; das Maul ist leicht vorstreckbar und mit großen, schrägen, schneidezahnförmigen Vorderzähnen ausgestattet. Unterschiedliche Färbung der Arten. Die Ringelbrasse (Foto Mitte) weist gelbe Schattierungen auf grau-silbrigem Grund auf. Auf dem Schwanzstiel ist ein schwarzer Fleck erkennbar, der sich aber nicht auf die Körperunterseite ausdehnt. Ihre Bauchflossen sind gelb. Die Große Geißbrasse (Foto oben) ist silbrig-grau und trägt 8 - 9 dunkle Querbänder auf den Flanken, die bei größeren Exemplaren zum Verblassen neigen. Sie besitzt eine dunklere Schnauze. Auf dem Schwanzstiel befindet sich ein sattelförmiger schwarzer Fleck. Die ungleichen Flossen sind dunkel umrandet. Am oberen Ansatz der Brustflossen befindet sich ein dunkler Fleck. Die Spitzbrasse (Foto unten links) ist silbrig grau gefärbt und trägt 6 - 7 dunkle, senkrechte Bänder, die von dünneren, helleren Bändern unterbrochen werden. Die Schnauze ist spitz. Ein schwarzer Fleck auf dem Schwanzstiel weitet sich mehr oder weniger auf die Körperunterseite aus. Am Ansatz der Brustflossen befindet sich ein dunkler Fleck. Die Zweibinden-Brasse (Foto unten rechts) ist grau gefärbt und weist Schattierungen von braun bis grünlich auf, die zum Bauch hin heller werden. Ein dunkles Band zieht sich von der Rückenflosse bis zum Ansatz der Brustflossen hin. Den Schwanzstiel umgibt ein dunkles, ringförmiges Band. Größe: Ringelbrasse: bis zu 24 cm; Große Geißbrasse: bis zu 45 cm; Spitzbrasse: bis zu 60 cm; Zweibinden-Brasse: bis zu 45 cm.

Unterscheidungsmerkmale: Die Arten unterscheiden sich vor allem in der Färbung.

Biologie: Vermehrung: im westlichen Mittelmeer von April bis Juni, im östlichen Becken von Februar bis April, im oberen Adriatischen Meer von Mai bis August und im Schwarzen Meer von Juli bis September. Bei der Großen Geißbrasse hingegen gibt es zwei genau abgrenzbare Fortpflanzungsperioden: Januar bis März im östlichen Mittelmeer und März bis Juni im westlichen Mittelmeer. Die Ringelbrasse ist sehr wahrscheinlich ein protandrischer Zwitter. Die Große Geißbrasse ist in der Regel getrenntgeschlechtlich, Spitzbrasse sowie Zweibinden-Brasse sind Zwitter ohne regelmäßige Abfolge sexueller Phasen. Jungfische treten in Schwärmen auf, erwachsene Exemplare werden eher zu Einzelgängern. Die Nahrung besteht sowohl aus Tieren als auch aus Algen.

196 ## BOOPS BOOPS
Gelbstrieme

Klasse: Osteichthyes
Ordnung: Perciformes
Familie: Sparidae
Verbreitung: Mittelmeer, Schwarzes Meer, im Ost-Atlantik von Skandinavien bis Angola.
Lebensraum: Über Fels-, Sand- und Schlammböden, in *Posidonia*-Wiesen, von der Wasseroberfläche bis in 350 m Tiefe.
Beschreibung: Spindelförmiger Körper, der nach vorne fast zylindrisch zuläuft. Das Auge ist ziemlich groß. Das kleine, schräge Maul ist mit dünnen Lippen ausgestattet. Die Rückenflosse ist lang und in eine Falte einsenkbar. Die Schwanzflosse ist ausgeprägt zweilappig und eingeschnitten. Färbung: auf dem Rücken bläulich oder grünlich; die Flanken sind silbrig und tragen 3 - 5 goldene Längsstreifen. Der Ansatz der Brustflossen wird von einem kleinen schwarzen Fleck hervorgehoben. Größe: Bis zu 36 cm lang.
Unterscheidungsmerkmale: Spindelförmiger und vorderseitig fast zylindrischer Körper; großes Auge; schneidezahnförmige Zähne mit mehreren Spitzen.
Biologie: Die Schwärme wandern zwischen dem Meeresgrund und der Wasseroberfläche hin und her. Nachts häufig an der Wasseroberfläche zu beobachten. Vermehrung im östlichen Mittelmeer von Februar bis April, im westlichen Mittelmeer von April bis Mai. Die Goldstrieme ist ein protandrischer Zwitter; ihre geschlechtliche Reife erreicht sie bei etwa 12 cm Länge (1 Jahr). Sie ist ein Allesfresser.

197 ## DENTEX DENTEX
Zahnbrasse

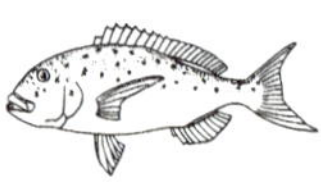

Klasse: Osteichthyes
Ordnung: Perciformes
Familie: Sparidae
Verbreitung: Mittelmeer, Schwarzes Meer (nur zum Teil), im Ost-Atlantik von den Britischen Inseln bis nach Senegal.
Lebensraum: Über felsigen und sandig-schlammigen Böden im seichten Küstengewässer oder zwischen Seegräsern (Jungtiere), in 15 bis 150 m Tiefe.
Beschreibung: Kräftiger, ovaler, ziemlich hoher und abgeflachter Körper. Das rückenseitige Profil des massigen Kopfs ist bei den jungen Zahnbrassen fast geradlinig, bei den älteren Exemplaren abgerundet. Das große Maul ist auf beiden Kieferseiten mit 4 - 6 dicken Fangzähnen bewaffnet. Die langen Brustflossen laufen spitz zu. Die Schwanzflosse besteht aus spitzwinkligen Lappen. Färbung: ein schillerndes Graublau auf dem Rücken; die Flanken sind vor allem über der Seitenlinie mit dunklen Flecken bedeckt. Die jungen Fische weisen einen rosa Farbton auf, der mit der Zeit bläulich wird. Rücken- und Schwanzflosse sind braun-rosa; die Bauchflossen sowie die Afterflosse sind gelblich, die Brustflossen rosa. Größe: Bis zu 100 cm lang.
Unterscheidungsmerkmale: Gut ausgebildete eckzahnförmige Zähne; schwarze Flecken auf dem Rücken; abgerundetes Rückenprofil; typisch schräge Schnauze.
Biologie: Die jungen Zahnbrassen bilden Schwärme. Erwachsene Exemplare leben meist allein oder paarweise.

198 OBLADA MELANURA

Brandbrasse, Oblada

Klasse: Osteichthyes
Ordnung: Perciformes
Familie: Sparidae
Verbreitung: Mittelmeer, Schwarzes Meer (nur teilweise), im Ost-Atlantik vom Golf von Gascogne bis nach Angola.
Lebensraum: Über felsigen Böden oder *Posidonia*-Wiesen, von der Wasseroberfläche bis in 40 m Tiefe.
Beschreibung: Gestreckter, ovaler und seitlich leicht abgeflachter Körper. Das Auge ist groß, die Schnauze kurz. Der Unterkiefer steht leicht vor. Die Brustflossen sind spitzwinkling und etwa doppelt so lang wie die Bauchflossen. Die gegabelte Schwanzflosse ist mit spitzwinkligen Lappen versehen. Färbung: grau silbrig, der Rücken ist etwas dunkler und reflektiert bläulich. Auf den helleren Flanken sticht deutlich die dunkle Seitenlinie hervor. Der Schwanzstiel ist mit einem sattelförmigen, schwarzen Fleck versehen, der weiß umrandet ist und sich nicht auf die Unterseite des Körpers ausdehnt. Größe: Bis zu 30 cm lang.
Unterscheidungsmerkmale: Weiß umrandeter, schwarzer Fleck auf dem Schwanzstiel; auffällige Seitenlinie.
Biologie: Die Geschlechter sind vorwiegend getrennt, doch treten auch immer wieder zwittrige Individuen auf. Fortpflanzung von April bis Juni. Die Jungtiere sind schon ab einer Länge von nur 10 mm an dem schwarzen Fleck auf dem Schwanzstiel erkennbar. Diese Art ist omnivor (allesfressend).

199 PAGELLUS ERYTHRINUS

Rotbrasse

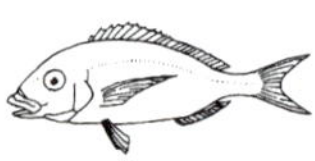

Klasse: Osteichthyes
Ordnung: Perciformes
Familie: Sparidae
Verbreitung: Mittelmeer, im Ost-Atlantik von Skandinavien bis zum Kap Verde.
Lebensraum: Über felsigen, sandig-schlammigen oder detritischen Böden, in 20 bis 300 m Tiefe.
Beschreibung: Länglicher, leicht abgeflachter Körper; der Kopf hat ein geradliniges Profil, die Schnauze läuft spitz zu und hat ein endständiges Maul. Das leicht schräge Maul hat zwei gleiche Kiefer. Die vorderen Zähne sind klein, kegelförmig und spitz, die hinteren sind mahlzahnförmig. Die Rückenflosse ist ungeteilt. Die Spitzen der langen Brustflossen ragen über den Ansatz der Afterflosse hinaus. Färbung: rosarot mit silbernen Reflexen, oft ist der Körper auch mit kleinen blauen Punkten bedeckt. Der hintere Kiemendeckelrand und der Ansatz der Brustflossen sind rot. Größe: Bis zu 60 cm lang.
Unterscheidungsmerkmale: Geradliniges Kopfprofil; spitz zulaufende Schnauze; rosarote Färbung; lange Brustflossen.
Biologie: Diese zwittrige Art wird zunächst als Männchen geschlechtsreif (protandrisch) und wandelt in ihrem dritten Lebensjahr (16 - 18 cm lang) in ein Weibchen. Je nach den Umweltbedingungen vermehrt sie sich vom Frühling bis zum Herbst. Während die jungen Fische in Küstennähe bleiben, bevorzugen ältere Exemplare tiefe Gewässer. Diese Art ernährt sich von Fischen und Invertebraten.

200 SARPA SALPA
Goldstrieme

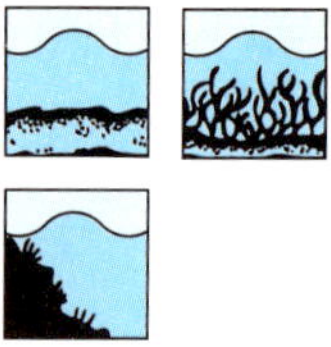
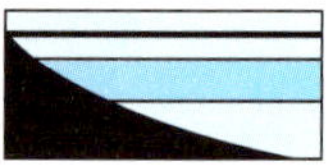

Klasse: Osteichthyes
Ordnung: Perciformes
Familie: Sparidae
Verbreitung: Mittelmeer, Schwarzes Meer (nur zum Teil), im Ost-Atlantik vom Golf von Biscaya bis nach Mittelafrika.
Lebensraum: Über felsigen oder sandig-schlammigen Böden mit starkem Algenbewuchs und in *Posidonia*-Wiesen, von der Wasseroberfläche bis in 20 m Tiefe.
Beschreibung: Länglich-ovaler, zusammengedrückter Körper. Der Kopf ist klein, die Schnauze stumpf. Das kleine endständige Maul ist mit dicken Lippen ausgestattet. Rücken- und Afterflosse sind nur leicht erhoben und mit stachelförmigen, dünnen Strahlen versehen. Die Schwanzflosse ist gegabelt. Färbung: bläulich-grau mit 10 - 11 charakteristischen goldenen Längsstreifen, die orangefarbig reflektieren. Der Kopf ist eher dunkel, der Bauch hell. Am Ansatz der Brustflossen kann man einen kleinen schwarzen Fleck erkennen. Die Flossen sind gräulich. Größe: Bis zu 50 cm lang.
Unterscheidungsmerkmale: 10 - 11 Streifen auf den Flanken.
Biologie: Die Goldstrieme lebt in Schwärmen, die sich in sehr geordneter Weise fortbewegen. Diese protandrisch-zwittrige Art vermehrt sich im Sommer und Herbst. Die jungen Fische sind vorwiegend karnivor. Die erwachsenen Exemplare zählen zu den wenigen herbivoren Fischen des Mittelmeeres. Sie ernähren sich fast ausschließlich von Algen.

201 LITHOGNATHUS MORMYRUS
Marmorbrasse

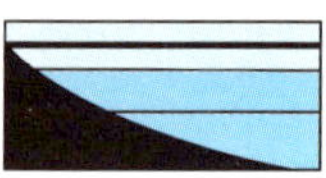

Klasse: Osteichthyes
Ordnung: Perciformes
Familie: Sparidae
Verbreitung: Mittelmeer, im Ost-Atlantik bis zum Kap der Guten Hoffnung, Rotes Meer und Indischer Ozean.
Lebensraum: Über sandigen oder sandig-schlammigen Böden und in der Nähe von *Posidonia*-Wiesen, in wenigen Metern bis in 80 m Tiefe.
Beschreibung: Langgestreckter, ovaler und leicht abgeflachter Körper. Die Schnauze läuft spitz zu. Das relativ kleine, dicklippige Maul ist mit spitzen Zähnen und Mahlzähnen ausgestattet, die beide in mehreren Reihen angeordnet sind. Die Rückenflosse erstreckt sich bis zum Schwanzstiel. Die Schwanzflosse ist zweilappig und deutlich ausgebuchtet. Färbung: grau mit silbernen Reflexen, der Rücken ist heller. Auf den Flanken kann man 14 - 15 senkrechte Streifen erkennen, die sich vom Rücken bis zu den Flanken hinziehen. Der obere Teil der Schnauze ist dunkel. Größe: Bis zu 55 cm lang.
Unterscheidungsmerkmale: Spitz zulaufende und oberseitig dunkle Schnauze; Flanken mit 14 - 15 dunklen Streifen verziert, die sich nicht bis auf den Bauch ausdehnen.
Biologie: Die protandrisch-zwittrige Marmorbrasse pflanzt sich von Juni bis Juli fort. Die jungen Fische leben in Schwärmen, die erwachsenen Exemplare sind Einzelgänger. Die Nahrung besteht aus benthischen Invertebraten, die die Fische aktiv im Sediment suchen.

202 SPICARA MAENA

Gefleckte Schnauzenbrasse

Klasse: Osteichthyes
Ordnung: Perciformes
Familie: Centracanthidae
Verbreitung: Mittelmeer, im Ost-Atlantik von Portugal über Marokko bis zu den Kanaren.
Lebensraum: Mit Posidonien bewachsene Böden oder algenbewachsenen Schlamm- oder Felsböden, in 5 - 170 m Tiefe.
Beschreibung: Länglicher, seitlich abgeflachter Körper mit leicht gebogenem Rücken. Bei größeren Exemplaren erhebt sich das Rückenprofil deutlich hinter dem Genick und formt einen mehr oder minder sichtbaren Buckel. Das Maul ist klein und stark vorstreckbar. Die gegabelte Schwanzflosse besitzt zugespitzte Lappen. Der Rücken ist bläulich- oder grünlich-grau gefärbt; die Flanken sind silbern und tragen kleine blaue Flecken. Im Zentrum der Flanken, zwischen den Brustflossen und der Seitenlinie, kann man einen großen, rechteckigen, schwarzen Fleck erkennen. Er ist charakteristisch für die Gattung *Spicara*, die weitere zwei Arten umfaßt: *S. smaris* und *S. flexuosa*. Größe: Bis zu 25 cm lang.
Unterscheidungsmerkmale: buckelförmiger Rücken; rechteckiger, schwarzer Fleck auf den Flanken.
Biologie: Protogyne Art. Während der Fortpflanzung (August - Oktober) verstärkt sich bei den Männchen die blaue Färbung ihres Körpers. Die Eier werden in einem zwischen den Posidonien ausgehobenen Loch abgelegt. Lebt von Krebsen, Mollusken und Algen.

203 CHROMIS CHROMIS

Mönchsfisch

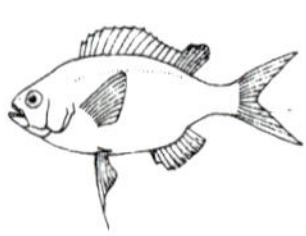

Klasse: Osteichthyes
Ordnung: Perciformes
Familie: Pomacentridae
Verbreitung: Mittelmeer, Schwarzes Meer, im Ost-Atlantik von Portugal bis Angola.
Lebensraum: Über felsigen Böden und zwischen *Posidonia*-Wiesen, in wenigen Metern bis in 40 - 50 m Tiefe.
Beschreibung: Ovaler, seitlich abgeflachter Körper, kurzer Kopf. Die Brustflossen sind breit gefächert und leicht schaufelförmig. Die Schwanzflosse ist stark ausgebuchtet, die Schwanzlappen sind zugespitzt. Die Adulttiere sind kastanienbraun oder schwärzlich, die jungen Exemplare lebhaft, fast fluoreszierend blau gefärbt. Größe: Bis zu 16 cm lang.
Unterscheidungsmerkmale: Ovaler Körper; kurzer Kopf; gegabelte Schwanzflosse mit dunkel gerandeten Lappen.
Biologie: Der Mönchsfisch bildet meist dichte Schwärme, die in der Nähe von Felsen und über Felsausläufern mitten im Wasser verharren. Die Fortpflanzung erfolgt im Sommer (von Mai bis August). Die Männchen grenzen ein Territorium ab und säubern aufmerksam den Felsabschnitt, auf dem das Weibchen die klebrigen Eier ablegt. Anschließend bewacht das Männchen die Eier bis zum Schlüpfen. Die Nahrung besteht aus kleinen planktischen und benthischen Organismen.

204 LABRUS BIMACULATUS

Streifenlippfisch, Kuckucks-Lippfisch

Klasse: Osteichthyes
Ordnung: Perciformes
Familie: Labridae
Verbreitung: Mittelmeer (geringere Vorkommen im östlichen Becken), im Ost-Atlantik von Skandinavien bis Senegal.
Lebensraum: Über felsigen oder mit Posidonien bewachsenen Böden, in 2 bis 200 m Tiefe.
Beschreibung: Gestreckter und leicht zusammengedrückter Körper. Der dicke, lange Kopf endet mit einer spitzen Schnauze. Das leicht vorstreckbare Maul ist mit wulstigen Lippen ausgestattet. Die lange, schmale Rückenflosse reicht vom Ansatz der Brustflossen bis zur Schwanzflosse. Der Hinterrand der Schwanzflosse ist abgerundet. Die Männchen sind grünlich-braun und tragen auffällige bläuliche Striche auf Rücken, Flanken und Flossen mit Ausnahme der Bauchflossen. Die Weibchen sind rot-orange mit 3 - 4 schwarzen Flecken, die sich auf dem Rücken zwischen dem Ansatz der weichstrahligen Rückenflosse und der Schwanzflosse verteilen. Größe: Bis zu 40 cm lang.
Unterscheidungsmerkmale: Der Kopf ist länger als der Körper hoch ist; Weibchen mit schwarzen Flecken (Foto Mitte); bläuliche Flossen beim Männchen (Foto oben).
Biologie: Überschreiten die Fische eine Länge von 24 - 28 cm, wechseln sie ihr Geschlecht von weiblich zu männlich. Fortpflanzung: Mai bis Juni. Das Männchen gräbt dann ein oder mehrere Nester. Nahrung: Krebse, Mollusken.

205 LABRUS VIRIDIS

Grüner Lippfisch

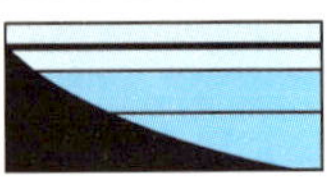

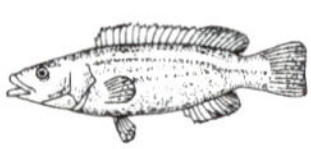

Klasse: Osteichthyes
Ordnung: Perciformes
Familie: Labridae
Verbreitung: Mittelmeer, Schwarzes Meer (im westlichen Teil), im Ost-Atlantik von Portugal bis Marokko.
Lebensraum: Über felsigen Böden und in der Nähe von *Posidonia*-Wiesen, in 2 bis 50 m Tiefe.
Beschreibung: Ovaler, langgestreckter Körper mit langem Kopf. Das weite Maul ist mäßig vorstreckbar. Das Auge ist leicht oval. Die Rückenflosse ist lang und schmal; ihr hinterer Rand bildet einen sehr spitzen Winkel mit dem Rücken. Die Schwanzflosse ist breit gefächert und glattrandig. Die Färbung ist ziemlich einheitlich und unterscheidet sich bei den Geschlechtern nicht. In der Regel sind die Fische grünlich, der Bauch ist etwas heller. Die Flanken sind meist mit einem weißen Längsband verziert, das von der Schnauze bis zur Schwanzflosse verläuft. Es gibt auch braune Exemplare mit rot, orange oder gelb gestreiftem Bauch. Größe: Bis zu 47 cm lang.
Unterscheidungsmerkmale: Weiße Längsbinde auf den Flanken; der Rückenflossen-Hinterrand bildet mit dem Rücken einen spitzen Winkel.
Biologie: Der protogyn-zwittrige Fisch pflanzt sich von Februar bis Juni fort, seine Eier legt er zwischen den Posidonien ab. Die Nahrung besteht aus Invertebraten und Fischen.

206 SYMPHODUS (CRENILABRUS) ROISSALI Fünffleckiger Lippfisch

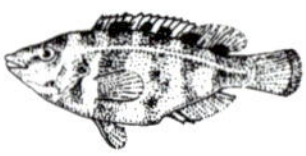

Klasse: Osteichthyes
Ordnung: Perciformes
Familie: Labridae
Verbreitung: Mittelmeer, Schwarzes Meer, im Ost-Atlantik vom Golf von Gascogne bis nach Gibraltar.
Lebensraum: Über vorwiegend mit *Cystoseira*-Braunalgen bewachsenen Felsböden, in 1 bis 6 - 8 m Tiefe. In Umgebung von *Posidonia*-Wiesen manchmal auch bis in 30 m Tiefe.
Beschreibung: Ovaler, hoher und gedrungener Körper mit einem kräftigen Kopf. Die Schnauze ist kurz und stumpf. Das kleine Maul ist mit dicken, faltigen Lippen ausgestattet. Rückenflosse und Bauchflossen sind bei den Männchen besser ausgebildet. Die Weibchen sind bräunlich oder grünlichbraun; ihr Körper ist mit schwarzen Flecken bedeckt. Der Bauch ist gelblich oder golden. Die bei dieser Art stets sichtbare Harn- und Geschlechtspapille ist schwarz oder blau. Die Männchen sind rötlich-braun oder grün und mit gelben, grünen oder braunen Flecken versehen. Das Auge ist rot. Bei beiden Geschlechtern ist die Rückenflosse manchmal mit 5 Flecken besetzt. Größe: Bis zu 21 cm lang (Schwarzes Meer).
Unterscheidungsmerkmale: Ovaler, gedrungener Körper; gewölbtes Unterkörperprofil; gut ausgebildete Urogenitalpapille; 5 Flecken auf der Rückenflosse.
Biologie: Fortpflanzung: von April bis Juni. Die Männchen bauen Nester aus Algen. Nahrung: kleine Mollusken, Krebse, Seeigel und Hydrozoen.

207 SYMPHODUS (CRENILABRUS) TINCA Pfauen-Lippfisch

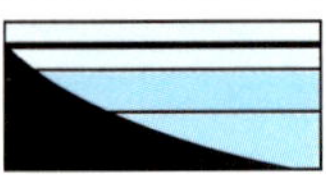

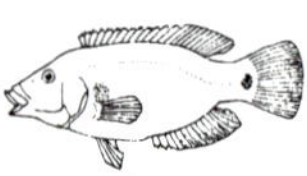

Klasse: Osteichthyes
Ordnung: Perciformes
Familie: Labridae
Verbreitung: Mittelmeer, Schwarzes Meer, im Ost-Atlantik vom Golf von Gascogne bis nach Marokko.
Lebensraum: Über felsigen Böden und in *Posidonia*-Wiesen, in 1 - 80 m Tiefe.
Beschreibung: Ovaler, seitlich leicht abgeflachter Körper mit langgezogenem Kopf. Die Schnauze läuft spitz zu. Der Körper der Weibchen ist bräunlich und auf dem Rücken leicht dunkler; an den Körperseiten sind dunkle Längsstreifen zu sehen. Die Lippen sind weißlich. Die unpaaren Flossen sind gelblich-braun und mit braunen Flecken besetzt; die paarigen Flossen sind farblos oder grünlich. Die Urogenitalpapillen sind blaßgrün. Die Männchen sind auf dem Rücken grün oder olivgrün, auf dem Bauch gelb. Die Flanken sind mit 3 - 4 Längsreihen roter und blauer Flecken bedeckt. Oftmals sitzt über der Brustflosse ein großer brauner oder schwarzer Fleck. Die Schnauze ist bläulich, die Lippen gelb, grün oder blau. Beide Geschlechter haben einen schwarzen Fleck am Ansatz der Schwanzflosse. Größe: Bis zu 44 cm lang.
Unterscheidungsmerkmale: Spitze Schnauze mit langen, spitzen Zähnen, die in einer Reihe angeordnet sind; Fleck am Ansatz der Schwanz- und Brustflosse.
Biologie: Protogynie, Geschlechtswechsel meist im dritten Lebensjahr; Fortpflanzung: im Frühling.

208 SYMPHODUS OCELLATUS

Augenfleck-Lippfisch

Klasse: Osteichthyes
Ordnung: Perciformes
Familie: Labridae
Verbreitung: Mittelmeer, Schwarzes Meer, Ost-Atlantik (portugiesische Küste).
Lebensraum: Über felsigen Böden mit reichen Algenbeständen (Cystoseiren), in 5 - 10 m bis in 25 - 30 m Tiefe.
Beschreibung: Länglich oval und seitlich abgeflachter Körper. Kopf und Schnauze sind kurz. Der Körper der Weibchen (Foto Mitte) ist gelblich-braun, ihr Bauch ist weißlich oder silbrig. Die Flanken sind grün und rosa gestreift, ein weißes Band verläuft vom Kiemendeckel (Operculum) bis zum Schwanz. An den Kopfseiten befinden sich gelbe, grüne oder blaue Linien. Die Urogenitalpapille ist schwarz. Die Farbe der Männchen (Foto oben) ist wesentlich lebhafter: Sie besitzen einen grünen, orangen oder braunen Körper mit 2 dunklen Längsbändern und sind mit zahlreichen blauen Flecken bedeckt. Der Kopf ist rot oder grün gestreift. Die Flossen sind orange getönt. Beide Geschlechter tragen auf Kiemendeckel und Schwanzstiel einen Fleck. Größe: Bis zu 13 - 15 cm lang.
Unterscheidungsmerkmale: Länglich ovaler und seitlich abgeflachter Körper; dunkler, rot und blau umrandeter Fleck auf dem Kiemendeckel sowie auf dem Schwanzstiel.
Biologie: Die Fortpflanzung dieses protogynen Zwitters erfolgt zwischen April und Juli. Die Nahrung besteht aus Bryozoen, Würmern, Krebsen und Mollusken.

209 SYMPHODUS MEDITERRANEUS

Achselfleck-Lippfisch, Mittelmeer-Lippfisch

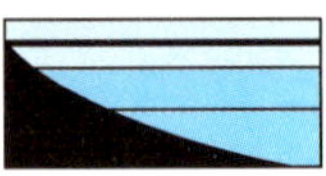

Klasse: Osteichthyes
Ordnung: Perciformes
Familie: Labridae
Verbreitung: Mittelmeer, im Ost-Atlantik von Portugal bis Marokko.
Lebensraum: Über felsigen Böden, die stark mit Algen oder *Posidonien* bewachsen sind; in 1 bis 70 m Tiefe.
Beschreibung: Länglich ovaler, seitlich abgeflachter Körper. Das Rückenprofil ist fast geradlinig. Kopf und Schnauze sind kurz. Das Maul ist mit dicken Lippen ausgestattet. Die Weibchen sind gelblich-braun und marmoriert, der Bauch ist grünlich oder rosa. Die Urogenitalpapille ist dunkelblau. Die Männchen sind bläulich-grau, rötlich oder grünlich-braun und tragen auf dem oberen Teil der Flanken eine Längsreihe kleiner heller Flecken. In der Fortpflanzungsphase (April - Juli) wird die Färbung des Männchens rötlicher und intensiver. Die Urogenitalpapille ist weiß. Bei beiden Geschlechtern befindet sich am Ansatz der Brustflossen und auf dem Schwanzstiel ein schwarzer Fleck, der oft weiß umsäumt ist. Größe: Bis zu 18 cm lang.
Unterscheidungsmerkmale: Dunkler Fleck am Ansatz der Brustflossen; oft weiß umrandeter dunkler Fleck auf dem Schwanzstiel.
Biologie: Protogynie, Geschlechtswechsel bei etwa 9 cm Länge. Das Weibchen legt seine Eier in ein halbkugelförmiges Nest, das vom Männchen aus Algen gebaut wird.

210 CORIS JULIS

Meerjunker

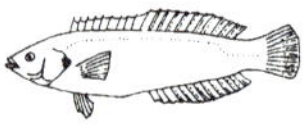

Klasse: Osteichthyes
Ordnung: Perciformes
Familie: Labridae
Verbreitung: Mittelmeer, im Ost-Atlantik von Skandinavien bis zu den Kanaren.
Lebensraum: Über felsigen Böden und in *Posidonia*-Wiesen, in wenigen Metern bis in 120 m Tiefe.
Beschreibung: Schlanker, spindelförmiger, leicht abgeflachter Körper. Der Kopf ist lang, die Schnauze spitz, das Maul klein. Die ersten Strahlen der Rückenflosse sind stachelig und etwas verlängert. Die Weibchen haben einen mehr oder weniger dunklen, braunen oder roten Rücken und einen weißen Bauch. Entlang der Flanken verläuft ein gelbes oder braunes Band, das weiß unrandet ist. Die unpaaren Flossen sind gelb oder orangefarben. Bei den Männchen ist der Rücken grün, blau oder braun, der Bauch weiß oder gelblich. Die Flanken sind mit einem roten oder orangenen Zickzack-Band verziert, das oft blau eingesäumt ist. Auf den ersten Stachelstrahlen der Rückenflosse befindet sich ein rot-schwarzer Fleck. Bei beiden Geschlechtern befindet sich ein blauer Fleck auf dem Kiemendeckel. Größe: Bis zu 25 cm lang.
Unterscheidungsmerkmale: Spitze Schnauze; Längsbänder; Kiemendeckel mit blauem Fleck; verlängerte erste Rückenflossenstrahlen.
Biologie: Dieser protogyne Zwitter (Foto oben und Mitte links) ernährt sich von Mollusken, Würmern und Krebsen.

211 THALASSOMA PAVO

Meerpfau

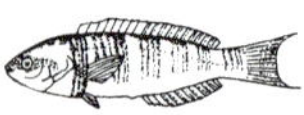

Klasse: Osteichthyes
Ordnung: Perciformes
Familie: Labridae
Verbreitung: Mittelmeer (nur in den südlicheren Regionen), im Ost-Atlantik von Portugal bis zum Kongo.
Lebensraum: Über felsigen Böden und *Posidonia*-Wiesen, in 1 bis 150 m Tiefe.
Beschreibung: Langgestreckter, abgeflachter Körper. Der Kopf ist oval und spitz, die Schnauze kurz. Kleines Maul mit dicken Lippen. Die Rückenflosse ist lang. Der Hinterrand der Schwanzflosse ist bei Jungtieren geradlinig, bei erwachsenen Fischen bilden verlängerte Ober- und Unterlappen eine Sichelform. Die Weibchen sind grünlich-braun mit 5 bläulichen Vertikalbändern; auf jeder Schuppe ist eine dunkle Vertikallinie. Der Kopf ist blau gestreift. Auf den Flossen sind bläuliche, rote und braune Längsstreifen. Der Kopf der Männchen ist dunkelrot mit blauen Streifen. Kurz hinter der Brustflosse ist ein blaues vertikales Band, das rot umrandet ist und sich von der Rücken- bis zur Bauchflosse erstreckt. Die Flossen sind blau, schwarz und rot gestreift. Größe: Bis zu 25 cm lang.
Unterscheidungsmerkmale: Sichelförmige Schwanzflosse mit verlängerten Lappen; blau gestreifter Kopf; blaues Vertikalband hinter den Brustflossen.
Biologie: Protogyner Zwitter. Da der Laich pelagisch ist, findet keine Brutpflege statt. Der Meerpfau (Foto Mitte rechts und unten) ernährt sich von Mollusken und Krebsen.

212 XYRICHTHYS NOVACULA

Schermesserfisch, Sandtaucher

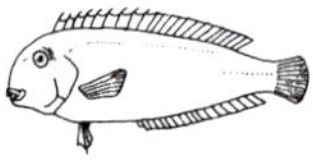

Klasse: Osteichthyes
Ordnung: Perciformes
Familie: Labridae
Verbreitung: Mittelmeer, im Ost-Atlantik von Portugal bis zum Kongo.
Lebensraum: Über Sand- oder Schlammböden und in der Nähe von *Posidonia*-Wiesen, in 1 bis 50 m Tiefe.
Beschreibung: Stark abgeflachter Körper. Das Kopfprofil ist steil, bei erwachsenen Fischen fast vertikal. Das kleine Maul ist mit langen, spitzen Zähnen ausgestattet. Die ungeteilte Rükckenflosse reicht von den Kiemendeckeln bis knapp vor den Schwanzstiel. Die Ränder der kurzen Schwanzflosse sind abgerundet. Der Körper der Weibchen ist rosa gefärbt und trägt feine blaue Linien auf den Schuppen. Der etwas hellere Kopf ist mit blauen Vertikallinien versehen. Die unpaaren Flossen sind rosafarben und blau gestreift, die paarigen Flossen gelb. Die Männchen sind gräulich-grün gefärbt, über ihren Körper sind blaue Flecken und Linien verstreut. Größe: Bis zu 30 cm lang.
Unterscheidungsmerkmale: Abgeflachter Körper mit steilem Kopfprofil; kleines Maul, hoch am Kopf liegende Augen.
Biologie: Dieser protogyne Zwitter wechselt bei ungefähr 17 cm Länge das Geschlecht. Die kugeligen Eier schwimmen im Wasser. Die Nahrung besteht aus Invertebraten und Fischen. Wird der Fisch bedroht, vergräbt er sich mit dem Kopf zuerst im Sand.

213 SPARISOMA CRETENSE

Papagaienfisch

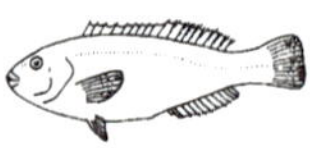

Klasse: Osteichthyes
Ordnung: Perciformes
Familie: Scaridae
Verbreitung: Mittelmeer, Ost-Atlantik, Portugal bis Senegal.
Lebensraum: Über felsigen oder sandigen Böden oder auch in der Nähe von *Posidonia*-Wiesen; in 1 - 2 m bis in 50 m Tiefe.
Beschreibung: Langgestreckter, eiförmiger Körper, der leicht abgeflacht ist. Der Kopf ist kegelförmig, die Schnauze stumpf. Das endständige Maul ist mit einem kurzen, starken Kiefer ausgestattet, dessen Zähne so miteinander verschmolzen sind, daß sie eine Art Schnabel bilden. Die lange Rückenflosse ist ungeteilt. Der Hinterrand der Schwanzflosse ist ausgewölbt. Die Weibchen sind rötlich, haben einen braunen Fleck hinter dem Kiemendeckel und über den Brustflossen sowie einen gelben Fleck auf dem Schwanzstiel, der hinter der Rückenflosse beginnt. Die Männchen sind bräunlich oder grünlich; ihr Rücken sowie die Flanken sind mit kleinen weißen Pünktchen versehen. Größe: Bis zu 50 cm lang.
Unterscheidungsmerkmale: Miteinander verschmolzene Zähne, die eine Art Schnabel bilden; eiförmiger Körper; kegelförmiger Kopf.
Biologie: Die Fortpflanzung erfolgt von August bis September. In der Regel lebt der Fisch in kleinen Gruppen aus 3 - 6 Individuen beider Geschlechter. Nachts zieht sich der Papageienfisch in seinen Unterschlupf in tiefen Gewässern zurück.

214 TRACHINUS ARANEUS

Spinnen-Petermännchen

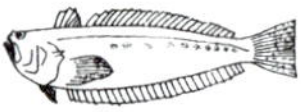

Klasse: Osteichthyes
Ordnung: Perciformes
Familie: Trachinidae
Verbreitung: Mittelmeer, im Ost-Atlantik von Portugal bis Angola.
Lebensraum: Über sandigen, sandig-schlammigen und detritischen Böden, in wenigen Metern bis in etwa 100 m Tiefe.
Beschreibung: Länglicher, seitlich stark abgeflachter Körper. Der Kopf ist nicht sehr breit, die Schnauze kurz und das Maul groß, schräg nach oben gerichtet und vorstreckbar. Der Unterkiefer steht leicht vor. Vor den Augen befinden sich 2 kleine Stacheln. Ein Giftstachel sitzt auch auf dem Kiemendeckel. Die erste Rückenflosse ist ebenfalls mit Giftstacheln (6 - 7) ausgestattet. Rücken und Flanken sind gelblich-grau gefärbt; auf dem Rücken befinden sich kleine, auf den Flanken große, dunkle Flecken. Die Schwanzflosse ist schwarz umrandet. Größe: Bis zu 50 cm lang.
Unterscheidungsmerkmale: Stacheln vor den Augen und auf dem Kiemendeckel; schwarze Flecken auf den Flanken; schiefes Maul.
Biologie: Wie alle Drachenfische gräbt sich auch diese Spezies bis zu den Augen im Boden ein und lauert dort auf Beute (Krebse und Fische). Wahrscheinlich pflanzt sie sich vom Frühling bis zum Sommer fort. Die eingegrabenen Tiere sind schwer zu erkennen. Tritt man auf ein Exemplar, können die Giftstachteln schlecht heilende Wunden verursachen.

215 URANOSCOPUS SCABER

Sterngucker

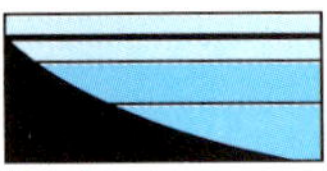

Klasse: Osteichthyes
Ordnung: Perciformes
Familie: Uranoscopidae
Verbreitung: Mittelmeer, Schwarzes Meer, im Ost-Atlantik vom Golf von Gascogne bis nach Marokko.
Lebensraum: Über Sand- oder Schlammböden, in 15 - 20 m Tiefe.
Beschreibung: Massiver, keulenförmiger Körper, der hinten leicht zusammengedrückt ist. Der große Kopf ist oben abgeflacht. Die auf dem Rücken liegenden Augen sind nach oben gerichtet. Die Innenseite des nach oben gerichteten und vorstülpbaren Mauls ist mit einem langen, schmalen und rückziehbaren Tentakel ausgestattet, das vor und unter der Zunge befestigt ist. Hinter jedem Kiemendeckel sitzt ein kräftiger Giftstachel, der leicht nach oben gebogen ist. Der Fisch hat zwei Rückenflossen. Der Hinterrand der Schwanzflosse ist gerundet. Färbung: gräulich-braun mit weißen Flecken auf dem Rücken und auf den Flanken; der Bauch ist gelblich. Größe: Bis zu 35 cm lang.
Unterscheidungsmerkmale: Großer, oben abgeflachter Kopf; nach oben gerichtetes Maul mit innenseitig befestigtem Tentakel; kräftiger Giftstachel hinter dem Kiemendeckel.
Biologie: Bis auf die Augen und die halbgeschlossene Mundöffnung, aus der das Tentakel als Köder heraussteht, liegt der Sterngucker meist im Sediment vergraben. Er vermehrt sich von April bis August.

216 GOBIUS CRUENTATUS

Rotmaulgrundel

Klasse: Osteichthyes
Ordnung: Perciformes
Familie: Gobiidae
Verbreitung: Mittelmeer, im Ost-Atlantik von Südwest-Irland bis Marokko.
Lebensraum: Über Fels- und Sandböden und *Posidonia*-Wiesen, in 10 - 15 m bis in 40 m Tiefe.
Beschreibung: Länglicher, keulenförmiger Körper, der auch vor dem Kiemendeckel mit Schuppen bedeckt ist. Der Kopf ist breit und gedrungen, die Schnauze leicht gebogen. Die großen Augen stehen hervor. Der Unterkiefer des weiten Maules ist stärker entwickelt als der Oberkiefer. Zwei Rückenflossen. Die Schwanzflosse ist fast oval, ihr Hinterrand ist stark abgerundet. Die dicht beieinander liegenden Bauchflossen bilden die bei den Meergrundeln typische Haftscheibe. Färbung: rötlich-braun mit unregelmäßigen Flecken. Lippen und Backen sind lebhaft rot gefärbt. Auf den Flossen befinden sich rötliche Flecken. Größe: Bis zu 18 cm lang.
Unterscheidungsmerkmale: rote Lippen und Backen; schwarze Sinnespapillen auf dem Kopf.
Biologie: Trotz der weiten Verbreitung dieser Art ist über ihre Biologie so gut wie nichts bekannt. Mit größter Wahrscheinlichkeit gleichen ihre Gewohnheiten denen anderer Meergrundel-Arten, die ihre großen Eier auf Substraten ablegen und bis zum Schlüpfen Brutpflege betreiben. Diese Spezies ernährt sich von Krebsen, Mollusken und Fischen.

217 GOBIUS GENIPORUS

Schlankgrundel

Klasse: Osteichthyes
Ordnung: Perciformes
Familie: Gobiidae
Verbreitung: Mittelmeer.
Lebensraum: Über Sand- und Schlammböden und in der Nähe von *Posidonia*-Wiesen, in 10 bis 50 m Tiefe.
Beschreibung: Schlanker, hinten abgeflachter Körper, der mit Kammschuppen, die sich rauh anfühlen, bedeckt ist. Der Kopf ist breit und dick; das Vorderprofil ist vom Maul bis zu den ovalen, eng zusammenstehenden Augen abgerundet. Das Maul ist zwar mit wulstigen Lippen und einem vorstehenden Kiefer ausgestattet, aber dennoch nicht gut entwickelt. Auf den Backen kann man zahlreiche Poren erkennen. Die von den Bauchflossen geformte Haftscheibe hat einen geraden hinteren Rand. Der Fischkörper ist braun marmoriert und mit einer Reihe fast rechteckiger, dunkler Flecken bedeckt. Die Pupille ist smaragdgrün. Größe: Bis zu 16 cm lang.
Unterscheidungsmerkmale: Breiter Kopf, dessen Vorderprofil vom Maul bis zu den Augen abgerundet ist; auffällige Poren auf den Backen; Haftscheiben mit geradem Hinterrand.
Biologie: Diese Spezies vermehrt sich von April bis Mai. Die Männchen kann man an den verlängerten Strahlen der ersten Rückenflosse erkennen, die über die interradiale Membran hinausragen. Die Nahrung besteht aus Mollusken und kleinen Fischen. Man kann sich der Meergrundel leicht nähern, da der Fisch ganz auf seine Tarnfarbe vertraut.

218 THOROGOBIUS EPHIPPIATUS

Leopardengrundel

Klasse: Osteichthyes
Ordnung: Perciformes
Familie: Gobiidae
Verbreitung: Mittelmeer, im Ost-Atlantik von Schweden bis zu den Kanaren.
Lebensraum: Über felsigen Böden, in Höhlen; von 6 - 12 bis in 40 m Tiefe.
Beschreibung: Fast kegelförmiger, im Schwanzbereich seitlich abgeflachter Körper; der vordere Körperabschnitt ist schuppenfrei. Der Kopf ist breit und abgerundet, die Schnauze kürzer als der Augendurchmesser. Die Nasenlöcher öffnen sich am Ende eines kurzen Röhrchens. Die vordere Membran der bauchseitigen Haftscheibe ist gut ausgebildet, ihr hinterer Rand abgerundet. Die Grundfärbung der Leopardengrundel ist weiß-strohgelb mit blauen Reflexen, auf denen die orangenen Flecken auf Kopf und Kiemendeckeln hervorstechen. Auf den Flanken befinden sich größere, dunklere Flecken. Die Rückenflossen tragen orangene Längsbänder, die Brustflossen einen orangen Fleck. Größe: Bis zu 13 cm lang.
Unterscheidungsmerkmale: Gut ausgebildete vordere Brustscheibenmembran; fast gerader Hinterrand bei der Schwanzflosse: charakteristische Färbung mit Flecken.
Biologie: Eine Leopardengrundel läßt sich nur schwer beobachten, denn zum einen hält sie sich bevorzugt in Höhlen auf, zum anderen hat sie eine geringe Fluchtdistanz.

219 GOBIUS BUCCHICHI

Anemonengrundel

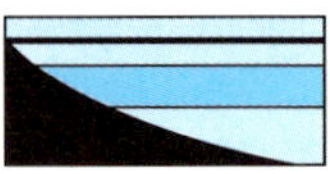

Klasse: Osteichthyes
Ordnung: Perciformes
Familie: Gobiidae
Verbreitung: Mittelmeer, Schwarzes Meer, Ost-Atlantik (Algarve, Marokko).
Lebensraum: Über Sand- und Schlammböden, bei *Posidonia*-Wiesen, in wenigen Metern bis in 20 - 30 m Tiefe.
Beschreibung: Länglicher Körper mit Kammschuppen. Der Kopf ist groß, die Backen sind aufgebläht, die kurze Schnauze ist im Profil nur wenig erhoben. Die runden Augen liegen weit oben. Das relativ kleine Maul ist mit wulstigen Lippen ausgestattet. Die erste der beiden Rückenflossen ist fast dreieckig. Die weite, von den Bauchflossen gebildete Haftscheibe erreicht die Analöffnung. Die Grundfärbung ist hell sandfarben; der Körper ist mit kleinen Flecken sowie zwei Längsreihen größerer Flecken bedeckt. Zwischen den Augen sitzt ein ganz charakteristischer Fleck, der sich bis auf die Schnauze ausdehnt und so eine Art Maske bildet. Über den Brustflossen kann man einen weiteren dunklen Fleck erkennen. Größe: Bis zu 10 cm lang.
Unterscheidungsmerkmale: Zwischen den Augen bis auf die Schnauze verlaufender Fleck; bis zur Analöffnung ausgedehnte Bauchflossenscheibe; sehr rauhe Schuppen; in 2 Längsreihen angeordnete dunkle Flecken.
Biologie: Diese Grundel ist gegen die Nesselzellen der Wachsrose, zwischen deren Tentakel sie lebt, immun.

220 PARABLENNIUS INCOGNITUS

Brauner Schleimfisch

Klasse: Osteichthyes
Ordnung: Perciformes
Familie: Blenniidae
Verbreitung: Mittelmeer, Schwarzes Meer, Ost-Atlantik (Iberische Halbinsel, Marokko, Kanaren).
Lebensraum: Über algenbewachsenen Felsböden, bis in 3 - 4 m Tiefe.
Beschreibung: Spindelförmiger, seitlich zusammengedrückter Körper. Der Kopf ist abgerundet, die kurze Schnauze hat ein geradliniges Profil. Das kleine Maul ist mit dicken Lippen ausgestattet. Über den Augen sitzen Tentakel, die aus einer am Ansatz und rückseitig verzweigten Faser bestehen. Ein weiterer, kurzer Tentakel befindet sich bei den Nasenlöchern. Die Rückenflosse besteht zwar aus einem Abschnitt, ist aber durch eine tiefe Kerbe getrennt. Färbung: grünlich-grau mit 7-9 olivgrünen oder bräunlichen, teilweise gespaltenen Vertikalbändern. In der Reproduktionsphase werden die Männchen gelb, grün, rot oder braun. Größe: Bis zu 6,3 cm lang.
Unterscheidungsmerkmale: Durch eine tiefe Kerbe geteilte Rückenflosse; am Ansatz und rückseitig verzweigte Tentakel über den Augen; dunkle Vertikalbänder auf den Flanken.
Biologie: Die Fortpflanzung erfolgt zwischen März und August. Die Männchen werben um die Weibchen, indem sie das Vorderteil ihres Körpers aufrichten und hin und her bewegen. Die Nahrung besteht vorwiegend aus kleinen Krebsen (Gammariden) und Algen.

221 LIPOPHRYS PAVO

Pfauen-Schleimfisch

Klasse: Osteichthyes
Ordnung: Perciformes
Familie: Blenniidae
Verbreitung: Mittelmeer, Schwarzes Meer, im Ost-Atlantik von der Loire-Mündung bis nach Marokko.
Lebensraum: Über algenbewachsenen Fels- und Steinböden, von der Wasseroberfläche bis in 5 - 7 m Tiefe.
Beschreibung: Langgestreckter, vor allem im hinteren Bereich seitlich zusammengedrückter Körper. Der Kopf ist kurz und sein Vorderprofil fast vertikal. Bei den erwachsenen Männchen bildet sich am Nacken ein typisches Hautläppchen aus. Das Maul ist klein. Die schuppenlose Haut ist mit einer dicken Schleimhaut bedeckt. Die hinter dem Kopf beginnende Rückenflosse erstreckt sich bis zum Schwanzstiel. Die Brustflossen sind breit und abgerundet, die Bauchflossen schmal. Färbung: grünlich mit dunkleren, blau umrandeten Vertikalbändern und Pünktchen im selben Ton. Hinter dem Auge befindet sich ein schwarzer Fleck, der blau oder rosa umsäumt ist. Das Hautläppchen der Männchen trägt einen gelben Fleck. Größe: Bis zu 13 cm lang.
Unterscheidungsmerkmale: Auf dem Nacken stehendes Hautläppchen bei den Männchen; schwarzer Fleck hinter dem Auge, der blau oder rosa umrandet ist.
Biologie: Dieser Fisch lebt in Felsspalten oder kleinen Löchern. Dank der Schleimhaut, die seinen Körper bedeckt, kann er auch einige Zeit außerhalb des Wassers überstehen.

222  PARABLENNIUS GATTORUGINE

Geweihschleimfisch

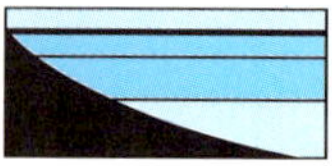

Klasse: Osteichthyes
Ordnung: Perciformes
Familie: Blenniidae
Verbreitung: Mittelmeer, Marmarameer, im Ost-Atlantik von Irland bis Marokko.
Lebensraum: Über algenbewachsenen Felsböden, bis in 3 - 5 m Tiefe.
Beschreibung: Das Vorderteil des langgestreckten Körpers ist im Querschnitt rundlich, der hintere Teil abgeflacht. Über den Augen befinden sich lange, stark verzweigte Tentakel. Ebenso sind die vorderen Nasenöffnungen mit gefransten Tentakeln versehen. Das Maul ist breit, die Haut nackt und schleimig. Die Rückenflosse erstreckt sich bis zum Schwanzstiel. Die Brustflossen sind groß und oval. Färbung: bräunlich mit 6 - 7 dunklen Vertikalstreifen. In der Laichzeit bekommen die Männchen ein schokoladenfarbiges Kleid und bilden am Ansatz der Afterflossenstrahlen knollenartige Drüsen aus. Größe: Bis zu 30 cm lang.
Unterscheidungsmerkmale: Vorderseitig runder Körper; lange, ausgefranste Tentakel über den Augen; massiger Kopf.
Biologie: Die Fortpflanzung findet von März bis Mai statt. Dabei versucht jedes Männchen, mehrere Weibchen dazu zu bewegen, daß sie ihre Eier in seinem Unterschlupf ablegen. Dieser relativ agressive Fisch verteidigt sein Territorium hartnäckig. Er ist sehr aktiv bei Sonnenauf- und -untergang und ernährt sich von verschiedenen Invertebraten.

223  PARABLENNIUS ROUXI

Gestreifter Schleimfisch

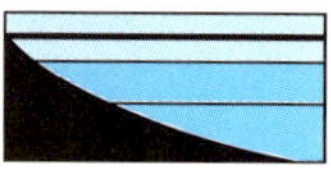

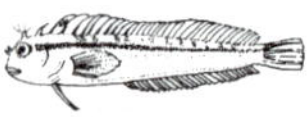

Klasse: Osteichthyes
Ordnung: Perciformes
Familie: Blenniidae
Verbreitung: Mittelmeer, Ost-Atlantik (entlang der portugiesischen Küste).
Lebensraum: Über Felsböden und harten Substraten, bis in 42 m Tiefe.
Beschreibung: Schmaler, langgestreckter und wesentlich spindelförmigerer Körper als bei anderen Schleimfischen. Der Kopf ist klein, sein vorderes Profil beinahe vertikal. Die großen Augen sind relativ weit nach oben versetzt. Über jedem Auge befindet sich ein Tentakel, das aus 5 - 6 immer kürzer werdenden Filamenten besteht. Die Rückenflosse ist fast geradlinig. Die Afterflosse übertrifft die Hälfte der Körperlänge. Die anderen Flossen gleichen denen der anderen Blenniden. Charakteristisch und unverwechselbar ist der Fisch durch seine Färbung: Der Körper ist weiß, und vom Kopf bis zum Schwanzstiel erstreckt sich ein dunkles Längsband. Über diesem Band befinden sich 11 - 12 feine, dunkle Vertikallinien. Größe: Bis zu 8 cm lang.
Unterscheidungsmerkmale: Weißer Körper mit dunklem Längsband; aus 5 - 6 stets kürzer werdenden Filamenten bestehende Tentakel über den Augen.
Biologie: In der Laichzeit (Mai - Juli) werben die Männchen mit stereotypen Bewegungen um die Weibchen. Der Fisch ernährt sich von Algen und kleinen Krebsen.

224 TRYPTERIGION TRIPTERONOTUS

Großer-Dreiflossen-Schleimfisch

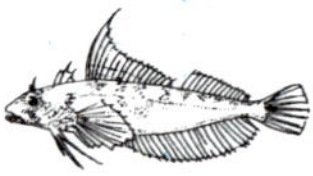

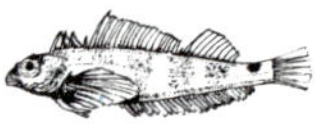

Verwandte Arten: *Trypterigion melanurus* (Kleiner-Dreiflossen-Schleimfisch), *Trypterigion delaisi* (Gelber-Dreiflossen-Schleimfisch)
Klasse: Osteichthyes
Ordnung: Perciformes
Familie: Tripterygiidae
Verbreitung: Mittelmeer (alle Arten), Schwarzes Meer *(T. tripteronotus)*, im Ost-Atlantik von Großbritannien bis nach Senegal, Madeira und die Kanaren *(T. delaisi)*.
Lebensraum: Über gering erhellten Felsböden oder in Höhlen, in 3 - 40 m Tiefe *(T. delaisi)* oder von der Wasseroberfläche bis in 5 - 6 m Tiefe *(T. tripteronotus, T. melanurus)*.
Beschreibung: Die Trypterigiden sind kleine Fische mit drei Rückenflossen, die vorderen beiden werden von Stachlestrahlen getragen. Die Bauchflossen sitzen vor den Brustflossen (kehlständig). Im Gegensatz zu den Blenniiden haben sie Schuppen auf dem Körper. Bei allen drei Arten ist der Körper langgestreckt und spindelförmig und die Schnauze spitz. Unterscheiden lassen sich diese Fische vor allem anhand ihrer Färbung.: *T. tripteronotus* (Foto oben): Die Männchen sind territorial. Sie sind gräulich oder bräunlich gefärbt und tragen 5 dunkle Vertikalbänder auf den Flanken. Das Hochzeitskleid der Männchen ist rot, am Kopf schwarz; die Strahlen des zweiten Rückenflossensektors sind verlängert. *T. melanurus* (Foto Mitte): Stets roter Körper. Außerhalb der Laichzeit ist der Kopf von Weibchen und Männchen marmoriert. Bei territorialen Männchen ist der Kopf schwarz. *T. delaisi* (Foto unten): Männchen sind territorial; Sie sind hellbraun gefärbt und tragen 5 dunkle, breite Vertikalbänder; das letzte Band bildet auf dem Schwanz einen charakteristischen Fleck. Während der Laichzeit bekommt das Männchen einen schwarzen Kopf und einen gelben Körper, außerdem verlängern sich die Rückenflossenstrahlen im zweiten Segment. Größe: Kann 8 cm Länge überschreiten *(T. delaisi, T. tripteronotus)* oder bis zu 5 cm erreichen *(T. melanurus)*.
Unterscheidungsmerkmale: Die Trypterigiden erkennt man an den drei Rückenflossen. Hauptunterscheidungsmerkmal ist aber die Färbung der verschiedenen Arten.
Biologie: Die Männchen umwerben die Weibchen mit speziellen Schwimmbewegungen in Form einer Acht. Damit wollen die Männchen erreichen, daß mehrere Weibchen nacheinander ihre Eier innerhalb eines vom Männchen zuvor gesteckten, oft in der Nähe von Schwämmen gelegenen Territoriums ablegen. Die Fortpflanzung findet von Mai bis Juli statt; die Aufgabe der Brutpflege kommt dem Männchen zu. Die Nahrung besteht im wesentlichen aus kleinen bodenlebenden Krebsen. Experimente mit *T. delaisi* und *T. tripteronotus* haben gezeigt, daß diese Fische über ein ausgezeichnetes Gedächtnis verfügen; die Umgebung ihres Territoriums kennen sie so genau, daß sie – ungeachtet ihrer geringen Größe – auch aus einer Entfernung von 200 m in ihren Unterschlupf zurückfinden.

225 SPHYRAENA SPHYRAENA

Pfeilhecht/Mittelmeer-Barrakuda

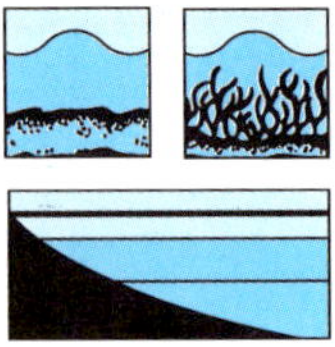

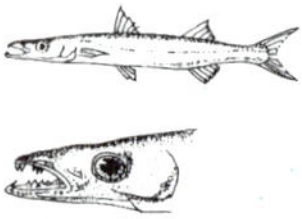

Klasse: Osteichthyes
Ordnung: Perciformes
Familie: Sphyraenidae
Verbreitung: Mittelmeer, Schwarzes Meer, im Ost-Atlantik vom Golf von Gascogne bis nach Angola.
Lebensraum: Über küstennahen Sandböden, in wenigen Metern bis in 100 m Tiefe.
Beschreibung: Sehr langgestreckter, torpedoförmiger Körper. Der Kopf ist breit, die Schnauze lang und spitz. Der Unterkiefer steht leicht hervor und ist an seinen Rändern fleischig. Das Maul ist mit kräftigen, spitzen Zähnen ausgestattet, die auch auf dem Gaumenbein vorhanden sind. Der Barrakuda besitzt zwei Rückenflossen: Die zweite steht der Afterflosse gegenüber. Die Schwanzflosse ist tief eingeschnitten; ihre Lappen sind spitz. Der Rücken ist bläulich-grau oder grünlich, der Bauch weiß-silbrig. Auf der dorsalen Flankenhälfte befinden sich 20 - 22 dunkle Querbänder. Die Flossen sind schwärzlich. Größe: Bis zu 165 cm lang.
Unterscheidungsmerkmale: Torpedoförmiger Körper; lange, spitze Schnauze; weiter Mund mit zahlreichen spitzen Zähnen; 2 Rückenflossen, die weit voneinander entfernt liegen.
Biologie: Diese im tropischen Meer häufig vorkommende Familie ist im Mittelmeer nur mit einer Art vertreten. Sie vermehrt sich von Frühlingsende bis zum Sommer und laicht planktische Eier. Der Barrakuda ernährt sich von Fischen, Tintenfischen und Krebsen.

226 MUGIL CEPHALUS

Großkopf-Meeräsche

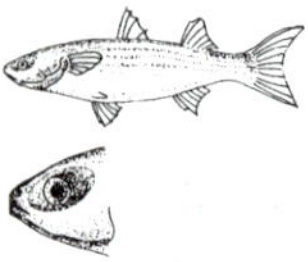

Klasse: Osteichthyes
Ordnung: Perciformes
Familie: Mugilidae
Verbreitung: Im Mittelmeer, Schwarzen Meer und in allen Ozeanen.
Lebensraum: Über sandigen, detritischen oder felsigen Böden, an der Wasseroberfläche bis in über 300 m Tiefe. Dringt auch in Lagunen und Ästuarien ein.
Beschreibung: Länglicher Körper, der hinten abgeflacht und von der Körpermitte nach vorne hin rundlich ist. Der stumpfe Kopf ist rückenseitig abgeflacht. Das weite Maul ist mit sehr kleinen Zähnen ausgestattet. Die Augen besitzen ein auffälliges Fettlid. Zwei Rückenflossen sind vorhanden, die Brustflossen sind abgerundet. Die Schwanzflosse ist zweigelappt, doch nur unwesentlich eingeschnitten. Färbung: auf dem Rücken grau-blau oder grünlich, gleichmäßig grau mit dunklen Streifen auf den Flanken. Der Bauch ist einheitlich grau-silbrig gefärbt. Die Flossen weisen gelbliche Schattierungen auf. Größe: Bis zu 120 cm lang.
Unterscheidungsmerkmale: Auffälliges Fettlid; 2 deutlich getrennte Rückenflossen; stumpfer und rückenseitig abgeflachter Kopf.
Biologie: Diese Meeräsche vermehrt sich von August bis Oktober. Ihre Nahrung umfaßt kleine Organismen (Krebse, Würmern etc.) und Detritus. Auch in Küstengewässern weit verbreitet.

227 BOTHUS PODAS PODAS
Weitäugiger Butt

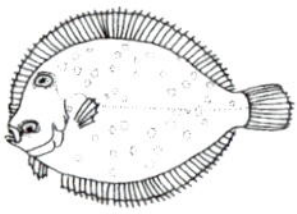

Klasse: Osteichthyes
Ordnung: Pleuronectiformes
Familie: Bothidae
Verbreitung: Mittelmeer, im Ost-Atlantik von Portugal bis Angola.
Lebensraum: Auf Sand-, Schlamm- oder Detritusböden, von 10 - 15 m bis in 400 m Tiefe.
Beschreibung: Platter, ovaler Fisch, dessen Augen auf der linken Körperseite liegen. Das vordere Kopfprofil ist fast vertikal (bei geschlechtsreifen Männchen). Der kleine Mund ist mit einem vorstehenden Unterkiefer ausgestattet. Das untere Auge liegt weiter vorn als das obere. Kennzeichnend für die Männchen sind ein Stachel auf der Schnauze und 1 - 2 Stacheln vor den Augen. Die gut ausgebildete Rückenflosse erstreckt sich vom unteren Auge bis zum Schwanzstiel. Die Bauchflossen sind asymmetrisch. Die Färbung der nach oben gerichteten Seite ist mehr oder weniger stark bräunlich und trägt verschiedenfarbig helle Flecken (weiß, gelb, orange, bläulich). Die auf dem Boden aufliegende Blindseite ist weiß. Größe: Bis zu 45 cm lang.
Unterscheidungsmerkmale: Auf der linken Körperseite liegende Augen; das untere Auge liegt weiter vorn als das obere; asymmetrischer Körper.
Biologie: Vermehrung von Mai bis August. Die Larven sind symmetrisch. Bei einer Länge von 3 - 4 cm erfolgt die Metamorphose. Nahrung: Fische und Invertebraten.

228 SOLEA SPEC.
Seezunge

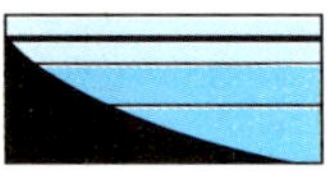

Klasse: Osteichthyes
Ordnung: Pleuronectiformes
Familie: Soleidae
Verbreitung: Mittelmeer, im Ost-Atlantik von Skandinavien bis nach Senegal.
Lebensraum: Auf Sand- und Schlammböden, von 10 m bis in über 200 m Tiefe.
Beschreibung: Ovaler, asymetrisch abgeflachter Fisch, dessen Augen auf der rechten Körperseite liegen. Das obere Auge befindet sich nah am Rückenrand. Die Schnauze ragt mehr oder weniger stark über das kleine, leicht gebogene Maul hinaus. Die Rückenflosse reicht von der Schnauze bis zur Schwanzflosse, mit der sie durch eine Membran verbunden ist. Die Afterflosse ist fast genauso lang. Brustflossen sind auf beiden Körperseiten vorhanden. Die Färbung variiert von gräulichbraun zu rötlich mit dunklen Flecken. Hinten auf den Brustflossen befindet sich ein dunkler Fleck *(S. vulgaris)*. Sie unterscheidet sich von den Seezungen durch ihre Rautenform und die geringer ausgebildete Rücken- und Afterflosse. Größe: Bis zu 70 cm lang *(S. vulgaris)*.
Unterscheidungsmerkmale: Auf der rechten Körperseite liegende Augen; lange Rücken- sowie Afterflosse, beide mit der Schwanzflosse verbunden; Brustflossen auf beiden Seiten.
Biologie: Paarung: von Dezember bis Mai, Vermehrung erst im Februar. Die Metamorphose erfolgt nach 7 - 8 Wochen. Nahrung: Würmer, Mollusken, Krebse und Fische.

229  BALISTES CAROLINENSIS

Drückerfisch

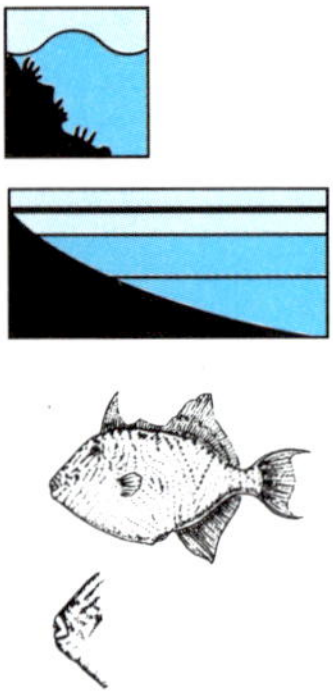

Klasse: Osteichthyes
Ordnung: Tetraodontiformes
Familie: Balistidae
Verbreitung: Mittelmeer, im Ost-Atlantik von der Nordsee bis Angola, im West-Atlantik von Neuschottland (Kanada) bis Argentinien.
Lebensraum: Über Felsböden, in 10 m bis in 100 m Tiefe.
Beschreibung: Hoher, ovaler Körper, der mit vielen dicken, rauhen Schuppen besetzt ist. Der Kopf ist relativ groß ($^{1}/_{3}$ der Körperlänge). Die Schnauze ist spitz, das endständige Maul klein und mit kräftigen, schneidezahnförmigen Zähnen ausgestattet. Die Augen sind sehr groß und sehr beweglich. Die erste der beiden Rückenflossen besteht aus drei Stachelstrahlen. Die Bauchflossen werden von einem breiten Stachel gebildet. Der Hinterrand der Schwanzflosse ist bei jungen Fischen geradlinig oder nach außen gewölbt, bei erwachsenen Fischen halbmondförmig, wobei die oberen und unteren Strahlen stark verlängert sind. Färbung: grau-blau oder grünlich mit heller sowie dunkler Marmorierung und Reihen kleiner Flecken; die Flossen sind mit wellenförmigen Linien verziert. Größe: Bis zu 45 cm lang.
Unterscheidungsmerkmale: Rückenflosse mit stark entwickelten Stachelstrahlen; kräftige Zähne im Maul; aus einem breiten Stachel bestehende Bauchflossen.
Biologie: Die Weibchen legen ihre Eier, die vom Männchen bewacht werden, in einer Felsspalte ab.

230  MOLA MOLA

Mondfisch

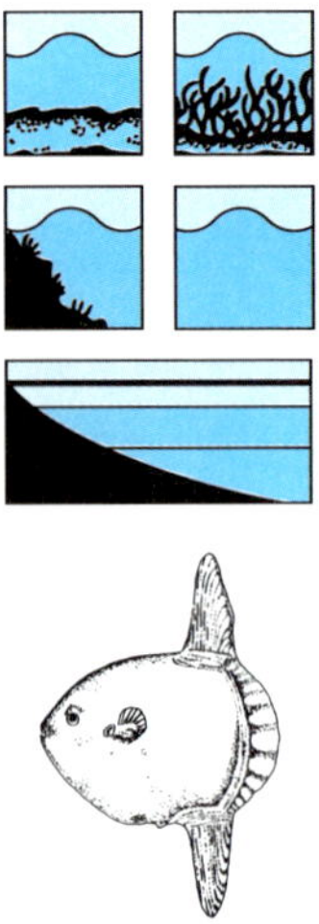

Klasse: Osteichthyes
Ordnung: Tetraodontiformes
Familie: Molidae
Verbreitung: Mittelmeer, weltweit.
Lebensraum: In Küstengewässern und im offenen Meer; von der Wasseroberfläche bis in 360 m Tiefe.
Beschreibung: Der ovale, stark abgeflachte und hohe Körper macht diesen Fisch unverwechselbar. Die Haut ist faltig, ledrig und schuppenlos. Sowohl die Rücken- als auch Afterflosse sind stark langgezogen und vereinigen sich am Hinterteil zu einer Art Pseudo-Schwanzflosse mit leicht gewelltem Hinterrand. Die Bauchflossen fehlen, die Brustflossen stehen nach oben. In dem kleinen Maul befinden sich miteinander verschmolzene Zähne, die eine Art scharfen, knochigen Schnabel bilden. Das Auge ist relativ groß. Färbung: olivgrünes Braun, die Flanken sind grau-silbrig, die Brustflossen rötlich-braun. Größe: Kann länger (und höher) als 3 m werden.
Unterscheidungsmerkmale: Riesige Rücken- und Afterflosse; gewellter Schwanzflossenrand.
Biologie: Bei etwa 50 - 60 cm Länge differenzieren sich die Geschlechter. Die Männchen bilden eine vorstehende, fast nasenförmige Schnauze aus, die Pseudo-Schwanzflosse wird breiter. Die Nahrung besteht aus pelagischen, planktischen und benthischen Organismen.

VERZEICHNIS DER FACHAUSDRÜCKE

Abiotisch: Wörtlich »ohne Leben«; allgemein bezieht sich dieser Ausdruck aber auf die Faktoren, die das marine Leben beeinflussen (Licht, Temperatur, Druck) und nicht von anderen Lebewesen abhängen.

Aboral: Die Körperseite, die jener gegenüberliegt, auf der sich die Mundöffnung befindet. Dieser Ausdruck wird nur bei der Beschreibung von Stachelhäutern verwendet.

Akontien: Nesselnde und klebrige Fäden, die von einigen Aktinien ausgestoßen werden.

Ambulacralapparat: Gesamtheit der Pedizellen, mit denen sich Stachelhäuter fortbewegen.

Antennen: Fühler/Sinnesorgane der Krustentiere, die dem zweiten Paar Kopfanhänge entsprechen. Vor ihnen befinden sich die Antennulae (= 1. Antennen).

Avicularien: Individuen einer Bryozoen-Kolonie mit Verteidigungsfunktion.

Bartel: Tast- und Geschmacksfortsatz, der sich bei einigen Fischen in Mundnähe befindet (zum Beispiel bei den Meerbarben).

Basalscheibe (oder Haftscheibe): Oberfläche, mit der Aktinien und einige Algen auf dem Boden haften.

Benthos: Gesamtheit der pflanzlichen und tierischen Organismen, die fest auf oder in ständigem Kontakt mit dem Meeresboden leben.

Binäre Nomenklatur: siehe unter *»Spezies«*

Biotop: Lebensraum, der von einer Biozönose eingenommen wird.

Biozönose: Lebensgemeinschaft von Pflanzen und Tieren.

Borste: Chitinöses Gebilde, das von der Epidermis produziert wird (Epidermisanhang).

Brutpflege: Bei Tieren die Gesamtheit aller Verhaltensweisen, die der Fürsorge der Nachkommenschaft dienen.

Byssus: Faseriges Sekret der Muscheln, das sie aus einer Drüse im Fuß absondern und mit dem sie sich am Substrat verankern.

Carposporophyt: Generation, die bei Algen im Laufe des Generationswechsels die Sporen bildet.

Cephalothorax: Kopf-Brust-Schild bei Krebsen.

Cerata: Rückenpapillen (Anhänge) der Nudibranchia.

Chromatophoren: Pigmentzellen, von denen die Färbung eines Tiers abhängt.

Cnidocyten: Nesselzellen, die sich auf den *Tentakeln* der Cnidaria (Nesseltiere) befinden.

Columella: Achse, um die sich die Schale windet.

Dichotom: gegabelte Verzweigung. Bei einer dichotomen Wuchsform verdoppelt sich jedes Zweigende und bringt dabei zwei neue Zweige hervor, die sich weiter gegabelt verzweigen. Typisch bei vielen Organismen wie zum Beispiel den Algen und Bryozoen.

Dimorphismus: Der Begriff bezieht sich in der Regel auf die geschlechtliche Zweigestaltigkeit, d. h. die auffälligsten Unterschiede, die zwischen zwei Geschlechtern bestehen (Größe, Färbung, äußerlich anatomische Besonderheiten).

Diploid: Vorhandensein eines doppelten Chromosomensatzes

Endemisch: In einem bestimmten geographischen Gebiet und nur dort verbreitet.

Epibiont: Organismus, der auf einem anderen Organismus lebt.

Epiphyt: Pflanzlicher oder tierischer Organismus, der auf anderen Pflanzen (z.B. Algen oder Phanerogamen) wächst.

Eutrophierung: Anreicherung der Gewässer mit phosphor- und stickstoffhaltigen Nährstoffen, die ein vermehrtes Pflanzenwachstum nach sich zieht. Die Eutrophierung wird über die Einleitung organischer Stoffe über natürliche Wege (Flüsse etc.) verursacht.

Familie: Systematische Kategorie, die näher miteinander verwandte Gattungen zusammenfaßt.

Fazies: Kleinste Einheit einer Pflanzengesellschaft (oder: Vegetationseinheit niedrigster Ordnung), die durch starkes Hervortreten einer Art gekennzeichnet ist.

Fuß: Muskulöses, bauchseitig gelegenes Gebilde bei Mollusken, das der Fortbewegung dient.

Gamet: Männliche oder weibliche Geschlechtszelle. Sie besitzt nur die Hälfte des normalen Chromosomensatzes.

Gametophyt: Individuum, das die geschlechtlichen Fortpflanzungszellen (Gameten) bildet.

Gattung: Systematische Kategorie, in die eine Familie untergliedert ist. Sie umfaßt eine oder mehrere Arten.

Generationswechsel: Aufeinanderfolge von Organismen innerhalb ein und derselben Spezies, die Sporen oder Gameten zeugen können. Die Sporen und Gameten können wiederum Indviduen sowohl ähnlicher als auch völlig unterschiedlicher Gestalt hervorbringen.

Glocke (Umbrella): Glockenförmiger Körper der Medusen. Er ist untergliedert in Exumbrella (Fuß- oder Oberseite der Glocke) und Subumbrella (Mund- bzw. Unterseite).

Gonaden (Keimdrüsen): Organ, das die Gameten produziert.

Habitat: Lebensraum, in dem eine bestimmte tierische oder pflanzliche Spezies regelmäßig vorkommt.

Häutung: Periodische Erneuerung des Panzers bei Krebstieren.

Hermaphroditismus: Bezeichnung für das Phänomen des gleichzeitigen Vorhandenseins männlicher und weiblicher Fortpflanzungsorgane in einem Individuum. Es gibt sowohl gleichzeitigen Hermaphroditismus als auch zeitlich versetzten wie zum Beispiel bei den Lippfischen, die erst weiblichen und später männlichen Geschlechts sind.

Holoplankton: Teil des Planktons. Es besteht aus Organismen, die dem Plankton in jeder Phase ihres Lebenszyklus angehören. Gegenteil von *Meroplankton.*

Kiemen: Fadenförmiges oder gefiedertes Atmungsorgan wasserlebender Organismen.

Klasse: Systematische Gruppierung, die eine oder mehrere Ordnungen umfaßt. Die Klasse stellt die erste Unterteilung eines Tierstammes dar.

Kolonie: Lebensgemeinschaft mehrerer Organismen, die alle ein und derselben Spezies angehören. Alle Individuen können entweder völlig gleich sein oder – vergleichbar mit den einzelnen Organen eines komplexen Organismus – spezialisierte Aufgaben übernehmen (Vermehrung, Verteidigung, Ernährung).

Lippe: Äußerer Teil des *Peristoms.*

Mantel: Der Teil des Mollusken-Körpers, der außen die Schale produziert und innen die Eingeweide ummantelt.

Meroplankton: Teil des Planktons. Es besteht aus Organismen, die ihm nur in einigen Phasen ihres Lebenszyklus angehören. Gegenteil von *Holoplankton.*

Nahrungskette: siehe unter *»Trophisches Netz«.*

Nekton: Gesamtheit der Organismen, die sich autonom im Wasser bewegen und den Strömungen widersetzen können.

Ökologische Nische: Gesamtheit der Beziehungen zwischen einem Organismus und seiner Umwelt einschließlich der biotischen und abiotischen Umweltfaktoren.

Oogonium: Weibliche Zelle, die bei den Pflanzen die weiblichen *Gameten* (Oosphaeren) produziert.

Operculum: Scheibenförmiger oder ovaler Deckel horniger oder verkalkter Natur, der die Schalenöffnung bei Gastropoden (Schnecken) oder das Rohr festsitzender Polychaeten (*Sedantaria*) verschließt.

Osculum: (Ausström-) Öffnung bei den Schwämmen, aus der das eingesogene Wasser wieder ausströmt.

Ovipar: Tier, das sich durch das Laichen von Eiern fortpflanzt. Die Eier können dabei frei oder in besonderen Nestern abgelegt werden.

Ovovivipar: Tier, das Eier mit mehr oder weniger entwickelten Embryonen ablegt.

Parapodien: Flügelförmige Erweiterung des Fußes zum Schwimmen bei einigen Opisthobranchia – Mollusken (Hinterkiemer-Schnecken).

Periostracum: Aus organischem Material bestehende, hornartige äußere Schicht der Molluskenschale. Oft ist sie lebhaft gefärbt.

Peristom: Rand der Mündung bei den Gastropoden.

Phago: Suffix, das sich auf die Ernährungsgewohnheiten eines Organismus bezieht: detritophag = ernährt sich von Detritus; planktophag = frißt Plankton etc.

Photophil: Organismus, der Licht bevorzugt.

Photophob: Lichtscheuer Organismus.

Photosynthese: Charakteristischer biochemischer Prozeß bei Pflanzen und einigen Bakterien, bei dem die Lichtenergie zur Synthese organischer Substanzen (Zucker) genutzt wird.

Phylum: siehe unter »*Stamm*«.

Protandrie: Art des *Hermaphroditismus*, bei dem sich die männlichen Gonaden oder *Gameten* zuerst entwickeln.

Protogynie: Art des *Hermaphroditismus*, bei dem sich die weiblichen Gonaden oder *Gameten* zuerst ausbilden.

Radula: Horniges, mit Zähnchen versehenes Band bei Mollusken, das zum Abschaben der Nahrung vom Boden dient.

Rezeptor: Sinneszelle oder -organ (Cerata, Barteln, Ozelle, Borsten, Seitenlinie).

Rhinophoren: Die hinteren Kopftentakel der Nudibranchier. Sie besitzen eine chemorezeptive Funktion.

Rhizoid: Wurzelähnliches Gebilde, mit dem sich Algen am Substrat verankern.

Rhizom: Unterirdisch wachsender, schleifender Stammteil, der die einzelnen *Posidonia-* oder *Cymodocea*-Pflanzen untereinander verbindet.

Rostrum: Kopffortsatz des *Cephalothorax* bei Krebstieren.

Seebälle: Bezeichnung für die Bälle, die aus den robustesten Fasern der Posidonien gebildet und von den Wellen zusammengerollt und an Land geschwemmt werden.

Schuppe: Jede der blättchenartigen Strukturen knöchriger Natur, die den Körper von Fischen bedecken und schützen.

Seitenlinie: Linie, die bei Fischen an den Flanken entlangläuft und aus perforierten Schuppen besteht. Die Seitenlinie ist ein Sinnesorgan, das der Wahrnehmung von Wasserströmen und Unterschieden des Wasserdrucks sowie von Schallwellen dient.

Sessil: Bezeichnung für jeden Organismus, der am Boden festgewachsen ist. Gegenteil von *vagil*.

Sipho (Siphonalkanal): Röhrenförmige Erweiterung am Körper der Seescheiden; bei den Mollusken der Teil des Mantels, durch den das Wasser direkt in die Mantelhöhle strömt.

Spezies (Art): Die niedrigste, nicht weiter untergliederbare Einheit der systematischen Kategorien. Jede *Spezies* wird mit einem lateinischen, aus zwei Wörtern bestehenden Namen gekennzeichnet: der erste beginnt mit einem Großbuchstaben bezieht sich auf die *Gattung*, der zweite ist klein geschrieben und identifiziert die eigentliche *Spezies*. Alle Individuen einer *Spezies* können sich untereinander kreuzen und fruchtbare Nachkommen hervorbringen. Die doppelte Bezeichnung ist die Grundlage der *binären Nomenklatur*.

Spikel: Kalk-, Kiesel- oder Hornnadeln, die bei Invertebraten (Schwämmen, Anthozoen etc.) ein skelettartiges Gerüst bilden.

Spore: Ungeschlechtliche Fortpflanzungszelle, aus der direkt ein neues Individuum gezeugt wird (oft bei Algen).

Stamm: Eine der systematischen Hauptkategorien, in die das Tierreich untergliedert ist. Jeder *Stamm* umfaßt eine oder mehrere *Klassen*. Im Pflanzenreich entspricht der Stamm der Abteilung.

Stolon: Schleifender Ausläufer einer Kolonie, von dem sich in Intervallen neue Individuen erheben können.

Systematik: Disziplin, die die Beziehungen zwischen den verschiedenen Organismen auf der Grundlage ihrer Evolution untersucht und Pflanzen sowie Tiere in ein System einordnet.

Telson: Letztes Rückensegment der Krebstiere, das gemeinsam mit den Rückenfortsätzen einen breiten Schwanzfächer bildet.

Tentakel: Flacher oder zylindrischer, glatter oder gefiederter, beweglicher und oft auch zusammenziehbarer Fortsatz, der zum Ergreifen der Beutetiere dient. Er ist bei vielen Arten vorhanden, die den unterschiedlichsten *Stämmen* angehören (z.B. bei den Nesseltieren, Ringelwürmern und Moostieren).

Thallus: Die undifferenzierte Struktur bei Algen.

Thermophil: Warmes Klima bevorzugend.

Trophisches Netz: Gesamtheit der Nahrungsbeziehungen, die zwischen den verschiedenen Organismen herrschen. In der Regel umfaßt ein *trophisches Netz* die Produzenten (Algen), die primären Konsumenten (Pflanzenfresser), die sekundären Konsumenten (Fleischfresser) und die Zersetzer.

Umbilicus (Nabel): Öffnung, die sich bei vielen Schnecken an der Basis der Schale befindet (z. B. bei den Trochidae).

Vagil: Benthischer Organismus, der sich autonom bewegen kann. Gegensatz zu *sessil*.

Vivipar: Lebendgebärendes Tier.

Zange: Greiforgan der Krustentiere

Zooid: Einzeltier einer Kolonie von Bryozoen oder koloniebildenden Askidien.

Zygote: Befruchtete Eizelle.

LITERATURVERZEICHNIS

AA. VV., *Ocean Science*, Scientific American, Freeman and Company, San Francisco 1977.
AA. VV., Atti I Convegno internazionale, *I parchi marini costieri del Mediterraneo*, EPT Salerno, Regione Campania, Salerno 1985.
AA. VV., *Mare nostrum*, Studio Rainero, Florenz 1987
AA. VV., *Parchi marini del Mediterraneo: aspetti naturalistici e gestionali*, I.Ci.Mar., San Teodoro (SS) 1989.
AA. VV., *Il Mediterraneo*, Editoriale Giorgio Mondadori, Mailand 1991.
AA. VV., *Protezione della fauna marina e introduzione di specie alloctone*, Boll. Musei Ist. Biol. Univ. Genua (56-57) 1992.
AA. VV.-SITE, *Ecologia applicata*, Città Studi, Mailand 1993.
Barletta, G., *Gasteropodi nudi*, CNR AQ/1/92, Rom 1980.
Bianchi, C. N., *Policheti serpuloidei*, CNR AQ/1/96, Rom 1981.
Bini, G., *Atlante dei pesci delle coste italiane* (I-IX), Edizioni Mondo Sommerso, Mailand 1967-70.
Cabioc'h. J., Floc'h, J.-Y., Le Toquin, A., Boudouresque, C.-F., Meinesz, A., Verlaque, M., *Guide des algues des mers d'Europe*, Delachaux et Niestlé, Lausanne 1992.
Cattaneo-Vietti, R., Chemello, R., Giannuzzi-Savelli, R., *Atlante dei nudibranchi del Mediterraneo*, Editrice La Conchiglia, Rom 1990.
Cinelli, F. Fresi, E., Gambi, M.C., Solaini, P., *La vita nel Mediterraneo*, Edizioni La Cuba, Rom 1981.
Cognetti, G., Sarà, M., *Biologia Marina*, Calderini, Bologna 1981.
Costa, F., *Atlante dei pesci dei mari italiani*, Mursia, Mailand 1991.
Cottiglia, M., *Pesci lagunari*, CNR AQ/1/90, Rom 1980.
Cottliglia, M., *Crostacei decapodi lagunari*, CNR AQ/1/225, Rom 1983.
Ekman, S., *Zoogeography of the sea*, Sidgwick & Jackson, London 1967.
Falciai, L., Minervini, R., *Guida dei crostacei decapodi d'Europa*, Muzzio, Padua 1992.
Fiala-Médioni, A., Petron, C., Rives, C., *Guide sous-marine de la Méditeranée*, Flammarion, Paris 1987.
Fisher, W., Bauchot, M.L., Schneider, M., *Fiches FAO d'identification des expèces pour les besoins de la peche: Invertebres, Vertebres*, FAO, Rom 1987.
Gazale, V., Porcheddu, A., *Il Mediterraneo e la sua vita*, AFS, Nuoro 1991.
Ghiradelli, E., *La vita nelle acque*, Utet, Turin 1981
Grimaldi, E., Manzoni, P., *Enciclopedia illustrata delle specie ittiche marine*, Istituto Geografico de Agostini, Novara 1988.
Harmelin, J.-G., Vacelet, J., Petron, C., *Mediterraneo vivo*, Mailand 1987.
Harmelin-Vivien, M., Harmelin, J.-G., *Guide des poissons de la Méditerranée*, Delachaux et Niestlé, Lausanne 1990.
Hass, H., *Il Mediterraneo: guida del subacqueo*, Garzanti Vallardi, Mailand 1978.
Luther, W., Fiedler, K., *Guida della fauna marina costiera del Mediterraneo*, Muzzio, Padua 1986.
Manuel, R.L., *British anthozoa*, Academic Press, London 1982.
Margalef, R. *Ecologia*, Omega, Barcelona 1980.
Margalef, R., (ed.), *Western Mediterranean*, Pergamon Press, London 1986.
Melone, N., Picchetti, G., Paccagnella, W., *Vita nel mare* (1), Primaris, Mailand 1977.
Melone, N., Picchetti, G., *Vita nel mare* (2), Primaris, Mailand 1980.
Morri, C., *Idrozoi lagunari*, CNR AQ/1/94, Rom 1981.
Morri, C., Aliani, S., Bianchi, C.N., Cocito, S., Tunesi, L., *Schede di riconoscimento dei orincipali organismi marini mediterranei*, Photosub, Genua 1990.

Mosetti, F., *Il volto degli oceani*, EST Mondadori, 1978.
Occhipinti Ambrogi, A., *Briozoi lagunari*, CNR AQ/1/126, Rom 1981.
Pérès, J.-M., *Elementi di biologia oceanografica*, Edi Ermes, Mailand 1981.
Pérès, J.-M., Picard, J., *Nouveau manuel de bionomie benthique de la mer Méditerranée*, Rec. Trav. Stat. Mar. d'Endoume 31 (47), 1964.
Piani, P., *Catalogo dei molluschi conchiferi viventi nel Mediterraneo*, Boll. Malacol., XVI (5-6) UMI, Mailand 1980.
Relini, R., *Cirripedi toracici*, CNR AQ/1/91, Rom 1980.
Riedl, R., *Fauna und Flora der Adria*, Verlag Paul Parey, Hamburg 1963.
Riedl, R., *Faune e flora del Mediterraneo*, Muzzio, Padova 1991.
Rossi, L., *Cnidari e ctenofori d'Italia (2)*, Quaderni Civ. St. Idrobiol., Mailand 1971.
Sarà, M., *Guida ai poriferi (3-4)*, Quaderni Civ. St. Idrobiol., Mailand 1972.
Sauer, F., *Meerespflanzen, Meerestiere nach Farbfotos erkannt*, Fauna Verlag, Karlsfeld 1992.
Soljan, T., *I pesci dell'Adriatico*, Arnoldo Mondadori, Mailand 1975.
Torchio, M., *I pesci*, Arnoldo Mondadori, Mailand 1979.
Torelli, A., *Gasteropodi conchigliati*, CNR AQ/1/96, Rom 1982.
Tortonese, E., 1956 *Leptocardia, Ciclostomata, Selachia*, Calderini, Bologna 1956.
Tortonese, E., *Echinodermata*, Calderini, Bologna 1965.
Tortonese, E., *Osteichthyes* (1-2), Calderini, Bologna 1970, 1975.
Tursi, A., *Ascidiacei*, CNR AQ/1/93, Rom 1980.
Weinberg, S., *Découvrir la Méditerranée*, Nathan, Paris 1992.

DANKSAGUNG

Auch wenn dieses Buch vorwiegend auf praktische Zwecke zugeschnitten ist, basiert es doch auf wissenschaftlichen Daten. So hätte es ohne die wertvolle Hilfe zahlreicher Kollegen und Freunde, in deren Schuld ich nun mehr oder minder tief stehe, überhaupt nicht verwirklicht werden können. Von vielen habe ich die in der Bibliographie aufgeführten Titel zu Rate gezogen, wobei ich zur Einschränkung derselben aber nur die bedeutendsten und spezialisierten Werke genannt habe. Nicht berücksichtigt sind hier die ebenso reichlich konsultierten vielen Arbeiten und Abhandlungen zu der einen oder anderen Spezies oder zu bestimmten Aspekten der marinen Biologie, die für einen leidenschaftlichen Laien nicht einfach aufzufinden sind. Unter den vielen, die mich mit ihren Ratschlägen unterstützt haben, bin ich besonders Professor Menico Torchio von der Universität Pavia dankbar wie auch den Doktoren Carla Morri, Giorgio Bavestrello und Maurizio Pansini vom Zoologischen Institut der Universität Genua und Doktor Carlo Nike Bianchi vom Forschungszentrum Ökologie und Umwelt der ENEA von S. Teresa (La Spezia). Die Fotografien sind nicht nur das Werk meines ebenso leidenschaftlichen wie fähigen Co-Autors Andrea Ghisotti, sondern auch von Ingenieur Paolo Donnini, der einen nicht unbedeutenden Platz in meiner Laufbahn als Meeresbiologe einnimmt. Egidio Trainito hat schließlich diese Triade von Unterwasserfotografien vortrefflich ergänzt. Dank geht auch an Cinzia, Amalia und Lucia, deren Zeichnungen die Bestimmungstafeln zahlreicher Arten bereichern. Eine sehr wertvolle Hilfe kam mir von Doktor Mauro Mariani, Direktor der Zivilen Hydrologischen Station und des Aquariums von Mailand wie auch den Angestellten seines Instituts zu, da sie mir die größtmögliche Freiheit bei der »Durchforstung« ihrer Bibliothek gelassen haben. Schließlich und endlich wäre ich aber auch all den Lesern dankbar, die mich auf eventuell eingeschlichene Fehler aufmerksam machen würden; denn ich weiß wohl, daß es neben den unendlich vielen möglichen Ergänzungen – wenn auch ungewollt – einige Korrekturen geben kann.

REGISTER DER BESTIMMUNGSTAFELN

Die deutschen Namen sind normal gedruckt, die wissenschaftlichen Bezeichnungen *kursiv*. Die hinter den Namen stehenden Zahlen beziehen sich auf die Numerierung der Bestimmungstafeln.